Springer-Lehrbuch

Lux-Steiner   Hohl

Aufgabensammlung zur Festkörperphysik

Mit 122 Abbildungen, 32 Tabellen
und 83 umfangreichen, mehrteiligen Aufgaben
und ausführlichen Lösungswegen

Springer-Verlag
Berlin Heidelberg New York
London Paris Tokyo
Hong Kong Barcelona
Budapest

M. Ch. Lux-Steiner
H. H. Hohl
Universität Konstanz
Fakultät für Physik
Postfach 5560, D-78434 Konstanz

ISBN-13:978-3-540-56813-1

CIP-Titelaufnahme der Deutschen Bibliothek
Lux-Steiner, Martha: Aufgabensammlung zur Festkörperphysik : mit
28 Tabellen und umfangreichen, mehrteiligen Aufgaben und ausführli-
chem Lösungsweg / Lux-Steiner ; Hohl. - Berlin ; Heidelberg ; New
York ; London ; Paris ; Tokyo ; Hong Kong ; Barcelona ; Budapest :
Springer, 1994
  (Springer-Lehrbuch)
  ISBN-13:978-3-540-56813-1   e-ISBN-13:978-3-642-78288-6
  DOI: 10.1007/978-3-642-78288-6

NE: Hohl, Heinrich:

Satz: Reproduktionsreife Vorlagen von den Autoren mit Springer
TEX-Makros

56/3140-5 4 3 2 1 0 - Gedruckt auf säurefreiem Papier

Vorwort

Eine Vorlesung über Festkörperphysik gehört zu den Pflichtveranstaltungen des Physikstudiums an Universitäten und Technischen Hochschulen. Sie wird im allgemeinen als Einführungsvorlesung innerhalb eines eng bemessenen Zeitplans gehalten, der es nicht erlaubt, dieses umfangreiche physikalische Fachgebiet in angemessener Ausführlichkeit zu behandeln.

Zielsetzung des vorliegenden Buches ist es nun, Studierenden anhand von Übungsaufgaben mit ausführlichen Lösungswegen — vorlesungsbegleitend und in Ergänzung zu gängigen Lehrbüchern — ein tieferes Verständnis in verschiedenen aktuellen Teilgebieten der Festkörperphysik zu vermitteln, indem sie als Leser angeleitet werden, sich wichtige physikalische Aspekte selbst zu erarbeiten. Eine erfolgreiche Bearbeitung setzt dabei physikalisches Grundwissen auf der Stufe des Vordiploms sowie elementare Kenntnisse in der Atomphysik und Quantenphysik voraus.

In der vorliegenden Aufgabensammlung werden die folgenden grundlegenden Gebiete der Festkörperphysik behandelt: Kristalliner Zustand der Materie, Dynamik des Kristallgitters, Elektronen im Festkörper, Halbleiter, Dielektrika, Magnetismus und Supraleitung. Dem Anhang des Buches können thermodynamische Beziehungen, die in der Festkörperphysik ihre Anwendung finden, in Form von graphischen Merkhilfen sowie Angaben über physikalische Naturkonstanten entnommen werden.

Zur besseren Selbstkontrolle des Lesers werden die Lösungen samt Lösungswegen von den Aufgabenstellungen getrennt am Ende der betreffenden Kapitel aufgeführt. Verwendete Gleichungen und Meßgrößen sind dabei grundsätzlich in SI-Einheiten angegeben, sofern nicht in speziellen Fragestellungen auf andere gängige Einheiten wie Ångström, Gauß oder Oersted aus etablierten Veröffentlichungen oder Tabellenwerken übergegangen wird. Wissenswerte Grundlagen des elektromagnetischen cgs-Systems sind im Anhang zusätzlich erwähnt, und schließlich hilft ein Sachwortregister am Ende des Buches bei der Suche nach bestimmten Themenkreisen der Festkörperphysik.

Der größte Teil der gestellten Aufgaben wurde dem Übungsunterricht zur Einführungsvorlesung der Festkörperphysik entnommen, die im Wintersemester 92/93 an der Universität Konstanz gehalten wurde. Um den physikalischen Inhalt in den verschiedenen Teilgebieten abzurunden, wurde die Aufgabensammlung mit zusätzlichen, ausgewählten Fragestellungen erweitert.

Für die kritische Durchsicht einzelner Kapitel des Manuskripts und ihre Unterstützung danken wir speziell den Herren Dr. B. Sailer, Dipl.-Phys. K. Friemelt und Dipl.-Phys. M. Saad. Außerdem möchten wir dem Springer-Verlag für seine Idee und Initiative, dieses Buch als Beitrag zur Förderung der wissenschaftlichen Ausbildung von Studierenden auf den Markt zu bringen, sowie für die angenehme und kooperative Zusammenarbeit während der gesamten Entstehungsphase des Buches unseren besonderen Dank aussprechen.

Konstanz, Dezember 1993   M. Ch. Lux-Steiner
                                           H. Hohl

Inhaltsverzeichnis

1. Kristalliner Zustand der Materie 1

  1.1 Struktur idealer Kristalle 1

    1.1.1 Raumerfüllung von kubischen Gittern ... 1

    1.1.2 Tetragonales und pseudotetragonales Gitter 1

    1.1.3 Raumerfüllung und Härte von Diamant .. 2

    1.1.4 Zwischengitterplätze in kubischen Gittern 2

    1.1.5 Zwischengitterplätze in hexagonalen Gittern 2

    1.1.6 Zusammenhang zwischen fcc- und ccp-Gitter 3

    1.1.7 Kubischer Perovskit in hexagonaler Darstellung 4

  1.2 Reziprokes Gitter 5

    1.2.1 Brillouinzonen eines quadratischen Gitters 5

    1.2.2 Reziprokes Gitter zum hexagonalen Bravais-Gitter 5

  1.3 Kristallstrukturanalyse 7

    1.3.1 Pulverdiffraktometrie an $Ba_2YCu_3O_7$ ... 7

    1.3.2 Auslöschungsgesetze für Röntgenreflexe .. 8

    1.3.3 Indizierung kubischer Substanzen 9

  1.4 Bindungsarten im Kristall 10

    1.4.1 Radienquotientenregel für ionische Verbindungen 10

VIII   Inhaltsverzeichnis

1.4.2	Madelungkonstante einer eindimensionalen Ionenkette	10
1.4.3	Madelungkonstante eines zweidimensionalen Ionengitters	11
1.4.4	Bindungsenergie ionischer Verbindungen	12
Lösungen zu Abschnitt 1.1		14
Lösungen zu Abschnitt 1.2		26
Lösungen zu Abschnitt 1.3		30
Lösungen zu Abschnitt 1.4		37

2. Dynamik des Kristallgitters 45

2.1	Modell der linearen Kette	45
2.1.1	Dispersionsrelation von Phononen bei Berücksichtigung nächster Nachbarn	45
2.1.2	Dispersionsrelation von Phononen bei Berücksichtigung sämtlicher Nachbarn	46
2.2	Zustandsdichte von Phononen	47
2.2.1	Zustandsdichte von Phononen in der Debeyeschen Kontinuumsnäherung	47
2.2.2	Debeyesche Kontinuumsnäherung für zwei- und eindimensionale Systeme	48
2.2.3	Zustandsdichte der Phononen einer eindimensionalen linearen Kette	48
Lösungen zu Abschnitt 2.1		49
Lösungen zu Abschnitt 2.2		52

3. Elektronen im Festkörper 59

3.1	Modell des freien Elektronengases	59
3.1.1	Fermienergie von Elektronen in Metallen	59
3.1.2	Zustandsdichte eines freien Fermigases	60
3.1.3	Mittlere Energie von Elektronen	60
3.1.4	Chemisches Potential eines Fermigases	61
3.1.5	Druck und Kompressibilität eines Fermigases	61
3.1.6	Kalorische Zustandsgleichung	62

3.2 Weitere Anwendung des Fermigas-Modells	62
3.2.1 Fermigas-Kernmodell	62
3.2.2 Fermigase in der Astrophysik	63
3.3 Bändertheorie des Festkörpers	64
3.3.1 Reduziertes und erweitertes Zonenschema	64
3.3.2 Zweidimensionales System quasigebundener Elektronen	65
3.4 Zustandsdichtefunktionen	66
3.4.1 Berechnung von $D(E)$ mittels Differentiation	66
3.4.2 Berechnung von $D(E)$ mittels Integration	67
3.4.3 Formeln zur Berechnung von $D(E)$ bei zwei- und eindimensionalen Systemen	67
3.4.4 Zustandsdichte eines zweidimensionalen Systems quasigebundener Elektronen	68
3.5 Kristallelektronen im magnetischen Feld	69
3.5.1 De Haas-van Alphen-Effekt in Gold	69
3.5.2 Extremalbahnen im reziproken Raum	70
3.5.3 Zyklotronresonanz bei Kalium	71
3.5.4 Bahnquantisierung im Magnetfeld	72
3.5.5 Freies Elektronengas im magnetischen Feld	74
3.6 Transporteigenschaften des Elektronengases	75
3.6.1 Wiedemann-Franz-Gesetz	75
3.6.2 Thermische Leitfähigkeit von Diamant	76
3.6.3 Temperaturverlauf im Innern eines homogenen Wärmeleiters	76
Lösungen zu Abschnitt 3.1	78
Lösungen zu Abschnitt 3.2	86
Lösungen zu Abschnitt 3.3	90
Lösungen zu Abschnitt 3.4	96
Lösungen zu Abschnitt 3.5	105
Lösungen zu Abschnitt 3.6	118

4. Halbleiter 123

   4.1 Grundlegende Eigenschaften von Halbleitern ... 123

      4.1.1 Bindungsregel von Pearson 123

      4.1.2 Zustandsdichtemasse von
         Ladungsträgern 124

      4.1.3 Anwendung der Fermi-Integrale bei
         Halbleitern 126

   4.2 Eigenschaften intrinsischer Halbleiter 128

      4.2.1 Ladungsträgerdichte nichtentarteter
         Halbleiter 128

      4.2.2 Temperaturabhängigkeit der
         Fermienergie intrinsischer Halbleiter 130

      4.2.3 Temperaturabhängigkeit der Bandlücke .. 130

   4.3 Dotierte Halbleiter 132

      4.3.1 Temperaturabhängigkeit der
         Fermienergie dotierter Halbleiter 132

      4.3.2 Ladungsträgerkonzentration und
         Wärmekapazität von hoch dotiertem
         n-leitendem ZnO 133

      4.3.3 Leitfähigkeit und Hall-Koeffizient
         nichtentarteter Halbleiter 133

   4.4 Bandschemata von Halbleitern 135

      4.4.1 GaAs/ZnSe-Heterodioden 135

  Lösungen zu Abschnitt 4.1 138

  Lösungen zu Abschnitt 4.2 143

  Lösungen zu Abschnitt 4.3 150

  Lösungen zu Abschnitt 4.4 158

5. Dielektrika 161

   5.1 Dielektrika im elektrischen Feld 161

      5.1.1 Entelektrisierungsfaktor 161

      5.1.2 Makroskopisches elektrisches Feld 162

      5.1.3 Clausius-Mossotti-Gleichung 163

5.2 Optische Eigenschaften isotroper Festkörper 164
    5.2.1 Elektromagnetische Wellen in Materie ... 164
    5.2.2 Reflexionsvermögen bei senkrechter
          Inzidenz 165
    5.2.3 Hagen-Rubens-Gesetz 166
5.3 Plasmaschwingungen 167
    5.3.1 Einfaches Modell für
          Plasmaschwingungen 167
    5.3.2 Energieverlustfunktion 168
    5.3.3 Plasmafrequenz einiger Metalle 169
Lösungen zu Abschnitt 5.1 170
Lösungen zu Abschnitt 5.2 178
Lösungen zu Abschnitt 5.3 191

6. Magnetismus 199
  6.1 Diamagnetismus 199
      6.1.1 Diamagnetismus ionischer
            Verbindungen 199
  6.2 Paramagnetismus lokalisierter magnetischer
      Momente 200
      6.2.1 Zweizustandssystem 200
      6.2.2 Brillouinfunktion 202
      6.2.3 Hundsche Regeln 203
      6.2.4 Magnetische Momente von 4f-Ionen 204
      6.2.5 Spinmagnetismus von
            Übergangsmetallionen 204
      6.2.6 Magnetische Suszeptibilität von
            Magnesiumtitanat 205
  6.3 Elektrisches Kristallfeld 206
      6.3.1 Reellwertige Lösungen der
            Schrödingergleichung 206
      6.3.2 Kristallfeldaufspaltung von
            Energieniveaus 208
  6.4 Magnetismus delokalisierter Elektronen 210
      6.4.1 Magnetische Suszeptibilität von Kupfer
            und Aluminium 210

6.5   Kooperative magnetische Erscheinungen 211
    6.5.1   Klassische Dipol-Dipol-Wechselwirkung .. 211
    6.5.2   Curie-Weiss-Gesetz 212
    6.5.3   Makroskopisches magnetisches Feld 213
    6.5.4   Molekularfeldnäherung des
        Ferromagnetismus 214
    6.5.5   Klassifizierung von Ferromagneten 216
Lösungen zu Abschnitt 6.1 218
Lösungen zu Abschnitt 6.2 220
Lösungen zu Abschnitt 6.3 236
Lösungen zu Abschnitt 6.4 247
Lösungen zu Abschnitt 6.5 250

7.   Supraleitung 269
7.1   Supraleiter im magnetischen Feld 269
    7.1.1   Eindringen des Magnetfeldes in einen
        Supraleiter 269
    7.1.2   Zwischenzustand von Supraleitern
        1. Art 271
7.2   Verlustfreier Stromtransport in Supraleitern 271
    7.2.1   Kritische Stromstärke eines
        supraleitenden Drahtes 271
    7.2.2   Dauerstromversuch 273
7.3   Thermodynamik des supraleitenden Zustandes . 274
    7.3.1   Allgemeine thermodynamische
        Betrachtungen 274
    7.3.2   Vergleich thermodynamischer
        Beziehungen mit dem Experiment 276
Lösungen zu Abschnitt 7.1 278
Lösungen zu Abschnitt 7.2 287
Lösungen zu Abschnitt 7.3 295

A.   Thermodynamische Relationen 303
A.1   Thermodynamische Potentiale 303
A.2   Thermodynamisches Quadrat 305

A.3 Allgemeine Form des Thermodynamischen
Quadrates 308

B. Physikalische Konstanten 311
B.1 Konstanten in SI-Einheiten 311
B.2 Konstanten in anderen Einheiten 312
B.3 Die cgs-Einheiten "Gauß" und "Oersted" 312

Literaturverzeichnis 313

Sachverzeichnis 315

1. Kristalliner Zustand der Materie

1.1 Struktur idealer Kristalle

1.1.1 Raumerfüllung von kubischen Gittern

In Abb. 1.1 sind die drei kubischen Bravais-Gitter abgebildet. Berechnen Sie die maximale Raumerfüllung, welche sich nach dem Modell harter Kugeln für diese drei Gitter ergibt.

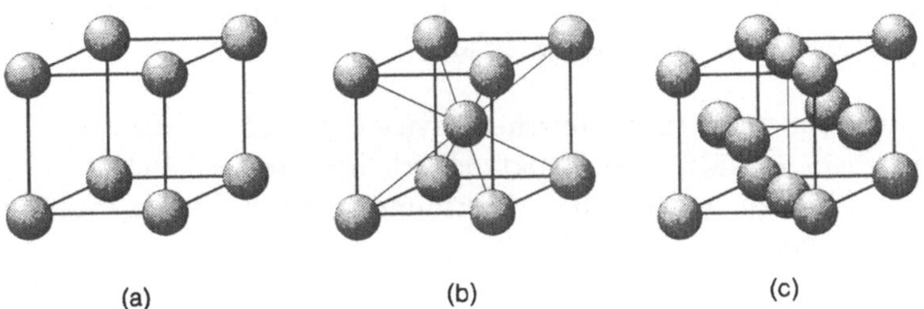

Abb. 1.1. Einheitszellen des (a) primitiv kubischen, des (b) innenzentriert kubischen und des (c) flächenzentriert kubischen Gitters.

1.1.2 Tetragonales und pseudotetragonales Gitter

a) Durch welches Bravais-Gitter läßt sich ein flächenzentriert tetragonales Gitter beschreiben? Welcher Zusammenhang besteht zwischen den Gitterkonstanten der beiden äquivalenten Gitter?

b) Ein flächenzentriert orthorhombisches Gitter mit Gitterkonstanten $a \approx b$ läßt sich einfacher durch ein "pseudotetragonales" Gitter mit $a' = \sqrt{ab/2}$ beschreiben. Wie läßt sich dieser Sachverhalt erklären?

1.1.3 Raumerfüllung und Härte von Diamant

Von allen bekannten Substanzen weist der Diamant mit Abstand die größte Härte auf. Läßt sich diese Härte durch eine besonders hohe Packungsdichte des Diamantgitters erklären?

1.1.4 Zwischengitterplätze in kubischen Gittern

a) Zeichnen Sie das flächenzentriert kubische Bravais-Gitter (face centered cubic, fcc). Markieren Sie in zwei weiteren Zeichnungen die Lage von oktaedrisch bzw. tetraedrisch koordinierten Zwischengitterplätzen, und zählen Sie die Anzahl der Gitteratome sowie der Zwischengitterplätze ab.

b) Das innenzentriert kubische Bravais-Gitter (body centered cubic, bcc) enthält verzerrt oktaedrisch bzw. tetraedrisch koordinierte Zwischengitterplätze. Bestimmen Sie auch deren Position und Anzahl.

1.1.5 Zwischengitterplätze in hexagonalen Gittern

In Abb. 1.2 sind Einheitszellen des hexagonal dichtest gepackten (hexagonal close packed, hcp) und des kubisch dichtest gepackten Gitters (cubic close packed, ccp) dargestellt. Die Abmessungen der Zellen werden jeweils durch die Gitterkonstanten a und c gegeben. Das hcp-Gitter weist in vertikaler Richtung die Abfolge $ABABAB\ldots$ dichtest gepackter Ebenen auf, das ccp-Gitter dagegen die Schichtfolge $ABCABC\ldots$

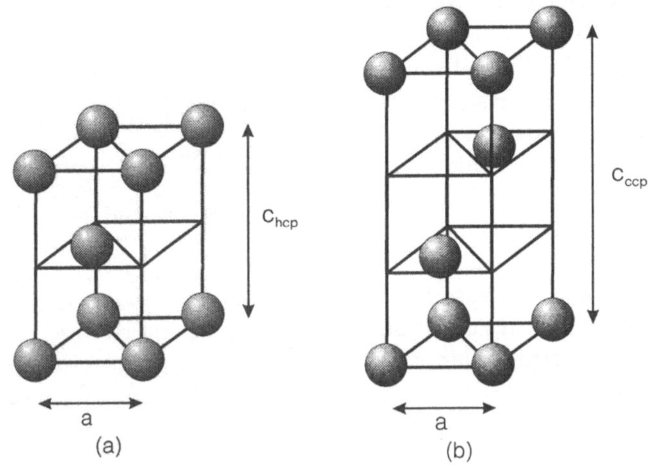

Abb. 1.2. Einheitszellen des (a) hcp- und des (b) ccp-Gitters.

Bestimmen Sie die Anzahl der Gitteratome, welche in den abgebildeten hexagonalen Einheitszellen enthalten sind, außerdem jeweils die Position und Anzahl der tetraedrischen bzw. oktaedrischen Zwischengitterplätze. Zur Bestimmung der Zwischengitterplätze empfiehlt es sich, Einheitszellen zu betrachten, welche die vierfache Grundfläche der abgebildeten Zellen aufweisen.

1.1.6 Zusammenhang zwischen fcc- und ccp-Gitter

a) Welcher Zusammenhang besteht zwischen einem ccp-Gitter (cubic close packed) mit Gitterkonstanten a und c, und einem entsprechenden fcc-Gitter (face centered cubic) mit der Gitterkonstante a_{fcc}? Bestimmen Sie die daraus resultierende Beziehung zwischen den Gitterkonstanten a und c eines ccp-Gitters.

b) Welchen Zusammenhang zwischen a und c leiten Sie daraus für ein hcp-Gitter (hexagonal close packed) ab? Weisen reale Metalle, die in der hcp-Struktur kristallisieren, exakt dieses ideale Verhältnis von c zu a auf?

1.1.7 Kubischer Perovskit in hexagonaler Darstellung

Die allgemeine Formel von ionischen Verbindungen mit Perovskitstruktur lautet ABX_3, wobei A und B Metallkationen[1] darstellen, und X ein nichtmetallisches Anion repräsentiert.

Die Anionen bilden gemeinsam mit den etwa gleichgroßen Kationen der Sorte A ein ccp-Gitter, in dessen Oktaederlücken die vergleichsweise kleinen Metallkationen der Sorte B untergebracht sind. Besetzt werden dabei nur diejenigen Oktaederlücken, deren nächste Nachbarn ausschließlich durch Anionen gegeben werden. Abbildung 1.3 zeigt die kubische Einheitszelle von $BaTiO_3$, einem typischen Vertreter der zahlreichen Verbindungen mit Perovskitstruktur.

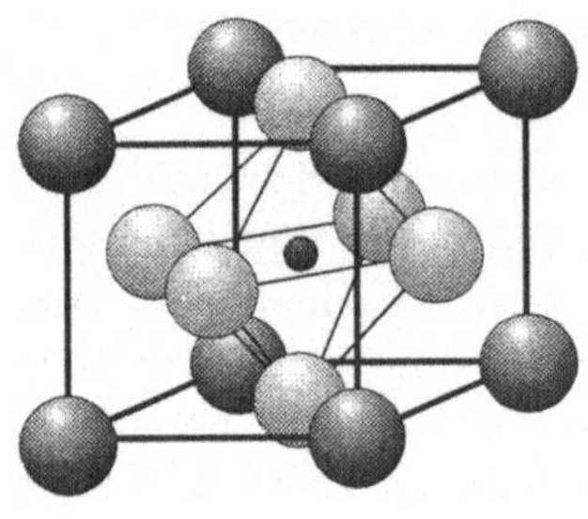

Abb. 1.3. Kubische Einheitszelle von $BaTiO_3$ (Ecken Ba^{2+}, Zentrum Ti^{4+}, Flächenmitten O^{2-}).

Betrachten Sie die kubische Einheitszelle von $BaTiO_3$ entlang einer Würfeldiagonale, und zeichnen Sie eine entsprechende hexagonale Einheitszelle dieser Verbindung. Gehen Sie dabei von der in Abb. 1.4 dargestellten Grundfläche $z = 0$ dieser hexagonalen Einheitszelle aus, und ermitteln Sie die Position von Ionen in darüberliegenden Schichten unter Zuhilfenahme der Ergebnisse von Aufgabe 1.1.5.

---

[1] Die für die Metallkationen verwendeten Symbole A und B sind nicht mit den Bezeichnungen A und B zu verwechseln, welche zur Beschreibung von Schichtfolgen verwendet werden.

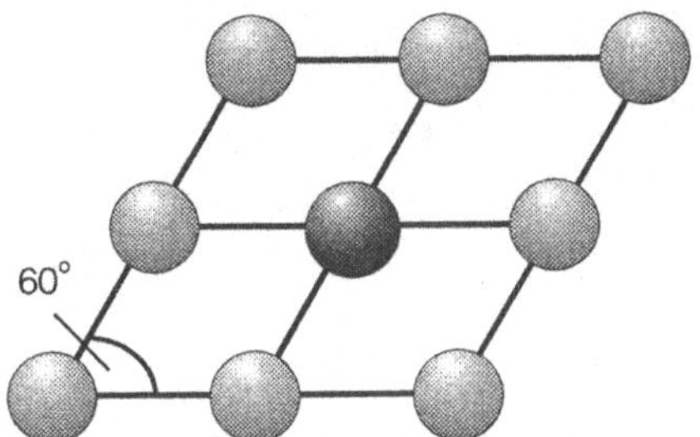

Abb. 1.4. Grundfäche einer hexagonalen Einheitszelle von $BaTiO_3$ (Zentrum Ba^{2+}, sonst O^{2-}).

Der Übersichtlichkeit halber wird empfohlen, für die Ebenen $z = 1/6$, $z = 1/3$, etc. analoge Einzelgrafiken anzufertigen, und die Einheitszelle als eine Abfolge von Ebenen wiederzugeben.

1.2 Reziprokes Gitter

1.2.1 Brillouinzonen eines quadratischen Gitters

Konstruieren Sie die ersten vier Brillouinzonen eines zweidimensionalen quadratischen Gitters mit der Gitterkonstante a.

1.2.2 Reziprokes Gitter zum hexagonalen Bravais-Gitter

In Abb. 1.5 ist die primitive Elementarzelle des hexagonalen Bravais-Gitters dargestellt. Die Basisvektoren a_1 und a_2 schließen einen Winkel von $\varphi = 60°$ ein, und besitzen jeweils die Länge a. Senkrecht zu jedem dieser Vektoren steht der Basisvektor a_3, dessen Länge durch die Gitterkonstante c gegeben wird.[2]

---

[2] Üblicherweise werden die Basisvektoren des hexagonalen Gitters so gewählt, daß die beiden in der xy-Ebene liegenden Vektoren einen Winkel von $\varphi = 120°$ einschließen. Die hier verwendete Definition stellt eine dazu vollkommen äquivalente Wahl dar, erleichtert allerdings die Betrachtungen in Teil c) dieser Aufgabe.

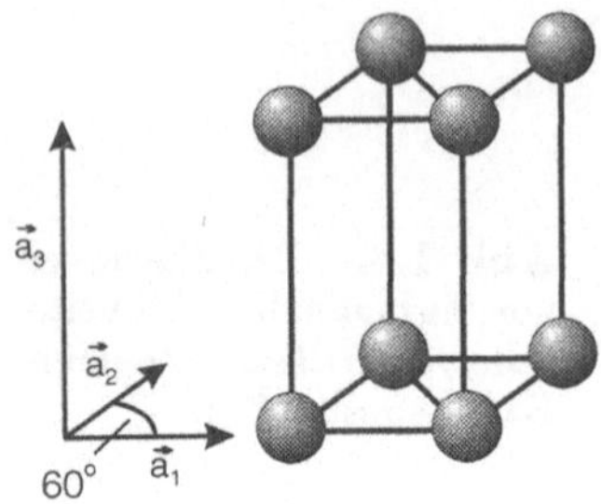

Abb. 1.5. Primitive Elementarzelle des hexagonalen Bravais-Gitters.

a) Berechnen Sie die mittels der Beziehung $a_i \cdot b_j = 2\pi\,\delta_{ij}$ definierten Basisvektoren b_1, b_2 und b_3 des zum betrachteten Gitter reziproken Gitters. Zeigen Sie, daß die reziproken Gittervektoren ebenfalls ein hexagonales Gitter beschreiben, und geben Sie die entsprechenden Gitterkonstanten an. Welche Beziehung besteht zwischen den Volumina V und V^* der Elementarzellen im realen bzw. im reziproken Raum?

b) Konstruieren Sie die ersten drei Brillouinzonen eines zweidimensionalen hexagonalen Gitters. Welche Form muß die 1. Brillouinzone des dreidimensionalen hexagonalen Bravais-Gitters aufgrund dieses Ergebnisses aufweisen?

c) Die Einheitszelle eines hcp-Gitters enthält, im Gegensatz zur primitiven Elementarzelle des hexagonalen Bravais-Gitters, ein zusätzliches Gitteratom an der Position $(1/3, 1/3, 1/2)$. Läßt sich das zum hcp-Gitter reziproke Gitter, und damit die 1. Brillouinzone im reziproken Raum, analog zur obigen Vorgehensweise berechnen? Wie sieht der Fall dagegen beim ccp-Gitter aus, welches sich gegenüber der primitiven Elementarzelle des hexagonalen Bravais-Gitters durch zusätzliche Gitteratome an den Positionen $(1/3, 1/3, 1/3)$ und $(2/3, 2/3, 2/3)$ auszeichnet?

1.3 Kristallstrukturanalyse

1.3.1 Pulverdiffraktometrie an $Ba_2YCu_3O_7$

Der 1987 entdeckte Hochtemperatursupraleiter $Ba_2YCu_3O_7$ besitzt eine orthorhombische Einheitszelle (Abb. 1.6) mit den Gitterkonstanten $a = 3.83$ Å, $b = 3.89$ Å und $c = 11.7$ Å.

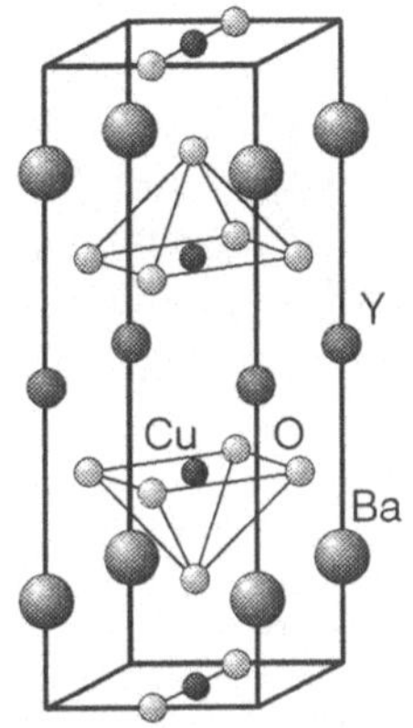

Abb. 1.6. Schematische Darstellung der Einheitszelle von $Ba_2YCu_3O_7$.

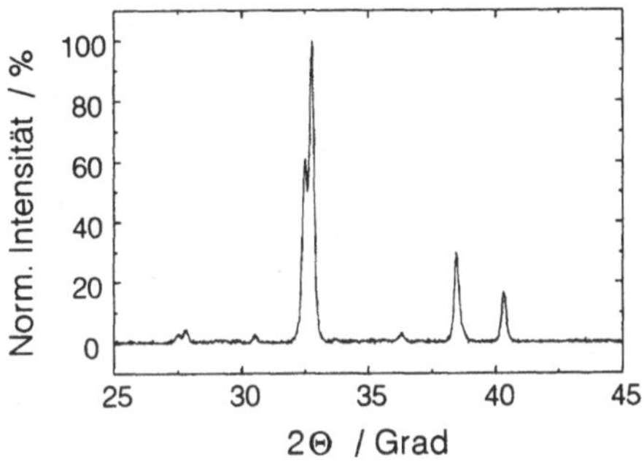

Abb. 1.7. Röntgenbeugungsspektrum von $Ba_2YCu_3O_7$, aufgenommen mit CuK_α-Strahlung ($\lambda = 1.5406$ Å).

a) Berechnen Sie aus den Gitterkonstanten und der molaren Masse der Substanz die theoretische Dichte ρ_{th} ("Röntgendichte") eines $Ba_2YCu_3O_7$-Einkristalls. Weshalb liegt die Dichte polykristalliner Sinterproben stets deutlich unterhalb dieses berechneten Wertes?

b) Per Definition handelt es sich bei Millerschen Indizes (hkl) um Tripel der kleinsten ganzen Zahlen, welche in einem für die Ebene charakteristischen Verhältnis zueinander stehen. Zur Indizierung von Röntgenbeugungsspektren werden allerdings auch Zahlentripel verwendet, welche ganzzahlige Vielfache solcher Millerschen

Indizes darstellen. Aus welchem Grund erweist sich dies wohl als praktisch? Überlegen Sie sich dazu, auf welche Weise sich Interferenzen höherer Ordnung bei der Röntgenbeugung rechnerisch erfassen lassen.

c) Berechnen Sie die Abstände d_{hkl} von Ebenenscharen mit den Indizes (004), (005), (012), (013), (102), (103), (110), (111), (112) und (113) in $Ba_2YCu_3O_7$, und daraus mit Hilfe der Braggschen Gleichung erster Ordnung die Beugungswinkel 2θ, unter denen für CuK_α-Strahlung ($\lambda = 1.5406$ Å) Beugungsreflexe zu erwarten sind. Indizieren Sie damit das in Abb. 1.7 abgebildete Beugungsspektrum von $Ba_2YCu_3O_7$, welches mit Hilfe eines Pulverdiffraktometers gewonnen wurde. Welche der obengenannten Ebenenscharen stellen lediglich fiktive Rechengrößen dar, und beschreiben in Wirklichkeit Interferenzen höherer Ordnung an einer anderen Ebenenschar?

1.3.2 Auslöschungsgesetze für Röntgenreflexe

Während die Braggsche Gleichung nur Auskunft über die Beugungswinkel 2θ von Röntgenreflexen gibt, liefert der "Strukturfaktor" F_{hkl} des Gitters eine Information über die Intensität der auftretenden Reflexe. Für die Intensität eines Reflexes mit den Indizes (hkl) gilt dabei $I_{hkl} \propto |F_{hkl}|^2$. Der Strukturfaktor beschreibt den Effekt von Interferenzen, welche sich im Innern von nichtprimitiven Einheitszellen abspielen, und wird gegeben durch

$$F_{hkl} = \sum_i f_i \, \exp[2\pi\mathrm{i}(h\rho_i + k\sigma_i + l\tau_i)] \,. \tag{1.1}$$

Die Position eines Atoms i in der Einheitszelle wird dabei mittels $r_i = \rho_i \, a_1 + \sigma_i \, a_2 + \tau_i \, a_3$ beschrieben, wobei die Vektoren a_1, a_2 und a_3 primitive Translationen des Kristallgitters darstellen. Die Größe f_i stellt den "atomaren Streufaktor" von Atomen der Sorte i dar, und berücksichtigt die endliche Ausdehnung der zur Beugung beitragenden Elektronenverteilung um die Atome.

a) Wie lauten die Bedingungen für die Nichtauslöschung eines Röntgenreflexes *hkl* bei einem primitiv orthorhombischen, einem innenzentriert orthorhombischen, sowie einem flächenzentriert orthorhombischen Gitter?

b) Gelten die obigen Auslöschungsgesetze auch dann, wenn die betrachtete Struktur aus Atomen verschiedener Elemente zusammensetzt ist? Vergleichen Sie beispielsweise die Auslöschungsgesetze von Elementen, welche in einem bcc- bzw. fcc-Gitter kristallisieren mit denjenigen, welche für chemische Verbindungen mit Caesiumchlorid- bzw. Natriumchloridstruktur zu erwarten sind.

1.3.3 Indizierung kubischer Substanzen

a) Eine für die Indizierung kubischer Substanzen benötigte Größe stellt die Quadratsumme

$$\Sigma = h^2 + k^2 + l^2 \tag{1.2}$$

der *hkl*-Werte dar. Stellen Sie eine Tabelle zusammen, in die Sie für $\Sigma = 1$ bis 20 die zugehörigen *hkl*-Werte eintragen. Weshalb genügt es hierbei, Zahlentripel mit $h \geqslant k \geqslant l$ zu betrachten?

b) Für welche Werte von Σ sind im Falle eines primitiv kubischen, eines innenzentriert kubischen, bzw. eines flächenzentriert kubischen Gitters Röntgenreflexe zu erwarten?

c) Weshalb kann man aus der Auftragung der Intensität eines Beugungsspektrums über $\sin^2 \theta$ erkennen, ob die untersuchte Substanz ein kubisches Gitter besitzt, und um welches der drei kubischen Gitter es sich dabei handelt?

1.4 Bindungsarten im Kristall

1.4.1 Radienquotientenregel für ionische Verbindungen

a) Bei welchem Radienverhältnis r/R paßt eine Kugel mit dem Radius r genau in eine tetraedrische, oktaedrische bzw. würfelförmige Anordnung von Kugeln mit dem Radius R?

b) Welche Voraussage macht die "Radienquotientenregel" für ionische Verbindungen, wenn das Radienverhältnis der beteiligten Ionen zu einer bestimmten Koordinationszahl unter- bzw. überschritten wird? Betrachten Sie als Beispiele die ionischen Verbindungen LiCl, NaCl und CsCl. Welche Struktur ist nach der Radienquotientenregel für ZnS zu erwarten? Benötigte Werte für die Ionenradien können Tabelle 1.1 entnommen werden.

Tabelle 1.1. Radius von Ionen bei vorgegebener Koordinationszahl KZ [1.1].

Ion	$r_{KZ=4}$ Å	$r_{KZ=6}$ Å	$r_{KZ=8}$ Å
Li^+	0.59	0.76	
Na^+	0.99	1.02	
Cs^+		1.67	1.74
Cl^-		1.81	
Zn^{2+}	0.60	0.73	
S^{2-}		1.84	

1.4.2 Madelungkonstante einer eindimensionalen Ionenkette

Bestimmen Sie die Madelungkonstante einer unendlich langen linearen Anordnung einfach geladener Ionen (Abb. 1.8).

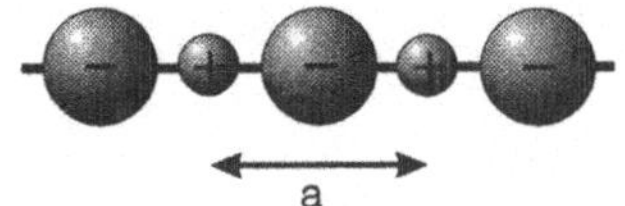

Abb. 1.8. Eindimensionale Kette
einfach geladener Ionen.

NaCl besitzt eine Gitterkonstante von $a = 5.64$ Å. Falls es
möglich wäre, eine eindimensionale NaCl-Kette mit derselben
Gitterkonstante herzustellen, wie groß wäre dann die Coulombenergie dieser Kette, bezogen auf ein einzelnes Ionenpaar?

Hinweis: zur Berechnung der Madelungkonstante erweist sich
die Potenzreihenentwicklung

$$\ln(1 + x) = 1 - \frac{x^2}{2} + \frac{x^3}{3} - \frac{x^4}{4} + \dots \qquad (-1 < x \leqslant 1) \qquad (1.3)$$

als hilfreich.

1.4.3 Madelungkonstante eines zweidimensionalen Ionengitters

Abbildung 1.9 zeigt ein unendlich ausgedehntes zweidimensionales Gitter einfach geladener Ionen, welches die Gitterkonstante a
besitzt. Näherungswerte α_n für die Madelungkonstante dieser Anordnung sollen derart berechnet werden, daß jeweils die Wechselwirkung eines herausgegriffenen Ions i mit all denjenigen Ionen
berücksichtigt wird, welche sich nicht außerhalb eines um das betrachtete Ion i angeordneten Quadrates mit der Kantenlänge na
befinden.

a) Ermitteln Sie Näherungswerte α_1 bis α_3 für das in Abb. 1.9
dargestellte zweidimensionale Ionengitter, wobei auf den Begren-
zungslinien des Quadrates liegende Ionen vollständig berücksichtigt werden sollen. Ist eine brauchbare Konvergenz der Folge α_n
zu erkennen, wenn die Zahl der zu berücksichtigenden Nachbarionen anwächst?

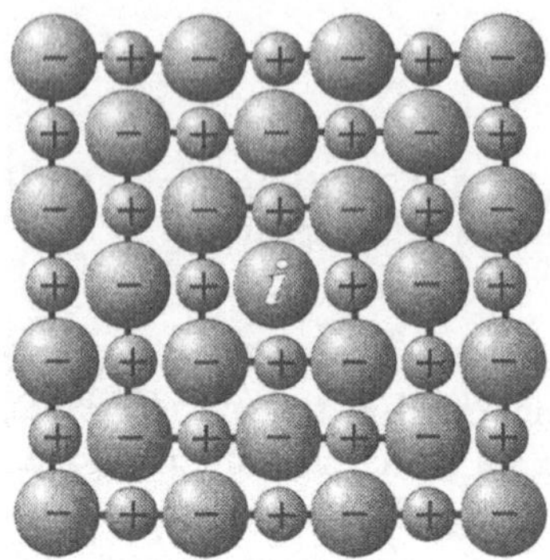

Abb. 1.9. Zweidimensionale Anordnung einfach geladener Ionen.

b) Berechnen Sie als Vergleich dazu Näherungswerte α_n für die Madelungkonstante in der Weise, daß Sie Ionen, welche sich auf der Begrenzungslinie des Quadrates befinden, nur entsprechend des Winkelanteils zählen, welcher sich innerhalb des Quadrates befindet. Es ergibt sich auf diese Weise eine wesentlich schnellere Konvergenz der Folgenwerte α_n als nach der vorherigen Methode. Worauf ist dies zurückzuführen?

1.4.4 Bindungsenergie ionischer Verbindungen

a) Die Madelungkonstante der Natriumchloridstruktur besitzt den Wert $a \approx 1.7476$. Berechnen Sie für die Verbindungen LiCl ($a = 5.14$ Å), NaCl ($a = 5.64$ Å) und RbF ($a = 5.63$ Å) jeweils die auf ein Ionenpaar bezogene Coulombenergie.

b) Die gesamte potentielle Energie von Ionen im Kristall setzt sich zusammen aus der bindenden Coulombenergie U_C, und einem abstoßenden Anteil, für den hier das exponentiell verlaufende Potential

$$U_{\mathrm{BM}}(r_{ij}) = B \exp\left(-\frac{r_{ij}}{\rho}\right) \tag{1.4}$$

nach einem Ansatz von BORN und MAYER angenommen werden
soll (Abb. 1.10). Der Abstand zwischen zwei Ionen i und j wird
dabei durch die Größe r_{ij} gegeben, während B und ρ von der
jeweiligen Substanz abhängende Parameter darstellen.

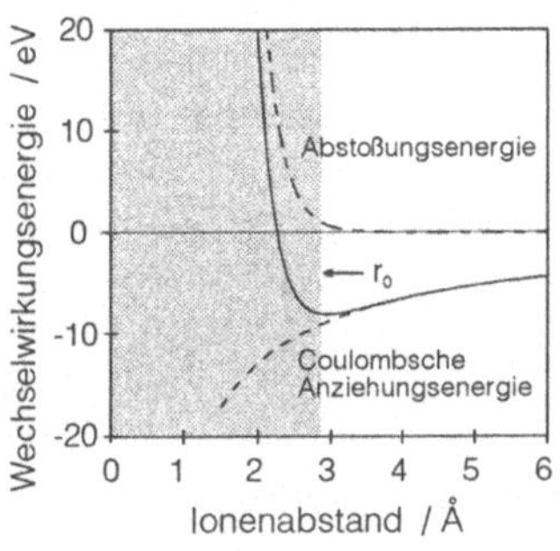

Abb. 1.10. Typischer Verlauf der
potentiellen Energie eines Ions in
Abhängigkeit vom Abstand nächster Nachbarn.

Für die obengenannten Ionenkristalle betragen die experi-
mentell ermittelten Bindungsenergien pro Ionenpaar $E_{\mathrm{B}}(\mathrm{LiCl}) =
8.93\,\mathrm{eV}$, $E_{\mathrm{B}}(\mathrm{NaCl}) = 8.23\,\mathrm{eV}$ und $E_{\mathrm{B}}(\mathrm{RbF}) = 8.17\,\mathrm{eV}$. Schätzen
Sie mit Hilfe dieser Werte und der oben berechneten Coulomb-
energien die Größenordnung des Parameters ρ ab. Aufgrund der
kurzen Reichweite der abstoßenden Kräfte sind dabei lediglich
Beiträge der nächsten Nachbarionen zu berücksichtigen.

c) Ein alternativer Ansatz von PAULING sowie von BORN und
LANDÉ benutzt für das abstoßende Potential zwischen Ionen eine
Potenzabhängigkeit der Form

$$U_{\mathrm{BL}}(r_{ij}) = \frac{B}{r_{ij}^{n}} . \tag{1.5}$$

Welcher Exponent n führt in diesem Fall zu Übereinstimmung
mit den oben angegebenen experimentellen Bindungsenergien?

Lösungen zu Abschnitt 1.1

Lösung von Aufgabe 1.1.1

Das primitiv kubische Gitter enthält $8 \cdot (1/8) = 1$ Gitteratom pro Einheitszelle, woraus ein ausgefülltes Volumen von $V' = (4/3)\pi R^3$ folgt. Die Betrachtung einer Würfelkante liefert den Zusammenhang $a = 2R$ zwischen der Gitterkonstante a und dem Kugelradius R, womit sich das Zellenvolumen $V = a^3 = 8R^3$ ergibt. Die Raumerfüllung des primitiv kubischen Gitters beträgt damit

$$\frac{V'}{V} = \frac{\pi}{6} \approx 52\,\% \,. \tag{1.6}$$

In einer Einheitszelle des innenzentriert kubischen Gitters sind $8 \cdot (1/8) + 1 = 2$ Gitteratome enthalten (Ecken und Zentrum der Einheitszelle), womit sich das ausgefüllte Volumen zu $V' = (8/3)\pi R^3$ ergibt. Eine Betrachtung der Raumdiagonale dieser Einheitszelle liefert die zusätzliche Beziehung $a\sqrt{3} = 4R$, also $V = a^3 = (64/3\sqrt{3})R^3$. Daraus folgt für die Raumerfüllung eines innenzentriert kubischen Gitters der Wert

$$\frac{V'}{V} = \frac{\pi\sqrt{3}}{8} \approx 68\,\% \,. \tag{1.7}$$

Die Einheitszelle des flächenzentriert kubischen Gitters enthält insgesamt $8 \cdot (1/8) + 6 \cdot (1/2) = 4$ Gitteratome (Ecken und Flächenmitten der Einheitszelle), somit ist $V' = (16/3)\pi R^3$. Die Beziehung $a\sqrt{2} = 4R$, welche sich bei Betrachtung einer Würfelflächendiagonale ablesen läßt, liefert ein Zellenvolumen von $V = a^3 = (32/\sqrt{2})R^3$. Für das flächenzentriert kubische Gitter ergibt sich so eine Raumerfüllung von

$$\frac{V'}{V} = \frac{\pi}{3\sqrt{2}} \approx 74\,\% \,. \tag{1.8}$$

Zusammen mit dem hcp-Gitter (hexagonal close packed) weist dieses Gitter die höchste erreichbare Packungsdichte für undurchdringbare kugelförmige Objekte gleicher Größe auf.

Etwa die Hälfte aller metallischen Elemente kristallisiert unter Normalbedingungen in einem kubischen Gitter, während die andere Hälfte ein hcp-Gitter bevorzugt. Hiervon abweichende Gitter werden unter Normalbedingungen nur von sehr wenigen Metallen eingenommen. Metalle mit innenzentriert kubischem Gitter sind dabei, trotz ihrer geringfügig niedrigeren Raumerfüllung, etwa gleich häufig vertreten, wie solche mit einem flächenzentrierten Gitter. Primitiv kubische Gitter dagegen treten aufgrund ihrer geringen Raumerfüllung in der Praxis nicht auf.

Lösung von Aufgabe 1.1.2

a) Wie Abb. 1.11 zeigt, läßt sich ein flächenzentriert tetragonales Gitter mit den Gitterkonstanten a und c durch eine 45°-Drehung um die z-Achse in ein innenzentriert tetragonales Gitter mit den Gitterkonstanten $a' = a/\sqrt{2}$ und $c' = c$ überführen. Grundfläche und Volumen der Einheitszelle werden dabei auf die Hälfte des ursprünglichen Wertes reduziert.

b) Nach Aufgabenteil a) läßt sich ein flächenzentriert tetragonales Gitter durch eine 45°-Drehung um die z-Achse in ein äquivalentes innenzentriert tetragonales Gitter überführen. Für ein flächenzentriert orthorhombisches Gitter mit den Gitterkonstanten $a \approx b$ und c ergibt sich bei einer analogen Drehung ein Gitter mit nur angenähert rechtwinkliger Grundfläche (Abb. 1.12).

Für $a < b$ wird die Abweichung δ der Grundflächenwinkel vom Rechten Winkel gegeben durch

$$\tan\left(\frac{90° - \delta}{2}\right) = \frac{a}{b} . \tag{1.9}$$

In vielen Fällen ist diese Abweichung so gering, daß sie in guter Näherung vernachlässigt werden kann. Das Gitter läßt sich dann mit Hilfe einer Einheitszelle beschreiben, deren Gitterkonstanten durch $a' = \sqrt{ab/2}$ und $c' = c$ gegeben werden. Die so erhaltene

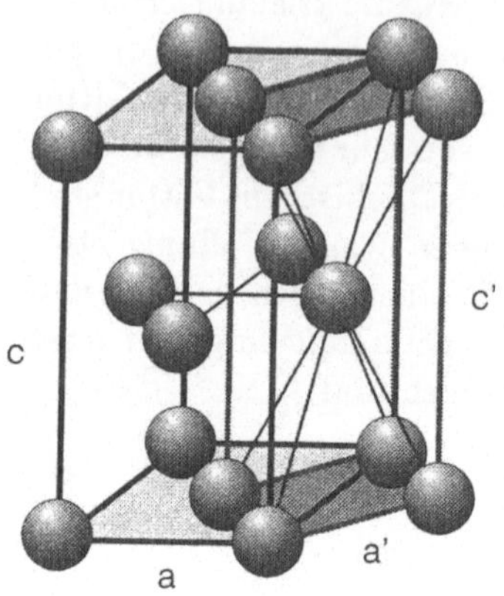

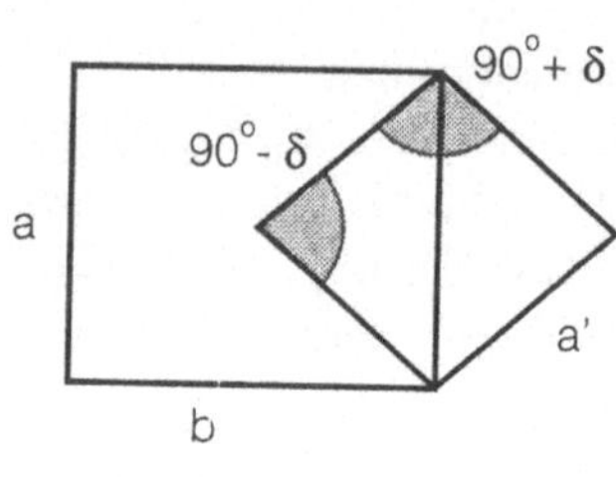

Abb. 1.11. Äquivalenz von flächen- und innenzentrierten tetragonalen Gittern.

Abb. 1.12. Grundfläche eines pseudotetragonalen Gitters.

pseudotetragonale Einheitszelle besitzt nur noch die Hälfte des Volumens der ursprünglichen Einheitszelle.

Beispiel: Die Verbindung La_2CuO_4 besitzt bei Raumtemperatur ein flächenzentriert orthorhombisches Gitter mit den Gitterkonstanten $a = 5.37$ Å, $b = 5.41$ Å und $c = 13.15$ Å. Äquivalent hierzu ist ein innenzentriert tetragonales Gitter mit $a' = 3.81$ Å und $c' = 13.15$ Å. Die Abweichungen der Grundflächenwinkel vom Rechten Winkel betragen in diesem Fall $\delta = 0.38°$.

Lösung von Aufgabe 1.1.3

Das Diamantgitter läßt sich als ein kubisch flächenzentriertes Gitter beschreiben, bei dem zusätzlich vier der acht tetraedrischen Lücken von Kohlenstoffatomen besetzt sind. Da die zusätzlich eingebauten Atome eine starke Aufweitung des Gitters zur Folge haben, ist für die Raumerfüllung des Diamantgitters ein relativ geringer Wert zu erwarten.

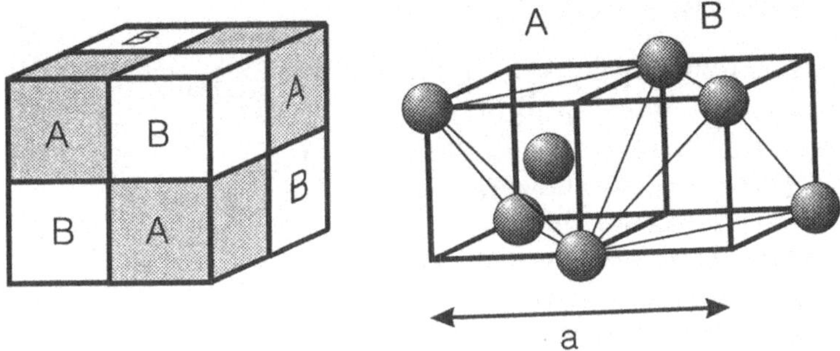

Abb. 1.13. Aufbau des Diamantgitters.

Die in Abb. 1.13 dargestellte Einheitszelle des Diamantgitters besteht aus 4 Atomen des fcc-Gitters und weiteren 4 Atomen auf tetraedrischen Zwischengitterplätzen; sie enthält also insgesamt 8 Atome. Das ausgefüllte Volumen in der Einheitszelle beträgt somit $V' = (32/3)\pi R^3$. Zur Berechnung eines Zusammenhangs zwischen der Gitterkonstante a und dem Kugelradius R wird ein Würfeloktand betrachtet, dessen Zentrum von einem Kohlenstoffatom besetzt ist. Die Raumdiagonale des Oktanden liefert die Beziehung $(a/4)\sqrt{3} = 2R$. Damit besitzt die betrachtete Einheitszelle das Volumen $V = a^3 = (512/3\sqrt{3})$. Mit einer Raumerfüllung von

$$\frac{V'}{V} = \frac{\pi\sqrt{3}}{16} \approx 34\,\% \tag{1.10}$$

weist das Diamantgitter damit lediglich die Hälfte der Packungsdichte eines innenzentriert kubischen Gitters auf, und ist demnach sehr locker gepackt. Die Härte von Materialien wird also nicht durch deren Packungsdichte festgelegt. Im Fall von Diamant ist die Härte eine Folge der festen und gerichteten kovalenten Bindung, welche durch die tetraedrischen sp^3-Orbitale des Kohlenstoffs zustande kommt.

Lösung von Aufgabe 1.1.4

a) Gitteratome: Die in Abb. 1.14 abgebildete Einheitszelle des flächenzentriert kubischen Bravais-Gitters enthält insgesamt 4 Gitteratome: $8 \cdot (1/8) = 1$ Atom an den Ecken der Zelle, sowie $6 \cdot (1/2) = 3$ Atome auf deren Flächenmitten.

Oktaederlücken: Die oktaedrisch koordinierten Zwischengitterplätze eines fcc-Gitters bilden ebenfalls ein fcc-Gitter; dieses ist gegenüber dem Gitter der Atome um den Wert $(1/2, 1/2, 1/2)$ versetzt. Damit ergeben sich 4 Oktaederlücken pro Einheitszelle (1 Oktaederlücke im Zentrum, $12 \cdot (1/4) = 3$ Oktaederlücken auf den Würfelkanten).

Tetraederlücken: Sämtliche Tetraederlücken befinden sich exakt in den Zentren der Würfeloktanden, also an den Positionen $(1/4, 1/4, 1/4)$, etc. Damit sind in der kubischen Einheitszelle des fcc-Gitters insgesamt 8 Tetraederlücken pro Einheitszelle enthalten, also gerade doppelt so viele wie Oktaederlücken.

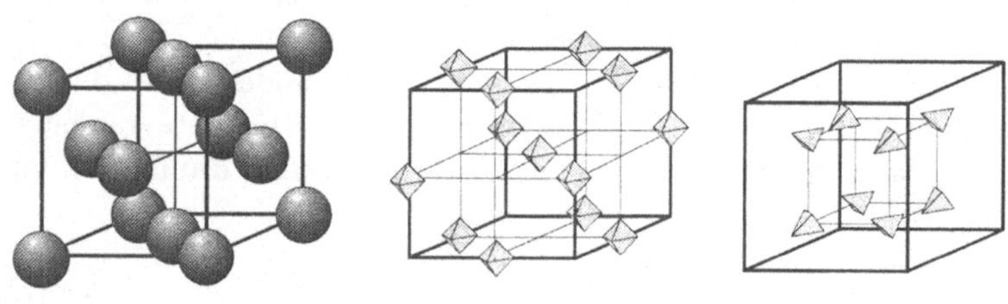

Abb. 1.14. Position der Gitteratome sowie der oktaedrisch bzw. tetraedrisch koordinierten Zwischengitterplätze im fcc-Gitter.

b) Gitteratome: Die in Abb. 1.15 abgebildete Einheitszelle des innenzentriert kubischen Bravais-Gitters enthält insgesamt 2 Gitteratome: 1 Gitteratom im Zentrum der Einheitszelle, und $8 \cdot (1/8) = 1$ Gitteratom an deren Ecken.

Verzerrte Oktaederlücken: Es ergeben sich pro Einheitszelle 6 äquivalente Positionen mit verzerrt oktaedrischer Umgebung

$(6 \cdot (1/2) = 3$ Lücken auf den Würfelflächen, $12 \cdot (1/4) = 3$ Lücken auf den Würfelkanten).

Wird der Radius eines Gitteratoms mit R und der maximale Radius eines Atoms auf einem Zwischengitterplatz mit r bezeichnet, so folgt für die verzerrten Oktaederlücken aus den Beziehungen $a\sqrt{3} = R + 2R + R$ (Raumdiagonale des Würfels) und $a = R + 2r + R$ (Kante des Würfels) der Radienquotient

$$\frac{r}{R} = \frac{2}{\sqrt{3}} - 1 \approx 0.155 . \tag{1.11}$$

Wegen des kleinen Radienquotienten werden verzerrt oktaedrische Zwischengitterplätze in Strukturen mit bcc-Gitter praktisch nicht von Atomen besetzt.

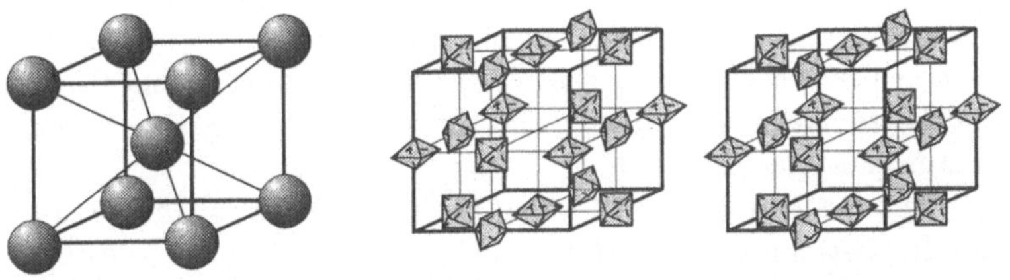

Abb. 1.15. Position der Gitteratome sowie der verzerrt oktaedrisch bzw. tetraedrisch koordinierten Zwischengitterplätze im bcc-Gitter.

Verzerrte Tetraederlücken: Auf jeder Würfelfläche der Einheitszelle befinden sich $4 \cdot (1/2) = 2$ verzerrte Tetraederlücken. Dies ergibt insgesamt 12 verzerrte Tetraederlücken pro Einheitszelle. Aus den Beziehungen $(a/4)\sqrt{5} = R + r$ (Diagonale einer halbierten Würfelfläche) und $a\sqrt{3} = R + 2R + R$ (Raumdiagonale des Würfels) folgt für die verzerrten Tetraederlücken des bcc-Gitters der Radienquotient

$$\frac{r}{R} = \sqrt{\frac{5}{3}} - 1 \approx 0.291 . \tag{1.12}$$

Obwohl das innenzentriert kubische Gitter eine geringere Raumerfüllung aufweist als das flächenzentriert kubische, kann es auf den vorhandenen Zwischengitterplätzen nur relativ kleine Teilchen aufnehmen.

Diese Tatsache spielt vor allem für die Herstellung von Stahl eine sehr wichtige Rolle. Das fcc-Gitter des γ-Eisens, welches bei Temperaturen oberhalb von 909 °C eingenommen wird, kann nämlich trotz eines bereits relativ großen Radienquotienten von $r(C)/R(Fe) = 77.2$ Å$/124.1$ Å ≈ 0.62 noch bis zu 3.6 Atomprozent Kohlenstoff auf oktaedrischen Zwischengitterplätzen unterbringen.

Die Aufnahmefähigkeit für Kohlenstoff beschränkt sich dagegen bei der innenzentriert kubischen α-Phase des Eisens, welche sich unterhalb dieser Temperatur bildet, wegen der deutlich kleineren Zwischengitterplätze auf lediglich 0.1 Atomprozent. Es kommt deshalb zu einer Ausscheidung des überschüssigen Kohlenstoffs, welche hauptsächlich in Form winziger Einschlüsse von "Zementit" Fe_3C erfolgt. Diese Einschlüsse behindern ein Gleiten der Gitterebenen des Eisens, und verleihen so dem Stahl seine bekannte Festigkeit.

Anhand von Abb. 1.11 ist zu erkennen, daß der Übergang eines fcc-Gitters in ein bcc-Gitter keine Teilchendiffusion erfordert, sondern durch eine Verkürzung der Gitterkonstante entlang der c-Achse bei gleichzeitiger Streckung des Gitters in der ab-Ebene erfolgt. Das resultierende bcc-Gitter ist gegenüber dem ursprünglichen fcc-Gitter um 45° gedreht, und besitzt annähernd dieselbe Teilchendichte wie vor der Umwandlung, womit sich die entsprechenden Stauchungs- bzw. Streckungsfaktoren zu etwa 0.80 bzw. 1.13 berechnen. Strukturelle Phasenumwandlungen, welche diffusionslos verlaufen und lediglich durch eine kooperative Scherbewegung der Atome vonstatten gehen, werden als "Martensitumwandlungen" bezeichnet.

Lösung von Aufgabe 1.1.5

Die Position von Zwischengitterplätzen in den Einheitszellen des hcp- bzw. ccp-Gitters kann Abb. 1.16 entnommen werden. Oktaedrisch bzw. tetraedrisch koordinierte Zwischengitterplätze werden dabei in Form von Oktaedern bzw. Tetraedern symbolisiert. Der Abstand oktaedrisch koordinierter Zwischengitterplätze von den dichtest gepackten Schichten beträgt $d/2$, wenn d den Abstand benachbarter Schichten angibt. Da die Entfernung zwischen Grundfläche und Zentrum eines regulären Tetraeders einem Viertel der Tetraederhöhe entspricht, befinden sich tetraedisch koordinierte Zwischengitterplätze im Abstand $\pm d/4$ zu beiden Seiten der dichtest gepackten Schichten. Die Orientierung der in Abb. 1.16 eingezeichneten Tetraeder entspricht der Orientierung der Atome, von denen die Lücken umgeben werden.

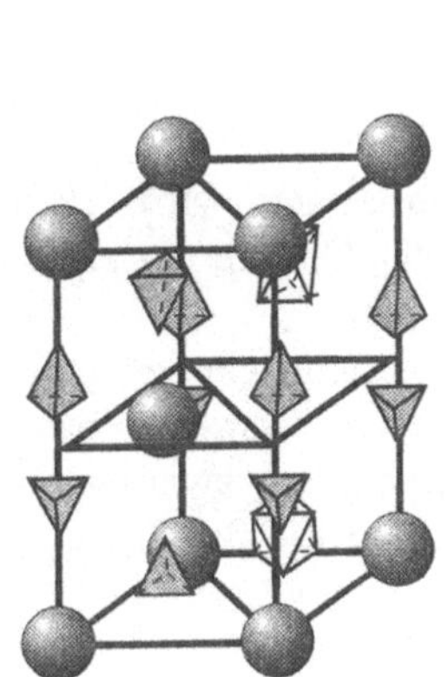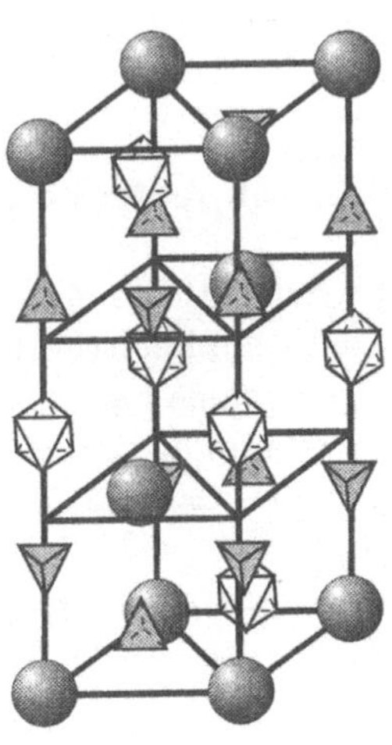

Abb. 1.16. Position von oktaedrisch bzw. tetraedrisch koordinierten Zwischengitterplätzen im (a) hcp- und im (b) ccp-Gitter.

Atome und Zwischengitterplätze, welche sich auf Kanten der Einheitszelle befinden, sind nur entsprechend des innerhalb der

Zelle befindlichen Raumwinkelanteils zu zählen. Damit enthält die Einheitszelle des hcp-Gitters (Abb. 1.16-a) insgesamt zwei Gitteratome, die sich auf der Höhe $z = 0$ bzw. $z = 1/2$ befinden, außerdem zwei auf der Höhe $z = 1/4$ bzw. $z = 3/4$ befindliche Oktaederlücken, und insgesamt vier Tetraederlücken, deren vertikale Position durch $z = 1/8$, $z = 3/8$, $z = 5/8$ sowie $z = 7/8$ gegeben wird.

Die hexagonale Einheitszelle des ccp-Gitters (Abb. 1.16-b) dagegen enthält drei Gitteratome mit den vertikalen Positionen $z = 0$, $z = 1/3$ und $z = 2/3$, drei Oktaederlücken, deren vertikale Position durch $z = 1/6$, $z = 1/2$ und $z = 5/6$ gegeben wird, und insgesamt sechs Tetraederlücken mit den vertikalen Positionen $z = 1/12$, $z = 1/4$, $z = 5/12$, $z = 7/12$, $z = 3/4$ und $z = 11/12$.

In beiden Gittern stimmt die Anzahl der oktaedrisch koordinierten Zwischengitterplätze mit der Anzahl der Gitteratome überein. Die Anzahl der Tetraederlücken ist jeweils doppelt so groß wie die der Gitteratome.

Lösung von Aufgabe 1.1.6

a) Die Schichtfolge $ABCABC\ldots$ des ccp-Gitters wird erkennbar, wenn die kubische Einheitszelle des fcc-Gitters entlang der Würfeldiagonale betrachtet wird (Abb. 1.17).

Die Raumdiagonale der kubischen Einheitszelle entspricht demnach der Gitterkonstante c des ccp-Gitters, woraus sofort die Beziehung $c = \sqrt{3}\,a_{\mathrm{fcc}}$ folgt. Ein Zusammenhang zwischen den Gitterkonstanten a und a_{fcc} ergibt sich mit Hilfe der Gleichung $(a_{\mathrm{fcc}}/2)^2 + (a_{\mathrm{fcc}}/2)^2 = a^2$ zu

$$a = \frac{1}{\sqrt{2}}\, a_{\mathrm{fcc}}\,. \tag{1.13}$$

Damit besteht zwischen den Gitterkonstanten a und c eines ccp-Gitters der Zusammenhang

$$c = \sqrt{6}\,a\,. \tag{1.14}$$

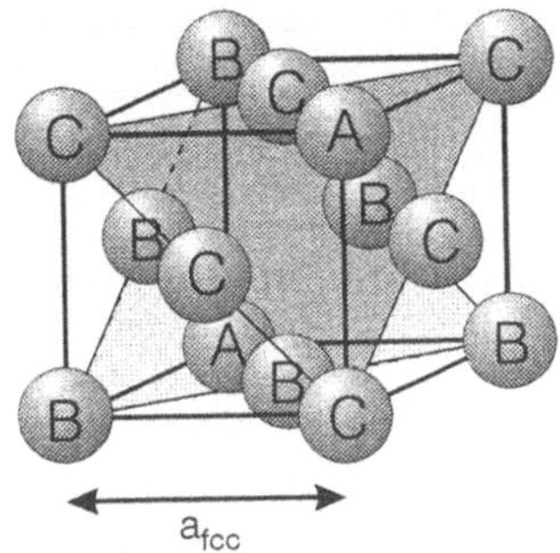

a_{fcc}

Abb. 1.17. Zusammenhang zwischen fcc- und ccp-Gitter.

b) Das hcp-Gitter besitzt die Schichtfolge $ABABAB$.... Daher weist die Einheitszelle eines idealen hcp-Gitters nur 2/3 der Höhe einer ccp-Gitter-Einheitszelle mit gleicher Gitterkonstante a auf.

Der Zusammenhang zwischen den Gitterkonstanten a und c lautet in diesem Fall

$$c = \frac{2}{3}\sqrt{6}\,a\,. \tag{1.15}$$

Das Achsenverhältnis fast aller in der hcp-Struktur kristallisierenden Elemente weicht geringfügig von diesem Idealwert $c/a \approx 1.633$ ab. Als Beispiele sind in Tabelle 1.2 die Gitterkonstanten einiger Metalle zusammengestellt, welche in der hcp-Struktur kristallisieren.

Die geringste Abweichung vom Idealwert weisen die Strukturen von Magnesium und Cobalt auf. Typische Werte anderer Metalle liegen dagegen zwischen 1.57 und 1.62, die Strukturen sind also in Richtung der c-Achse gestaucht.[3] Lediglich die Metalle Zink und Cadmium stellen mit einem deutlich über dem Idealwert liegenden Achsenverhältnis von etwa 1.86 Ausnahmen von dieser Regel dar. Der Grund für die Abweichung realer hcp-Strukturen vom idealen Achsenverhältnis c/a liegt in der nicht exakt sphärischen Gestalt der entsprechenden Metallatome begründet. Edelgasatome entsprechen mit ihren abgeschlossenen

---

[3] Es ist üblich, solche Gitter trotz ihrer Verzerrung entlang der c-Achse ebenfalls als hcp-Gitter zu bezeichnen.

Tabelle 1.2. Gitterkonstanten von Metallen mit hcp-Struktur bei Raumtemperatur [1.2].

Metall	$\dfrac{a}{\text{Å}}$	$\dfrac{c}{\text{Å}}$	c/a
Y	3.647	5.731	1.571
Zr	3.232	5.147	1.593
Co	2.507	4.069	1.623
Mg	3.209	5.210	1.624
Zn	2.665	4.947	1.856
Cd	2.979	5.618	1.886

Elektronenhüllen noch am ehesten dem Modell harter Kugeln. So weisen Einkristalle von Helium, welche bei tiefer Temperatur und unter hohem Druck gezogen werden können, eine praktisch unverzerrte hcp-Struktur auf.

Lösung von Aufgabe 1.1.7

Der Übersichtlichkeit halber soll die hexagonale Einheitszelle von $BaTiO_3$ hier in Form einzelner Schichten wiedergegeben werden. Die Position der Atome in den Ebenen $z = 0$, $z = 1/6$, $z = 2/6\dots$ kann Abb. 1.18 entnommen werden.

Die Besetzung der Ebenen $z = 0$ und $z = 1/2$ sollte ohne weiteres zu verstehen sein. Etwas schwieriger sind die Verhältnisse dagegen in den Ebenen $z = 1/3$ und $z = 2/3$. Eine Betrachtung der kubischen Einheitszelle läßt für diese Ebenen nur drei Sauerstoffanionen erkennen. Aufgrund der Stöchiometrie der Verbindung kann es sich bei dem vierten Ion, welches in dieser Ebene notwendigerweise vorhandenen sein muß, also nur um ein Bariumkation handeln. Damit läßt sich schließlich auch die Besetzung der Oktaederlücken in den Ebenen $z = 1/6$ sowie $z = 5/6$ klären: Von den oktaedrisch koordinierten Zwischengitterpositionen sind nur

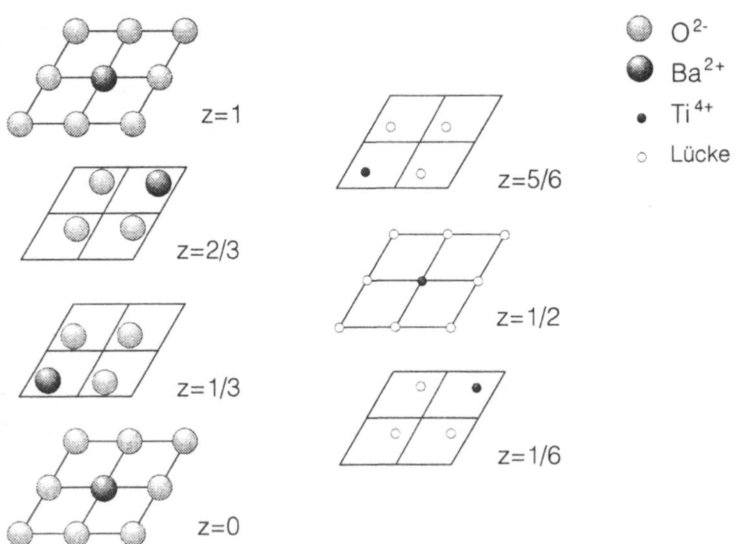

Abb. 1.18. Hexagonale Einheitszelle von $BaTiO_3$, dargestellt als Abfolge einzelner Schichten. Links das von Ba^{2+} und O^{2-} gebildete ccp-Gitter, rechts die Oktaederlücken dieses Gitters. Dunkel markierte Oktaederlücken sind mit Ti^{4+}-Ionen besetzt.

diejenigen mit einem Titankation besetzt, deren nächste Nachbarn zu beiden Seiten der jeweiligen Schicht ausschließlich von Sauerstoffanionen gebildet werden.

Abzählen der einzelnen Ionen liefert das Ergebnis, daß die in Abb. 1.18 dargestellte hexagonale Einheitszelle insgesamt drei Formeleinheiten $BaTiO_3$ enthält, im Gegensatz zur kubischen Einheitszelle von Abb. 1.3, welche genau einer Formeleinheit der Substanz entspricht.

Lösungen zu Abschnitt 1.2

Lösung von Aufgabe 1.2.1

Das reziproke Gitter eines zweidimensionalen quadratischen Gitters mit der Gitterkonstante a stellt ebenfalls ein quadratisches Gitter dar; dessen Gitterkonstante besitzt den Wert $2\pi/a$.

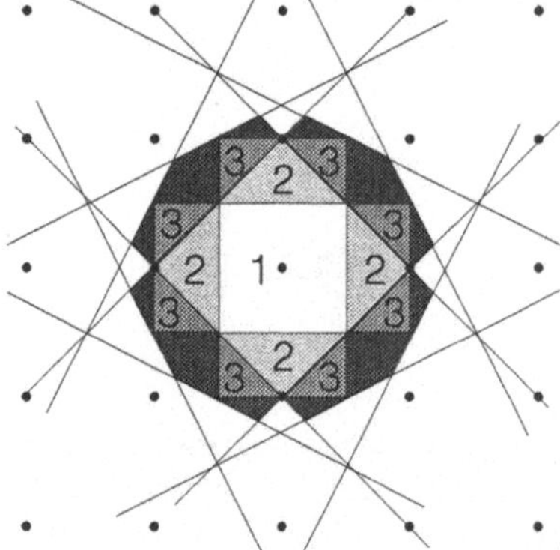

Abb. 1.19. Konstruktion der ersten vier Brillouinzonen eines ebenen quadratischen Gitters.

Zur Konstruktion der Brillouinzonen werden zunächst sämtliche Verbindungsgeraden von einem zentral gelegenen Punkt des reziproken Gitters zu benachbarten Punkten gezogen, und auf diesen Verbindungslinien die Mittelsenkrechten errichtet. All diese Mittelsenkrechten zerteilen die betrachtete Fläche des reziproken Gitters in verschiedene Gebiete, von denen die zentral gelegene Fläche als die "1. Brillouinzone" bezeichnet wird. Sie beinhaltet im hier betrachteten Fall eine reziproke Fläche der Größe $(2\pi/a)^2$. Vom Zentrum ausgehend können weitere Gebiete zu einer zweiten, dritten, vierten etc. Brillouinzone zusammengefaßt werden. Die zur dritten und vierten Zone zugehörigen Gebiete lassen sich unter Beachtung der Forderung, daß die Fläche jeder höheren Brillouinzone mit der Fläche der 1. Brillouinzone übereinstimmen muß, identifizieren. Eine Erfüllung dieser Forderung wird dadurch ermöglicht, daß die Mittelsenkrechten von

Verbindungslinien zu nächsten Nachbarpunkten nicht nur die erste Brillouinzone limitieren, sondern auch die dritte, und die von den übernächsten Nachbarpunkten nicht nur die zweite, sondern auch die vierte, etc., wie dies in Abb. 1.19 ersichtlich ist.

Lösung von Aufgabe 1.2.2

a) Die Definitionsgleichung $a_i \cdot b_j = 2\pi\,\delta_{ij}$ $(i, j = 1, 2, 3)$ für die Vektoren des reziproken Gitters läßt sich durch eine Konstruktion der Form

$$b_1 = \frac{2\pi}{V}\, a_2 \times a_3 \tag{1.16}$$

erfüllen. Gleichungen zur Berechnung der reziproken Gittervektoren b_2 und b_3 erhält man aus (1.16) durch zyklisches Vertauschen der Indizes. Das Volumen der Elementarzelle im realen Raum wird zweckmäßigerweise über das Spatprodukt

$$V = a_1 \cdot (a_2 \times a_3) = \det(a_1\, a_2\, a_3) \tag{1.17}$$

der drei Basisvektoren berechnet, und ergibt sich unter Verwendung der Basisvektoren

$$a_1 = a \begin{pmatrix} 1 \\ 0 \\ 0 \end{pmatrix} \qquad a_2 = a \begin{pmatrix} 1/2 \\ \sqrt{3}/2 \\ 0 \end{pmatrix} \qquad a_3 = c \begin{pmatrix} 0 \\ 0 \\ 1 \end{pmatrix}$$

des hexagonalen Bravais-Gitters zu $V = a^2 c \sqrt{3}\,/2$. Die Basisvektoren des hierzu reziproken Gitters folgen damit zu

$$b_1 = \frac{4\pi}{a\sqrt{3}} \begin{pmatrix} \sqrt{3}/2 \\ -1/2 \\ 0 \end{pmatrix} \qquad b_2 = \frac{4\pi}{a\sqrt{3}} \begin{pmatrix} 0 \\ 1 \\ 0 \end{pmatrix} \qquad b_3 = \frac{2\pi}{c} \begin{pmatrix} 0 \\ 0 \\ 1 \end{pmatrix}.$$

Die Gitterkonstanten des reziproken Gitters werden durch den Betrag der reziproken Basisvektoren gegeben; sie betragen $b_1 = b_2 = 4\pi/a\sqrt{3}$ und $b_3 = 2\pi/c$.

Da die Basisvektoren b_1 und b_2 einen Winkel von

$$\varphi^* = \arccos \frac{b_1 \cdot b_2}{|b_1| \cdot |b_2|} \tag{1.18}$$

$$= \arccos(-1/2) = 120°$$

einschließen, und jeder dieser Vektoren senkrecht zum Basisvektor b_3 orientiert ist, stellt das durch b_1, b_2 und b_3 definierte reziproke Gitter ebenfalls ein hexagonales Bravais-Gitter dar.

Eine Berechnung des Volumens V^* der reziproken Elementarzelle ergibt $V^* = 16\pi^3/a^2 c\sqrt{3}$, womit zwischen den entsprechenden Volumina von Elementarzellen im realen bzw. reziproken Raum die Beziehung

$$V^* = \frac{(2\pi)^3}{V} \tag{1.19}$$

besteht. Diese Beziehung ist, wie eine allgemeinere Rechnung zeigt, die Folge der Definitionsgleichung (1.16) für die Basisvektoren des reziproken Gitters, und gilt unabhängig von der speziellen Wahl des betrachteten Gitters.

b) Die Konstruktion der Brillouinzonen eines zweidimensionalen hexagonalen Gitters erfolgt gleich wie in Aufgabe 1.2.1 erläutert, und liefert die in Abb. 1.20 dargestellten Zonen. Im dreidimensionalen Fall ergibt sich demnach ein reguläres Prisma mit sechseckiger Grundfläche (Abb. 1.21), wobei die horizontalen Abmessungen der Brillouinzone durch $\overline{\Gamma M} = b_1/2 = 2\pi/a\sqrt{3}$ gegeben werden, und die vertikalen durch $\overline{\Gamma A} = b_3/2 = \pi/c$. Der Punkt Γ stellt dabei das Zentrum der 1. Brillouinzone dar, während M und A die Zentren von Seiten- bzw. Deckflächen der 1. Brillouinzone repräsentieren.

c) Aufgrund des an der Position $(1/3, 1/3, 1/3)$ befindlichen Zusatzatoms ist es nicht möglich, für das hcp-Gitter Basisvektoren a_1, a_2 und a_3 zu finden, welche eine primitive Elementarzelle des Gitters beschreiben. Das hcp-Gitter stellt somit kein

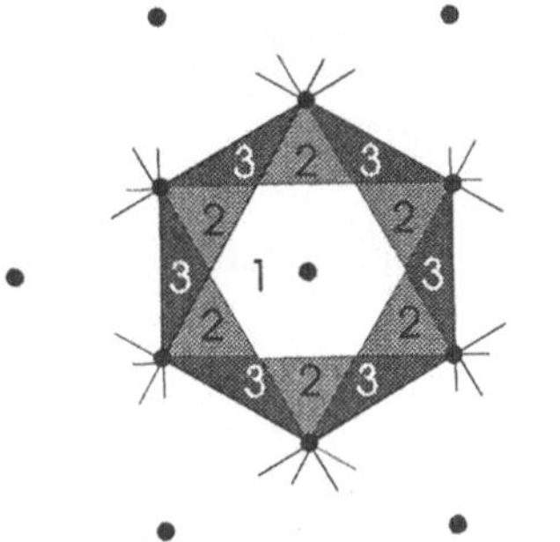

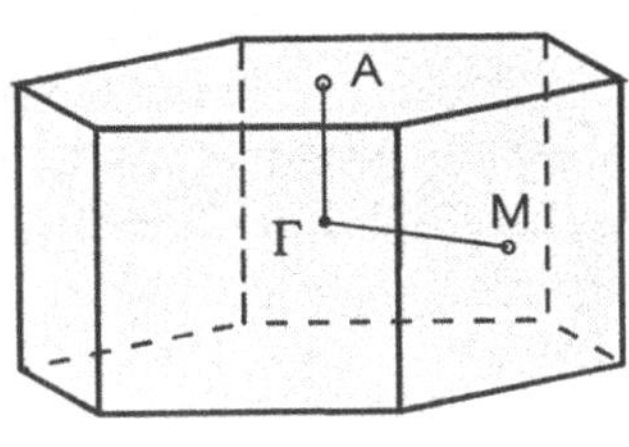

Abb. 1.20. Brillouinzonen eines ebenen hexagonalen Gitters.

Abb. 1.21. 1. Brillouinzone des hexagonalen Bravais-Gitters.

Bravais-Gitter dar, und eine Berechnung des reziproken Gitters nach (1.16) ist nicht möglich.

Die allgemein übliche Lösung des Problems besteht darin, hier von der Elementarzelle des primitiven hexagonalen Bravais-Gitters auszugehen, und die entsprechenden Brillouinzonen zu verwenden. Aufgrund des zusätzlichen Gitteratoms in der Einheitszelle entfallen jedoch sämtliche Bragg-Reflexionen an den zur $k_x k_y$-Ebene parallelen Begrenzungsflächen zwischen der 1. und 2. Brillouinzone. Dasselbe gilt für die entsprechenden Flächen zwischen der 3. und 4. Brillouinzone [1.3,4].

Es ist aus diesem Grund möglich, die 1. und 2. Brillouinzone zu einer 1. Doppelzone zusammenzufassen, und entsprechend die 3. und 4. Brillouinzone zu einer 2. Doppelzone. Die so definierte 1. Doppelzone des hcp-Gitters besitzt dieselbe Grundfläche wie die 1. Brillouinzone eines hexagonalen Bravais-Gitters gleicher Gitterkonstanten a und c, weist aber im Gegensatz zu dieser mit $\overline{\Gamma A} = 2\pi/c$ die doppelte Höhe auf.

Wichtig ist dieses Ergebnis auch in Hinblick auf die Eigenschaften des Elektronengases von Metallen, welche in der hcp-Struktur kristallisieren. Liegt nämlich die Fermikugel der Elektronen eines in der hcp-Struktur kristallisierenden Metalles vollständig im Innern der 1. Doppelzone, so weist die Energie-Wellenzahl-Beziehung $E(\boldsymbol{k})$ der Elektronen keine Diskontinuität auf.

Obwohl die Verhältnisse beim ccp-Gitter auf den ersten Blick noch komplizierter erscheinen, läßt sich hier eine primitive Elementarzelle des Gitters finden, welche durch die Basisvektoren $\boldsymbol{a}_1' = \boldsymbol{a}_1$, $\boldsymbol{a}_2' = \boldsymbol{a}_2$ und $\boldsymbol{a}_3' = (\boldsymbol{a}_1 + \boldsymbol{a}_2 + \boldsymbol{a}_3)/3$ definiert wird. Dieses Gitter stellt also ein Bravais-Gitter dar, und erlaubt nach (1.16) die Berechnung des entsprechenden reziproken Gitters. Diese Rechnung braucht allerdings nicht weiter verfolgt zu werden. Bekanntlich läßt sich ein ccp-Gitter durch eine geeignete Drehung in ein entsprechendes fcc-Gitter überführen, welchem im reziproken Raum ein innenzentriert kubisches Gitter entspricht. Es ist daher von vornherein klar, daß das zum ccp-Gitter reziproke Gitter durch ein innenzentriert kubisches Gitter gegeben wird, dessen Raumdiagonale in Richtung der k_z-Achse orientiert ist.

Lösungen zu Abschnitt 1.3

Lösung von Aufgabe 1.3.1

a) Wie durch Abzählen der einzelnen Gitteratome leicht zu ermitteln ist, entspricht die in Abb. 1.6 abgebildete Einheitszelle genau einer Formeleinheit $Ba_2YCu_3O_7$. Um die Röntgendichte

$$\rho_{\text{th}} = \frac{m_{\text{mol}}}{V_{\text{mol}}} \tag{1.20}$$

dieser Verbindung berechnen zu können, muß zunächst die molare Masse m_{mol} und das molare Volumen V_{mol} von $Ba_2YCu_3O_7$ bestimmt werden. Die molare Masse ergibt sich durch Summation der einzelnen Atommassen zu $m_{\text{mol}} = 666.19$ g/mol. Das Molvolumen läßt sich mittels

$$V_{\text{mol}} = N_{\text{A}}\, abc \tag{1.21}$$

aus den Gitterkonstanten der Substanz erhalten und beträgt $V_{mol} = 104.97$ cm^3/mol. Damit ergibt sich für Ba$_2$YCu$_3$O$_7$ eine Röntgendichte von $\rho_{th} = 6.35$ g/cm^3.

Durch Sintern hergestellte polykristalline Proben weisen Hohlräume zwischen den einzelnen Einkristallen auf, so daß die mittlere Dichte niedriger liegt als bei einem kompakten Einkristall. Typische Dichten gesinterter Proben von Ba$_2$YCu$_3$O$_7$ beispielsweise liegen bei etwa 4.5 g/cm^3.

b) Bei den Millerschen Indizes einer Ebene handelt es sich um ein Tripel der kleinsten ganzen Zahlen, welche zueinander im selben Zahlenverhältnis stehen wie die Reziprokwerte der Achsenschnittpunkte dieser Ebene. Eine Ebenenschar parallel zur xy-Ebene beispielsweise wird durch die Millerschen Indizes (001) beschrieben. Hält man sich an die Konvention, daß ganzzahlige Vielfache von Millerschen Indizes unzulässig sind, so müssen Interferenzen höherer Ordnung, welche bei der Röntgenbeugung auftreten, durch Verwendung der allgemeinen Braggschen Gleichung

$$n\lambda = 2d\sin\theta \qquad (1.22)$$

explizit erfaßt werden.

Stattdessen wird in der Röntgenographie üblicherweise eine alternative Methode verwendet, welche sich numerisch wesentlich bequemer handhaben läßt. Dabei erfolgt die Berechnung der Beugungswinkel grundsätzlich über die Braggsche Gleichung erster Ordnung. Um Interferenzen höherer Ordnungen erfassen zu können, werden zur Indizierung der Beugungsspektren nun ganzzahlige Vielfache der Millerschen Indizes von Netzebenenscharen zugelassen.

Bildet man ein ganzzahliges Vielfaches von Millerschen Indizes (hkl), also $(h'k'l') = (nh\,nk\,nl)$, so entspricht dies rechnerisch dem Übergang zu einem Kristallgitter mit den Gitterkonstanten $a' = a/n$, $b' = b/n$ und $c' = c/n$. Entsprechend dieser isotropen Verkleinerung des Gitters um den Faktor n verkleinert sich auch der Abstand der betrachteten Netzebenenschar, so daß sich wegen

$$d_{h'k'l'} = \frac{1}{n}\, d_{hkl} \tag{1.23}$$

wieder die Verhältnisse von (1.22) ergeben. Der Beugungsreflex $(nh\,nk\,nl)$ entsteht also durch Interferenz n-ter Ordnung an einer Netzebenenschar, welche durch die Millerschen Indizes (hkl) beschrieben wird.

c) Netzebenen mit den Millerschen Indizes (hkl) in einem orthorhombischen Gitter besitzen den gegenseitigen Abstand

$$d_{hkl} = \frac{1}{\sqrt{\frac{h^2}{a^2} + \frac{k^2}{b^2} + \frac{l^2}{c^2}}}, \tag{1.24}$$

und der dazugehörige Beugungswinkel 2θ für konstruktive Interferenz an einer solchen Netzebenenschar ergibt sich nach der Braggschen Gleichung erster Ordnung für CuK_α-Strahlung zu

$$2\theta = 2\arcsin\left(\frac{0.7703\,\text{Å}}{d}\right). \tag{1.25}$$

Die Beugungswinkel, welche sich für die in der Aufgabenstellung genannten Indizes (hkl) ergeben, sind in Tabelle 1.3 zusammengestellt.

In dieser Tabelle sind auch die experimentell ermittelten relativen Intensitäten I/I_{max} der Beugungsreflexe von Abb. 1.7 angegeben. Bei den mit den Zahlentripeln (004) und (005) indizierten Beugungsmaxima handelt es sich um Interferenzen 4. bzw. 5. Ordnung an der Netzebenenschar (001), bei allen anderen aufgeführten Reflexen dagegen um Interferenzen erster Ordnung an entsprechenden Ebenenscharen.

Lösung von Aufgabe 1.3.2

a) Primitives Gitter: Innerhalb der Einheitszelle eines primitiven Gitters erfolgt keine Interferenz, so daß alle mit Hilfe der Braggschen Gleichung berechneten Beugungsmaxima erscheinen. Die

Tabelle 1.3. Aus den Gitterkonstanten berechnete d-Werte und Röntgenbeugungswinkel für $Ba_2YCu_3O_7$ (CuK_α-Strahlung).

hkl	$\dfrac{d_{hkl}}{\text{Å}}$	$\dfrac{2\theta}{\text{Grad}}$	$\dfrac{I/I_{max}}{\%}$
0 1 2	3.239	27.51	3
1 0 2	3.204	27.82	5
0 0 4	2.925	30.54	3
0 1 3	2.754	32.48	61
1 0 3	2.733	32.75	100
1 1 0	2.729	32.79	100
1 1 1	2.658	33.69	2
1 1 2	2.473	36.29	3
0 0 5	2.340	38.44	30
1 1 3	2.236	40.30	17

primitive Einheitszelle enthält ein einziges Atom, dieses befindet sich bei den Koordinaten $\rho_1 = \sigma_1 = \tau_1 = 0$. Für den Strukturfaktor ergibt sich damit der Wert $F_{hkl} = f_1$.

Innenzentriertes Gitter: Dieses Gitter besitzt insgesamt zwei Atome pro Einheitszelle, das eine im Ursprung $\rho_1 = \sigma_1 = \tau_1 = 0$, und das andere im Zentrum $\rho_2 = \sigma_2 = \tau_2 = 1/2$ der Zelle. Aufgrund der Gleichheit der atomaren Streufaktoren f_1 und f_2 folgt für den Strukturfaktor des innenzentrierten Gitters ein Wert von

$$F_{hkl} = f_1 \cdot \left\{ 1 + \exp[\pi i(h + k + l)] \right\} \tag{1.26}$$

$$= \begin{cases} 2\,f_1 & \text{falls } (h + k + l) \text{ gerade} \\ 0 & \text{sonst.} \end{cases}$$

Falls also die Summe $h + k + l$ eine gerade Zahl darstellt, erfolgt konstruktive Interferenz innerhalb der Einheitszelle, und es resultiert ein Strukturfaktor der Größe $F_{hkl} = 2f_1$. Reflexe, welche diese Bedingung nicht erfüllen, werden dagegen vollständig ausgelöscht.

Flächenzentriertes Gitter: Ein flächenzentriertes Gitter besitzt insgesamt vier Atome, welche sich an den Positionen $(0, 0, 0)$,

$(0, 1/2, 1/2)$, $(1/2, 0, 1/2)$, und $(1/2, 1/2, 0)$ befinden. Damit resultiert ein Strukturfaktor der Größe

$$F_{hkl} = f_1 \cdot \big\{ 1 + \exp[\pi i(h + k)] + \exp[\pi i(h + l)]$$
$$+ \exp[\pi i(k + l)] \big\} \qquad (1.27)$$

$$= \begin{cases} 4\, f_1 & \text{falls } (h + k), (h + l), (k + l) \text{ gerade} \\ 0 & \text{sonst.} \end{cases}$$

Die Bedingung, daß die drei Summen $(h + k)$, $(h + l)$, und $(k + l)$ jeweils gerade Zahlen darstellen müssen, ist äquivalent zur Forderung, daß die Indizes *hkl* entweder ausschließlich durch gerade Zahlen oder ausschließlich durch ungerade Zahlen gegeben werden.

b) Das Caesiumchloridgitter kann als ein bcc-Gitter betrachtet werden, dessen Zentralatom sich jedoch von dem am Ursprung der Einheitszelle befindlichen Atom chemisch unterscheidet. Analog zu den obigen Berechnungen ergibt sich in diesem Fall für den Strukturfaktor der Wert

$$F_{hkl} = f_1 + f_2 \exp[\pi i(h + k + l)] \qquad (1.28)$$

$$= \begin{cases} f_1 + f_2 & \text{falls } (h + k + l) \text{ gerade} \\ f_1 - f_2 & \text{sonst.} \end{cases}$$

Eine analoge Betrachtung des Natriumchloridgitters als ein fcc-Gitter, dessen auf den Flächenmitten befindlichen Atome sich von den Eckatomen unterscheiden, liefert

$$F_{hkl} = f_1 + f_2 \cdot \big\{ \exp[\pi i(h + k)] + \exp[\pi i(h + l)]$$
$$+ \exp[\pi i(k + l)] \big\} \qquad (1.29)$$

$$= \begin{cases} f_1 + 3\, f_2 & \text{falls } (h + k), (h + l), (k + l) \text{ gerade} \\ f_1 - f_2 & \text{sonst.} \end{cases}$$

Eine vollständige Auslöschung von Reflexen durch Interferenz innerhalb der Einheitszelle ist demnach nur gewährleistet, wenn die atomaren Streufaktoren f_i aller an der Interferenz beteiligten Atome übereinstimmen, d.h. wenn die entsprechenden Positionen innerhalb der Einheitszelle ausschließlich von chemisch identischen Atomen besetzt werden.

Lösung von Aufgabe 1.3.3

Bei kubischen Gittern mit der Gitterkonstante a wird der Abstand von Netzebenen mit den Millerschen Indizes (hkl) gegeben durch

$$d_{hkl} = \frac{a}{\sqrt{h^2 + k^2 + l^2}} \cdot \tag{1.30}$$

Zusammen mit der Braggschen Gleichung erster Ordnung

$$\frac{\lambda}{2} = d \, \sin\theta \tag{1.31}$$

ergibt sich damit die Beziehung

$$\sin^2\theta = \left(\frac{\lambda}{2a}\right)^2 (h^2 + k^2 + l^2), \tag{1.32}$$

also $\sin^2\theta \propto \Sigma$.

a) und b) Die zu Röntgenbeugungsreflexen mit einer vorgegebenen Quadratsumme $\Sigma = h^2 + k^2 + l^2$ gehörigen Indizes h, k, l sind in Tabelle 1.4 zusammengestellt.

Dieser Tabelle kann auch entnommen werden, welche der Reflexe bei innenzentriert bzw. flächenzentriert kubischen Gittern entfallen. Aufgrund der kubischen Symmetrie sind die Indizes h, k und l beliebig vertauschbar, so daß die Festlegung $h \geqslant k \geqslant l$ keinerlei Einschränkung darstellt.

c) Eine Auftragung der Intensität von Röntgenreflexen über $\sin^2\theta$ liefert nach (1.32) und Tabelle 1.4 bei einem primitiv kubischen

Tabelle 1.4. Indizes von Röntgenbeugungsreflexen zu vorgegebener Quadratsumme $\Sigma = h^2 + k^2 + l^2$ bei kubischen Gittern.

Σ	$h\ k\ l$ primitiv	$h\ k\ l$ innenzentriert	$h\ k\ l$ flächenzentriert
1	1 0 0	—	—
2	1 1 0	1 1 0	—
3	1 1 1	—	1 1 1
4	2 0 0	2 0 0	2 0 0
5	2 1 0	—	—
6	2 1 1	2 1 1	—
7	—	—	—
8	2 2 0	2 2 0	2 2 0
9	3 0 0 / 2 2 1	—	—
10	3 1 0	3 1 0	—
11	3 1 1	—	3 1 1
12	2 2 2	2 2 2	2 2 2
13	3 2 0	—	—
14	3 2 1	3 2 1	—
15	—	—	—
16	4 0 0	4 0 0	4 0 0
17	4 1 0 / 3 2 2	—	—
18	4 1 1 / 3 3 0	4 1 1 / 3 3 0	—
19	3 3 1	—	3 3 1
20	4 2 0	4 2 0	4 2 0

Gitter ein weitgehend äquidistantes Linienmuster, bei dem lediglich die Beugungsreflexe zu $\Sigma = 7$ sowie $\Sigma = 15$ fehlen. Das ebenfalls äquidistante Linienmuster eines innenzentriert kubischen Gitters dagegen scheint sämtliche Beugungsreflexe zu enthalten, was zeigt, daß hier in Wirklichkeit Reflexe mit $\Sigma = 2, 4, 6, \ldots$ vorliegen. Im Fall eines flächenzentriert kubischen Gitters führen die durch den Strukturfaktor bedingten Auslöschungsgesetze zu einer charakteristischen Abfolge von Doppel- und Einzellinien. Die entsprechenden Verhältnisse sind in Abb. 1.22 schematisch dargestellt.

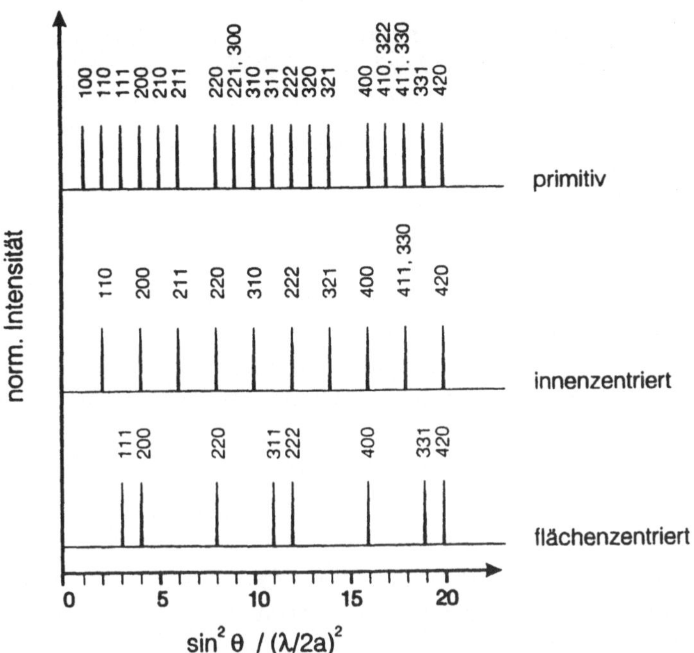

Abb. 1.22. Beugungsspektren kubischer Substanzen, aufgetragen über $\sin^2 \theta$. Für die Höhe der Intensitätsmaxima wurde der Einfachheit halber ein konstanter Wert gewählt. In Wirklichkeit führt die Winkelabhängigkeit des atomaren Streufaktors f_i zu ebenfalls winkelabhängigen Streuintensitäten.

Lösungen zu Abschnitt 1.4

Lösung von Aufgabe 1.4.1

a) Tetraedrische Anordnung (Koordinationszahl 4): Komplizierte Rechnungen lassen sich vermeiden, wenn der in Abb. 1.23-a abgebildete Zusammenhang zwischen der Geometrie eines Tetraeders und der Geometrie eines Würfels betrachtet wird. Das Zentrum des Tetraeders muß dabei aus Symmetriegründen mit dem Zentrum des Würfels übereinstimmen. Damit lassen sich in

Abb. 1.23-a die Beziehungen $(a/2)\sqrt{2} = R + R$ (Flächendiagonale des Würfels) und $(a/2)\sqrt{3} = R + 2r + R$ (Raumdiagonale des Würfels) ablesen, aus denen der Radienquotient der Anordnung zu

$$\frac{r}{R} = \sqrt{\frac{3}{2}} - 1 \approx 0.225 \tag{1.33}$$

folgt.

Oktaedrische Anordnung (Koordinationszahl 6): Mit den Beziehungen $\sqrt{2}a = R + 2R + R$ (Flächendiagonale des Würfels) und $a = R + 2r + R$ (Parallele zur z-Achse durch Würfelzentrum) folgt der Radienquotient der in Abb. 1.23-b abgebildeten Anordnung zu

$$\frac{r}{R} = \sqrt{2} - 1 \approx 0.414 \,. \tag{1.34}$$

Würfelförmige Anordnung (Koordinationszahl 8): Die Beziehungen $a = R + R$ (Würfelkante) und $a\sqrt{3} = R + 2r + R$ (Würfeldiagonale) liefern für den Radienquotienten der in Abb. 1.23-c gezeigten Anordnung den Wert

$$\frac{r}{R} = \sqrt{3} - 1 \approx 0.732 \,. \tag{1.35}$$

b) Nach einer einfachen Theorie für die Struktur ionischer Verbindungen befinden sich die Kationen in Koordinationspolyedern, welche von den Anionen gebildet werden. Diese Polyeder weisen die höchste Koordinationszahl auf, welche sich mit dem Wert des Radienquotienten vereinbaren läßt. Ein Unterschreiten des Radienquotienten r/R ist aufgrund der elektrostatischen Abstoßung der Anionen nicht möglich, sehr wohl dagegen ein Überschreiten der Werte innerhalb eines bestimmten Rahmens. Hierbei wird die Struktur verzerrt, was sich im Normalfall lediglich in einer Zunahme der Gitterkonstanten äußert. Wird das Radienverhältnis allerdings so weit überschritten, daß der Radienquotient eine Struktur mit höherer Koordinationszahl erlaubt, wird diese aus energetischen Gründen bevorzugt.

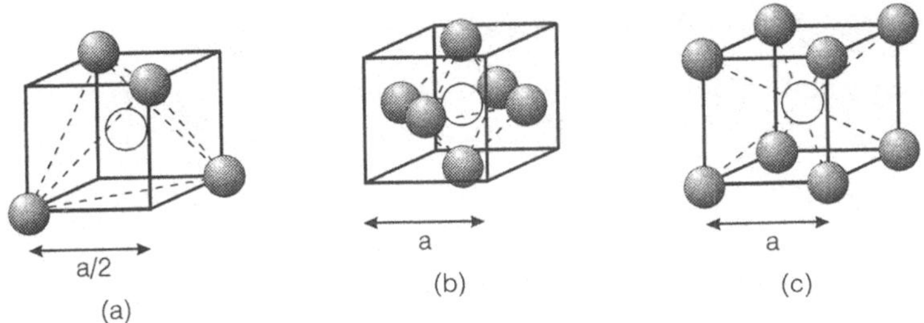

Abb. 1.23. Kation in einer (a) tetraedrischen, (b) oktaedrischen und (c) würfelförmigen Umgebung von Anionen.

Ein Beispiel für dieses Verhalten bieten die ionischen Verbindungen LiCl, NaCl und CsCl. Gemäß den in Tabelle 1.1 aufgeführten Ionenradien sollten LiCl und NaCl mit Radienquotienten von 0.42 bzw. 0.56 beide eine Natriumchloridstruktur aufweisen, CsCl dagegen mit dem deutlich höheren Radienquotienten von 0.92 in der Caesiumchloridstruktur kristallisieren.

Für Zinksulfid ist nach dieser Theorie zu erwarten, daß sich die Zinkkationen aufgrund des kleinen Radienquotienten von 0.33 in einer tetraedrischen Umgebung von Schwefelanionen befinden. Diese Forderung wird sowohl von der kubischen Zinkblendestruktur als auch von der hexagonalen Wurzitstruktur erfüllt.

Obwohl viele Voraussagen der Radienquotientenregel experimentell bestätigt werden, muß darauf hingewiesen werden, daß diese einfache Theorie bei der Bildung ionischer Verbindungen nicht allzu streng befolgt wird. Häufig müssen die hier berechneten Mindestwerte der Radienquotienten deutlich überschritten werden, bevor die entsprechende Struktur bevorzugt wird. So besitzen beispielsweise die Verbindungen KCl und RbCl trotz relativ großer Radienquotienten von 0.76 bzw. 0.84 eine Natriumchloridstruktur.

Lösung von Aufgabe 1.4.2

Die gesamte Coulombenergie eines Ionenkristalls, der aus N einfach geladenen Ionenpaaren zusammengesetzt ist, beträgt

$$U_{\mathrm{C}}^{\mathrm{ges.}} = -N \frac{e^2}{4\pi\epsilon_0 r_0}\, \alpha\,, \qquad (1.36)$$

wobei r_0 den Gleichgewichtsabstand eines beliebig herausgegriffenen Ions i zu seinen nächsten Nachbarn darstellt, und die stets positive Größe

$$\alpha = \sum_{j \neq i} \frac{q_j}{p_{ij}} \qquad (1.37)$$

als "Madelungkonstante" der betreffenden Struktur bezeichnet wird. Die Größen $q_j = Q_j/e$ und $p_{ij} = r_{ij}/r_0$ geben die Ladung Q_j des Ions j, bzw. den Abstand r_{ij} dieses Ions vom Ion i, in dimensionsloser Form an. Üblicherweise wird die Coulombenergie eines Kristalls auf die Zahl der Ionenpaare bezogen. Diese Coulombenergie pro Ionenpaar berechnet sich nach (1.36) zu

$$U_{\mathrm{C}} = - \frac{e^2}{4\pi\epsilon_0 r_0}\, \alpha = -14.40 \text{ eV} \cdot \frac{\alpha}{r_0/\text{Å}}\,. \qquad (1.38)$$

Für die in Abb. 1.8 gezeigte lineare Ionenkette gilt $r_0 = a/2$. Eine Summation über die zu beiden Seiten eines herausgegriffenen Ions angeordenten Nachbarionen liefert für die Madelungkonstante den Ausdruck

$$\alpha = 2 \left(1 - \frac{1}{2} + \frac{1}{3} - \frac{1}{4} + \dots \right). \qquad (1.39)$$

Diese Reihe weist ein sehr schlechtes Konvergenzverhalten auf. Exakt läßt sich der Wert der unendlichen Reihe unter Verwendung der in der Aufgabenstellung angegebene Potenzreihenentwicklung für $\ln(1+x)$ berechnen. Hiermit erweist sich die gesuchte Madelungkonstante als $\alpha = 2 \ln 2 \approx 1.386$. Bei Annahme einer Gitterkonstante von 5.64 Å ergibt sich somit pro Ionenpaar eine Coulombenergie von $U_{\mathrm{C}} = -7.08$ eV.

Lösung von Aufgabe 1.4.3

a) Äquivalente Nachbarn des in Abb. 1.9 gezeigten Ions i lassen sich mit Hilfe der in Tabelle 1.5 angegebenen Parameter beschreiben. Der Näherungswert α_2 für die Madelungkonstante der Anordnung beispielsweise berechnet sich damit zu

$$\alpha_2 = 4 \cdot \frac{1}{1} - 4 \cdot \frac{1}{\sqrt{2}} - 4 \cdot \frac{1}{2} + 8 \cdot \frac{1}{\sqrt{5}} - 4 \cdot \frac{1}{2\sqrt{2}}. \qquad (1.40)$$

Die einzelnen Näherungswerte α_n für die Madelungkonstante des Ionengitters ergeben sich nacheinander zu $\alpha_1 \approx 1.172$, $\alpha_2 \approx 1.335$, $\alpha_3 \approx 1.415$, $\alpha_4 \approx 1.459$, etc. Es ist zu erkennen, daß diese Folge relativ langsam konvergiert. Für ein Quadrat der Kantenlänge $25\,a$ beispielsweise ergibt sich der Näherungswert $\alpha_{25} \approx 1.588$. Obwohl zur Bestimmung dieses Wertes bereits die Wechselwirkung des Zentralions mit 2600 umgebenden Ionen berücksichtigt wird, weicht das Ergebnis noch immer deutlich vom exakten Wert $\alpha_\infty = 1.61554...$ der Madelungkonstante ab.

b) Hier soll lediglich die Berechnung des Näherungswertes α_2 explizit vorgeführt werden. In diesem Fall befinden sich die nächsten und übernächsten Nachbarn des Zentralions vollständig innerhalb des betrachteten Quadrates, zählen also voll. Die dritt- und viertnächsten Nachbarn sind nur halb, und die fünftnächsten Nachbarn entsprechend des Winkelanteils von $90°/360°$ zu einem Viertel zu zählen. Der Näherungswert α_2 für die Madelungkonstante berechnet sich damit zu

$$\alpha_2 = 4 \cdot \frac{1}{1} - 4 \cdot \frac{1}{\sqrt{2}} - \frac{4}{2} \cdot \frac{1}{2} + \frac{8}{2} \cdot \frac{1}{\sqrt{5}} - \frac{4}{4} \cdot \frac{1}{2\sqrt{2}}. \qquad (1.41)$$

Die Folge der Näherungswerte $\alpha_1 \approx 1.293$, $\alpha_2 \approx 1.607$, $\alpha_3 \approx 1.611$, $\alpha_4 \approx 1.614$ etc. weist offenbar ein gutes Konvergenzverhalten auf. Der Näherungswert $\alpha_{25} \approx 1.61553$ beispielsweise weicht vom exakten Wert α_∞ um weniger als 10^{-5} ab.

Als Grund für das verbesserte Konvergenzverhalten der hier verwendeten Methode ist die Tatsache anzusehen, daß sich die

Tabelle 1.5. Ladung $q_j = Q_j/e$, Anzahl N_j und Abstand $p_{ij} = r_{ij}/r_0$ äquivalenter Nachbarn eines negativ geladenen Ions i im ebenen quadratischen Ionengitter.

Ladung q_j	Anzahl N_j	Abstand p_{ij}
+1	4	1
−1	4	$\sqrt{2}$
−1	4	2
+1	8	$\sqrt{5}$
−1	4	$2\sqrt{2}$
+1	4	3
−1	8	$\sqrt{10}$
+1	8	$\sqrt{13}$
−1	4	$3\sqrt{2}$

Ladungen der betrachteten Ionenanordnungen gegenseitig kompensieren. Ungeladene Ionenanordnungen repräsentieren das insgesamt ebenfalls ungeladene Gesamtgitter besser als die im vorherigen Aufgabenteil betrachteten Anordnungen, deren Gesamtladung sich jeweils zu $Q = -e$ berechnet. Selbstverständlich läßt sich die hier benützte Methode auch bei der Berechnung von Madelungkonstanten dreidimensionaler Ionenkristalle vorteilhaft einsetzen.

Lösung von Aufgabe 1.4.4

a) In der Natriumchloridstruktur befinden sich die nächsten Nachbarn eines Ions im Abstand $r_0 = a/2$, so daß sich nach (1.38) für die Coulombenergie pro Ionenpaar LiCl, NaCl und RbF die Werte -9.79 eV, -8.92 eV bzw. -8.94 eV ergeben.

b) Aufgrund der kurzen Reichweite des abstoßenden Potentials zwischen Ionen genügt es, nur die abstoßende Wechselwirkung eines Ions mit seinen nächsten Nachbarn zu betrachten. Ist deren Anzahl gegeben durch die Koordinationszahl z, so nähert sich der Ausdruck (1.4) zu

$$U_{\mathrm{BM}}(r) \approx zB \exp\left(-\frac{r}{\rho}\right) . \tag{1.42}$$

In Abhängigkeit vom Abstand r benachbarter Ionen ergibt sich für das gesamte zwischen den Ionen herrschende Wechselwirkungspotential der Verlauf

$$U(r) = U_{\mathrm{C}}(r) + U_{\mathrm{BM}}(r) \tag{1.43}$$

$$= -\frac{e^2}{4\pi\epsilon_0 r}\alpha + zB \exp\left(-\frac{r}{\rho}\right) . \tag{1.44}$$

Der Gleichgewichtsabstand $r = r_0$ eines Kristalls ist dadurch gekennzeichnet, daß die Gesamtenergie U des Systems einen minimalen Wert besitzt. Aus der entsprechenden Bedingung

$$\left(\frac{\mathrm{d}U}{\mathrm{d}r}\right)_{r=r_0} = \frac{e^2}{4\pi\epsilon_0 r_0^2}\alpha - \frac{1}{\rho}zB \exp\left(-\frac{r_0}{\rho}\right) = 0 \tag{1.45}$$

folgt sofort die Beziehung

$$U_{\mathrm{BM}}(r_0) = -\frac{\rho}{r_0} U_{\mathrm{C}}(r_0) \tag{1.46}$$

zwischen den betrachteten Potentialen U_{BM} und U_{C} im Gleichgewichtszustand eines Kristalls. Die Bindungsenergie $E_{\mathrm{B}} = |U(r_0)|$ pro Ionenpaar berechnet sich damit zu

$$E_{\mathrm{B}} = |U_{\mathrm{C}}|\left(1 - \frac{\rho}{r_0}\right) . \tag{1.47}$$

Wie Tabelle 1.6 zeigt, läßt sich der Parameter ρ des Born-Mayer-Potentials (1.4) hiermit zu etwa 0.2 bis 0.3 Å abschätzen.

Tabelle 1.6. Zusammenfassung der Ergebnisse von Aufgabe 1.4.4.

Verbindung	$\dfrac{E_\mathrm{B}}{\mathrm{eV}}$	$\dfrac{U_\mathrm{C}}{\mathrm{eV}}$	$\dfrac{\rho}{\mathrm{\AA}}$	n
LiCl	8.93	-9.79	0.23	11.4
NaCl	8.23	-8.92	0.22	12.9
RbF	8.17	-8.94	0.24	11.6

c) Eine zur vorherigen Teilaufgabe analoge Behandlung des Problems mit einem Wechselwirkungspotential der Form

$$U(r) = -\frac{e^2}{4\pi\epsilon_0 r}\,\alpha + z\frac{B}{r^n} \tag{1.48}$$

liefert für den Gleichgewichtsabstand $r = r_0$ die Beziehung

$$U_\mathrm{BL}(r_0) = -\frac{1}{n}\,U_\mathrm{C}(r_0)\,, \tag{1.49}$$

womit sich die Bindungsenergie pro Ionenpaar zu

$$E_\mathrm{B} = |U_\mathrm{C}|\left(1 - \frac{1}{n}\right) \tag{1.50}$$

ergibt. Der Exponent n des abstoßenden Potentials (1.5) berechnet sich damit zu $n \approx 12$.

Die hier durchgeführte Berechnung der Parameter ρ bzw. n betrachtet den relativ geringen Unterschied zwischen Coulombenergie $|U_\mathrm{C}|$ und Bindungsenergie E_B eines Ionenkristalls. Da sich die Bindungsenergie eines Ionenkristalls nur unter Verwendung eines Born-Haberschen Kreisprozesses berechnen läßt, sind die erhaltenen Werte im Normalfall nicht genau genug, um präzise Auskunft über das zwischen den Ionen herrschende abstoßende Potential zu liefern. Wesentlich genauer lassen sich die Parameter ρ bzw. n über die isotherme Kompressibilität κ_T eines Kristalls bestimmen [1.5].

2. Dynamik des Kristallgitters

2.1 Modell der linearen Kette

2.1.1 Dispersionsrelation von Phononen bei Berücksichtigung nächster Nachbarn

Gegeben sei eine unendlich lange lineare Anordnung von Massenpunkten der Masse M, welche in Ruhelage den gegenseitigen Abstand a aufweisen. Jeder Massenpunkt sei mit seinen beiden nächsten Nachbarn durch eine Kraftkonstante f_1 gekoppelt (Abb. 2.1). Die Massenpunkte sollen sich longitudinal auslenken lassen, wobei die Auslenkung des Massenpunktes s aus seiner Ruhelage durch die Koordinate u_s beschrieben wird.

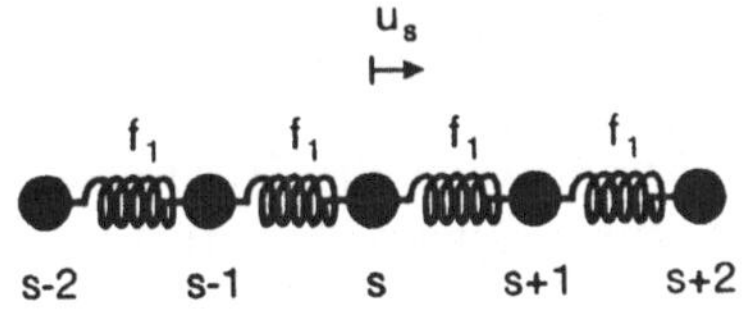

Abb. 2.1. Lineare Kette von Massenpunkten, mit Kräften nur zwischen nächsten Nachbarn.

a) Stellen Sie für die Koordinate u_s einer longitudinalen Auslenkung des Massenpunktes s die Bewegungsgleichung auf, und leiten Sie unter Verwendung des Lösungsansatzes

$$u_{s+n} = A \exp[\mathrm{i}(n k_x a - \omega t)] \tag{2.1}$$

die Dispersionsrelation[4] $\omega(k_x)$ der Phononen für die betrachtete Anordnung her.

b) Untersuchen Sie die Dispersionsrelation $\omega(k_x)$ für $k_x \to 0$, das Verhalten der Gruppengeschwindigkeit $d\omega/dk_x$ für $k_x \to \pm\pi/a$, und zeigen Sie, daß die Funktion $\omega(k_x)$ ein periodisches Verhalten mit einer Periode von $2\pi/a$ aufweist. Skizzieren Sie den Verlauf der Funktion $\omega(k_x)$, und interpretieren Sie die drei genannten Eigenschaften.

2.1.2 Dispersionsrelation von Phononen bei Berücksichtigung sämtlicher Nachbarn

a) Verfahren Sie wie in Aufgabe 2.1.1, berücksichtigen Sie diesmal aber auch Kräfte zu übernächsten Nachbarn, welche durch eine Kraftkonstante $f_2 \ll f_1$ beschrieben werden sollen (Abb. 2.2).

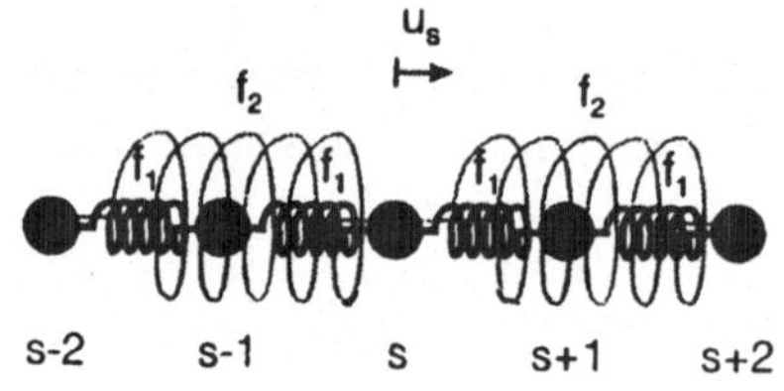

Abb. 2.2. Lineare Kette von Massenpunkten, mit Kräften zwischen nächsten und übernächsten Nachbarn.

b) Welche Ergebnisse sind zu erwarten, wenn die Wechselwirkung mit noch weiter entfernten Nachbarn ebenfalls berücksichtigt wird?

---

[4] Eine Beziehung zwischen der Kreisfrequenz ω und dem Wellenvektor k einer Welle wird üblicherweise auch dann als Dispersionsrelation bezeichnet, wenn diese nicht in expliziter Form $\omega = \omega(k)$ vorliegt.

2.2 Zustandsdichte von Phononen

2.2.1 Zustandsdichte von Phononen in der Debeyeschen Kontinuumsnäherung

Ein Kontinuum besitzt eine lineare Dispersionsrelation $\omega = vk$, wobei v die Phasengeschwindigkeit und $k = 2\pi/\lambda$ die Wellenzahl der Schwingungen darstellt. In der Debeyeschen Näherung wird der Grenzfall betrachtet, daß die Gitterkonstante a eines Kristalls wesentlich kleiner ist als die Wellenlänge λ der Schwingung, so daß der Kristall näherungsweise als ein Kontinuum angesehen werden kann.

a) Leiten Sie die Zustandsdichte $D(\omega)$ der Phononen eines dreidimensionalen Kristalls in der Debeyeschen Kontinuumsnäherung her.

Hinweis: Die Zustandsdichte eines dreidimensionalen Kristalls mit dem Volumen V besitzt im k-Raum für jede Polarisationsrichtung eines Phononenzweiges den Wert $D(k) = V/(2\pi)^3$. Mit Hilfe der Gleichung

$$D(k)\,\mathrm{d}^3k = D(k)\,\mathrm{d}k = D(\omega)\,\mathrm{d}\omega \tag{2.2}$$

und der Dispersionsrelation $\omega(k)$ der Phononen läßt sich daraus die Frequenzabhängigkeit der Zustandsdichte berechnen.

b) Eine Integration der Zustandsdichtefunktion $D(\omega)$ über das gesamte Frequenzspektrum der Phononen liefert die Zahl der Normalschwingungen eines Kristalls. Da ein aus N Atomen zusammengesetzter Kristall $3N$ Normalschwingungen besitzt, wird in der Debeyeschen Kontinuumsnäherung mittels

$$3N = \int_0^{\omega_\mathrm{D}} D(\omega)\,\mathrm{d}\omega \tag{2.3}$$

eine als "Debeye-Frequenz" bezeichnete obere Grenzfrequenz ω_D für Phononen festgelegt.

Kupfer besitzt eine Dichte von $\rho = 8.93 \, \text{g/cm}^3$ und die molare Masse $m_{\text{mol}} = 63.55 \, \text{g/mol}$. Die Schallgeschwindigkeit in Kupfer beträgt $v_{\text{L}} = 4760 \, \text{m/s}$ bei longitudinaler bzw. $v_{\text{T}} = 2325 \, \text{m/s}$ bei transversaler Polarisation der Welle. Berechnen Sie mit Hilfe dieser Angaben die Debeye-Frequenz von Kupfer, außerdem die mittels

$$\hbar\omega_{\text{D}} = k_{\text{B}}\Theta_{\text{D}} \tag{2.4}$$

definierte "Debeye-Temperatur" Θ_{D} des Festkörpers.

2.2.2 Debeyesche Kontinuumsnäherung für zwei- und eindimensionale Systeme

Berechnen Sie den Verlauf der Zustandsdichtefunktion $D(\omega)$, welcher sich in der Debeyeschen Kontinuumsnäherung für ein zweidimensionales ebenes Gitter der Fläche A, sowie für eine eindimensionale Kette der Länge L ergibt.

2.2.3 Zustandsdichte der Phononen einer eindimensionalen linearen Kette

Unter der Voraussetzung, daß nur Kräfte zwischen direkt benachbarten Massenpunkten wirken sollen, lautet die Dispersionsrelation einer linearen Kette von im Abstand a angeordneten Massenpunkten der Masse M (siehe Aufgabe 2.1.1)

$$\omega = \omega_{\text{max}} \left| \sin \frac{ka}{2} \right| . \tag{2.5}$$

Hierbei repräsentiert ω_{max} die Maximalfrequenz von Phononen im longitudinalen Phononenspektrum der linearen Kette.

a) Berechnen Sie für die lineare Kette identischer Massenpunkte die Zustandsdichtefunktion $D(\omega)$ longitudinaler Phononen. Skizzieren Sie den Verlauf dieser Funktion, und vergleichen Sie das

Ergebnis mit der Zustandsdichtefunktion, welche sich im Fall der Debeyeschen Kontinuumsnäherung ergibt.

b) Welcher Zusammenhang besteht zwischen der Maximalfrequenz ω_{max} des Phononenspektrums, und der oberen Grenzfrequenz ω_{D}, welche in der Debeyeschen Kontinuumsnäherung angesetzt wird?

Lösungen zu Abschnitt 2.1

Lösung von Aufgabe 2.1.1

a) Die auf den betrachteten Massenpunkt s resultierende Kraft

$$F_s = f_1(u_{s+1} - u_s) - f_1(u_s - u_{s-1}) \tag{2.6}$$
$$= f_1(u_{s+1} + u_{s-1} - 2u_s)$$

liefert, in Kombination mit der Newtonschen Bewegungsgleichung $F = M\ddot{u}_s$, für den Massenpunkt s die Bewegungsgleichung

$$M\ddot{u}_s = f_1(u_{s+1} + u_{s-1} - 2u_s). \tag{2.7}$$

Der Lösungsansatz

$$u_{s+n} = A\,\exp[\mathrm{i}(nk_x a - \omega t)] \tag{2.8}$$
$$= A\,\exp(\mathrm{i}nk_x a)\,\exp(-\mathrm{i}\omega t)$$

führt, unter Verwendung der Beziehung

$$\exp(\mathrm{i}k_x a) + \exp(-\mathrm{i}k_x a) = 2\cos k_x a\,, \tag{2.9}$$

zu einem Zusammenhang

$$\omega^2 = \frac{2f_1}{M}\left(1 - \cos k_x a\right) \tag{2.10}$$

zwischen der Kreisfrequenz ω und der Wellenzahl k_x von Longitudinalschwingungen der Anordnung.

Unter Verwendung der Beziehung $\sin^2 x = (1/2)(1 - \cos 2x)$ läßt sich die Dispersionsrelation (2.10) der Phononen in der Form

$$\omega = \sqrt{\frac{4f_1}{M}}\ \left|\sin\frac{k_x a}{2}\right| \tag{2.11}$$

darstellen. Abb. 2.3 zeigt den Verlauf dieser Funktion.

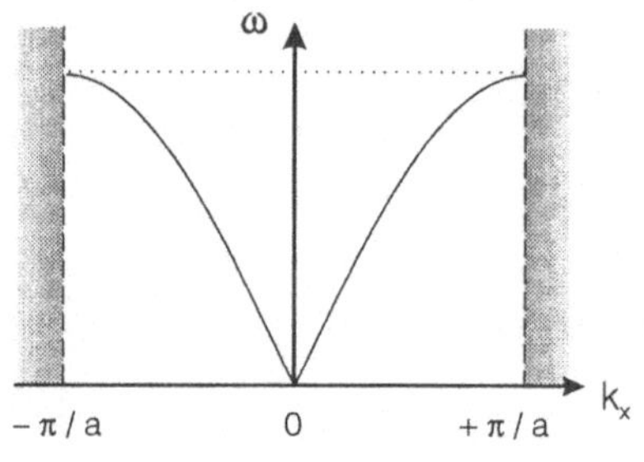

Abb. 2.3. Dispersionsverhalten der Phononen einer linearen Kette identischer Massenpunkte.

b) Die Taylorentwicklung erster Ordnung für die Sinusfunktion führt im Fall $0 \leqslant k_x a \ll 1$ auf eine lineare Dispersionsrelation

$$\omega \approx \sqrt{\frac{f_1 a^2}{M}}\ k_x \,. \tag{2.12}$$

Diese Bedingung entspricht wegen $k = |k_x| = 2\pi/\lambda$ dem Grenzfall großer Wellenlängen $\lambda \gg a$. Der diskrete Aufbau des Kristalls macht sich in diesem Fall nicht mehr bemerkbar; vielmehr verhält sich der Festkörper wie ein Kontinuum, und besitzt entsprechend eine lineare Dispersionsrelation $\omega = vk_x$. Die Phasengeschwindigkeit $v = \omega/k_x$ gibt die Ausbreitungsgeschwindigkeit von Wellen im Medium wieder, und beträgt in diesem Fall

$$v \approx \sqrt{\frac{f_1 a^2}{M}}\,. \tag{2.13}$$

Im Bereich $0 \leqslant k_x \leqslant \pi/a$ ergibt sich die Ableitung $d\omega/dk_x$ der Dispersionsrelation zu

$$\frac{\mathrm{d}\omega}{\mathrm{d}k_x} = \sqrt{\frac{f_1 a^2}{M}}\ \cos\frac{k_x a}{2}\,. \tag{2.14}$$

Für $-\pi/a \leqslant k_x \leqslant 0$ erhält man aufgrund der Symmetrie der Funktion $\omega(k_x)$ das Negative von (2.14). Die Gruppengeschwindigkeit $v_{\mathrm{G}} = \mathrm{d}\omega/\mathrm{d}k_x$, welche die Geschwindigkeit angibt, mit der die Welle Energie transportiert, verschwindet somit für die Wellenzahlen $k_x = \pm\pi/a$. Dieses Ergebnis ist verständlich, da sich für die entsprechende Wellenlänge $\lambda = 2a$ stehende Wellen bilden, welche keine Energie zu transportieren vermögen.

Da sich die Periodizität

$$\omega^2\big(k_x + \tfrac{2\pi}{a}\big) = \omega^2(k_x) \tag{2.15}$$

der Dispersionsrelation (2.10), welche unmittelbar aus der Periodizität der Cosinusfunktion folgt, auf die Dispersionsrelation (2.11) überträgt, überstreicht die Funktion $\omega(k_x)$ bereits für Wellenzahlen im Bereich $-\pi/a \leqslant k_x \leqslant \pi/a$, also Wellenzahlen innerhalb der 1. Brillouinzone, den gesamten Bereich an möglichen Kreisfrequenzen. Schwingungen mit Wellenlängen $\lambda < 2a$ lassen sich somit stets durch geeignete Wellenlängen $\lambda \geqslant 2a$ äquivalent beschreiben, was eine direkte Folge der diskreten Massenverteilung in der betrachteten Anordnung darstellt.

Lösung von Aufgabe 2.1.2

a) Analog zur Behandlung von Aufgabe 2.1.1 führt eine Betrachtung der auf den Massenpunkt s wirkenden Kraft

$$F_s = f_1\left(u_{s+1} + u_{s-1} - 2u_s\right) + f_2\left(u_{s+2} + u_{s-2} - 2u_s\right) \tag{2.16}$$

nächster und übernächster Nachbarn die Dispersionsrelation

$$\omega^2 = \frac{2f_1}{M}\left(1 - \cos k_x a\right) + \frac{2f_2}{M}\left(1 - \cos 2k_x a\right). \tag{2.17}$$

Im Grenzfall $0 \leqslant k_x \ll 1$ liefert eine Taylorentwicklung zweiter Ordnung von (2.17) die lineare Dispersionsrelation

$$\omega \approx \sqrt{\frac{(f_1 + 4f_2)\, a^2}{M}}\, k_x \tag{2.18}$$

eines Kontinuums, allerdings mit einer im Vergleich zu (2.13) erhöhten Phasengeschwindigkeit

$$v \approx \sqrt{\frac{(f_1 + 4f_2)\, a^2}{M}}. \tag{2.19}$$

Wie sich einfach überprüfen läßt, ändert eine Berücksichtigung der übernächsten Nachbarn auch nichts an dem Sachverhalt, daß die Gruppengeschwindigkeit $v_G = \mathrm{d}\omega/\mathrm{d}k_x$ für die Wellenzahlen $k_x = \pm\pi/a$ verschwindet, und die Dispersionsrelation der Phononen die Periodizitätseigenschaft $\omega(k_x + 2\pi/a) = \omega(k_x)$ aufweist.

b) Die Herleitung von (2.17) läßt erkennen, daß bei Berücksichtigung der Wechselwirkung eines Teilchens mit sämtlichen Nachbarn die Dispersionsrelation

$$\omega^2 = \sum_j \frac{2f_j}{M}\,(1 - \cos j k_x a) \tag{2.20}$$

zu erwarten ist. Wegen $f_1 \gg f_2 \gg f_3 \ldots$ ändern die hierbei auftretenden höheren Terme das Verhalten der Dispersionsrelation $\omega(k_x)$ allerdings nur noch unwesentlich.

Lösungen zu Abschnitt 2.2

Lösung von Aufgabe 2.2.1

a) Unter Verwendung von Kugelkoordinaten ergibt sich das Volumenelement im k-Raum zu $\mathrm{d}^3 k = 4\pi k^2\, \mathrm{d}k$ (Abb. 2.4). Ausgehend von der Zustandsdichte $D(\mathbf{k}) = D(k_x, k_y, k_z) = V/(2\pi)^3$ eines Phononenzweiges im dreidimensionalen k-Raum liefert (2.2) die Gleichungen

$$D(\boldsymbol{k})\,\mathrm{d}^3 k = \frac{V}{(2\pi)^3}\,\mathrm{d}^3 k \tag{2.21}$$

$$= \frac{V}{2\pi^2}\,k^2\,\mathrm{d}k \tag{2.22}$$

$$= \frac{V}{2\pi^2 v^3}\,\omega^2\,\mathrm{d}\omega\,, \tag{2.23}$$

welche weitere Ausdrücke für die Zustandsdichte des Phononenzweiges enthalten. Die Zustandsdichtefunktion $D(\omega)$ wurde dabei unter Verwendung der Dispersionsrelation $\omega = vk$ eines Kontinuums berechnet, und besitzt den in Abb. 2.5 dargestellten quadratischen Verlauf

$$D(\omega) = \frac{V}{2\pi^2 v^3}\,\omega^2\,. \tag{2.24}$$

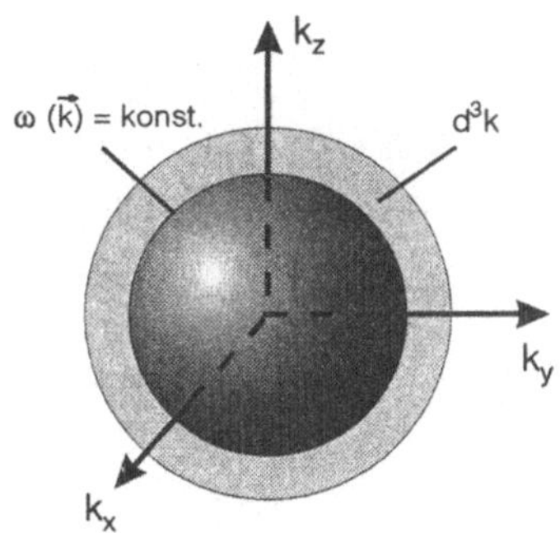

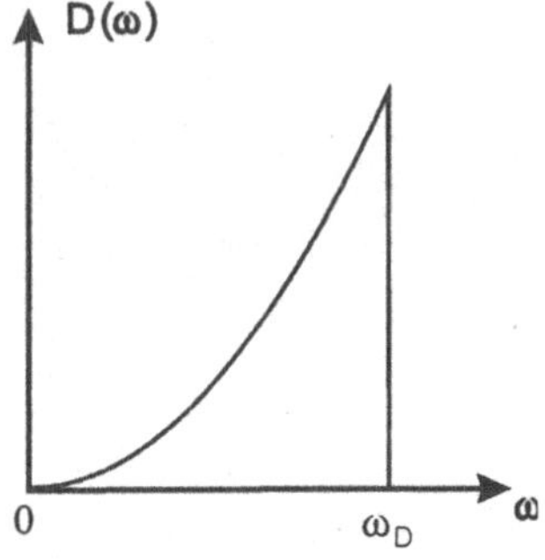

Abb. 2.4. Flächen konstanter Phononenfrequenz und Volumenelement $\mathrm{d}^3 k$ im dreidimensionalen k-Raum.

Abb. 2.5. Zustandsdichtefunktion $D(\omega)$ eines dreidimensionalen Kristalls in der Debeyeschen Kontinuumsnäherung.

b) Besitzt die primitive Elementarzelle eines Kristallgitters eine aus p Atomen bestehende Basis, so besteht das Phononenspektrum aus insgesamt $3p$ Zweigen. Hiervon entfallen 3 Zweige auf die akustischen Phononen (gleichphasige Auslenkung benachbarter Atome), während es sich bei den anderen um optische Phononenzweige handelt (gegenphasige Auslenkung benachbarter Atome).

Die primitive Elementarzelle des fcc-Gitters von Kupfer, welche durch die primitiven Translationsvektoren $a_1 = (a/2, a/2, 0)$, $a_2 = (0, a/2, a/2)$ und $a_3 = (a/2, 0, a/2)$ aufgespannt wird, enhält 1 Atom. Das Phononenspektrum des Kristallgitters enthält damit lediglich die drei akustischen Phononenzweige, welche sich in ihrer Polarisationsrichtung unterscheiden. Die Zustandsdichtefunktionen (2.24) der einzelnen Phononenzweige addieren sich zu einer gesamten Zustandsdichte

$$D(\omega) = \frac{V}{2\pi^2} \left(\frac{1}{v_{\mathrm{L}}^2} + \frac{2}{v_{\mathrm{T}}^2} \right) \omega^2 \,, \tag{2.25}$$

wobei v_{L} und v_{T} die Phasengeschwindigkeiten der longitudinal bzw. der beiden transversal polarisierten akustischen Phononenzweige darstellen.

Definiert man für die akustischen Phononenzweige mittels

$$\frac{3}{v^2} = \frac{1}{v_{\mathrm{L}}^2} + \frac{2}{v_{\mathrm{T}}^2} \tag{2.26}$$

eine mittlere Phasengeschwindigkeit v, so läßt sich diese Funktion in der einfacheren Form

$$D(\omega) = 3 \frac{V}{2\pi^2 v^3} \omega^2 \tag{2.27}$$

darstellen, und nach (2.3) folgt die Debeye-Frequenz des Kristalls zu

$$\omega_{\mathrm{D}} = \left(6\pi^2 \frac{N}{V} \right)^{\frac{1}{3}} v \,. \tag{2.28}$$

Die Teilchendichte der Kupferatome im Festkörper ergibt sich mittels der Beziehung $N/V = N_{\mathrm{A}}(\rho/m_{\mathrm{mol}})$ zu $8.46 \cdot 10^{28}$ m^{-3}. Mit der nach (2.26) berechneten mittleren Phasengeschwindigkeit $v = 2612$ m/s folgt damit eine Debeye-Frequenz von $\omega_{\mathrm{D}} = 4.47 \cdot 10^{13}$ s^{-1}. Die entsprechende Debeye-Temperatur von Kupfer beträgt $\Theta_{\mathrm{D}} = 341$ K.

Lösung von Aufgabe 2.2.2

Im Fall eines zweidimensionalen Kristallgitters der Fläche A läßt sich die Zustandsdichtefunktion $D(\omega)$ unter Verwendung ebener Polarkoordinaten berechnen, wobei das Flächenelement im k-Raum durch $d^2k = 2\pi k\,dk$ gegeben wird (Abb. 2.6). Ausgehend von der konstanten Zustandsdichte $D(\boldsymbol{k}) = D(k_x, k_y) = A/(2\pi)^2$ eines Phononenzweiges im zweidimensionalen k-Raum liefert eine zu (2.2) analoge Gleichung die Ausdrücke

$$D(\boldsymbol{k})\,d^2k = \frac{A}{(2\pi)^2}\,d^2k \tag{2.29}$$

$$= \frac{A}{2\pi}\,k\,dk \tag{2.30}$$

$$= \frac{A}{2\pi v^2}\,\omega\,d\omega\,, \tag{2.31}$$

denen die verschiedenen Zustandsdichtefunktionen des Phononenzweiges entnommen werden können.

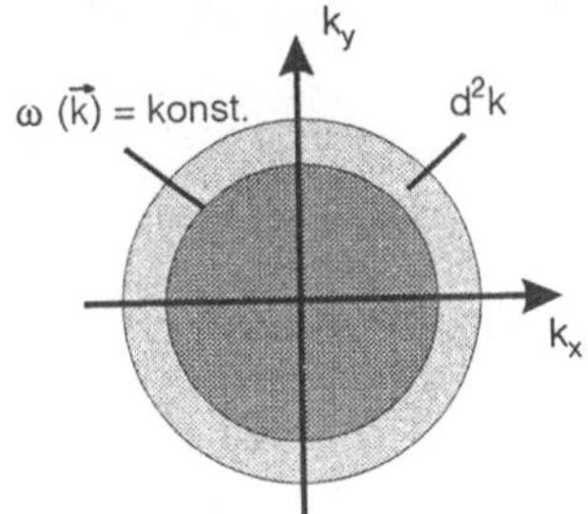

Abb. 2.6. Linien konstanter Phononenfrequenz und Flächenelement d^2k im zweidimensionalen k-Raum.

Die letzte Gleichung ergibt sich dabei unter Verwendung der linearen Dispersionsrelation $\omega = vk$ eines Kontinuums, und liefert für die Zustandsdichte des Phononenzweiges eine lineare Funktion

$$D(\omega) = \frac{A}{2\pi v^2}\,\omega\,. \tag{2.32}$$

Im eindimensionalen Fall, wie er bei einer linearen Kette der Länge L vorliegt, geht der Wellenvektor k über in die vorzeichenbehaftete Wellenzahl k_x, welche von der nichtnegativen Größe k, dem Betrag dieser Wellenzahl, streng zu unterscheiden ist. Da eine Zunahme dk des Betrages der Wellenzahl sowohl eine Zunahme von k_x in positiver als auch in negativer Richtung bewirkt, ergibt sich für das Längenelement im eindimensionalen k-Raum der Wert $d^1k = 2\,dk$ (Abb. 2.7).

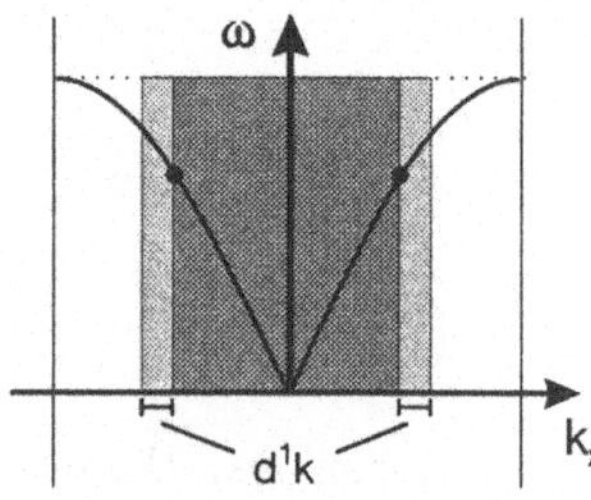

Abb. 2.7. Punkte konstanter Phononenfrequenz und Längenelement d^1k im eindimensionalen k-Raum.

Damit erhält man, ausgehend von der konstanten Zustandsdichte $D(k) = D(k_x) = L/2\pi$ eines Phononenzweiges im eindimensionalen k-Raum, die Gleichungen

$$D(k)\,d^1k = \frac{L}{2\pi}\,d^1k \tag{2.33}$$

$$= \frac{L}{\pi}\,dk \tag{2.34}$$

$$= \frac{L}{\pi v}\,d\omega\,. \tag{2.35}$$

Die Annahme einer linearen Dispersionsrelation $\omega = vk$ liefert in diesem Fall eine konstante Zustandsdichtefunktion

$$D(\omega) = \frac{L}{\pi v}\,. \tag{2.36}$$

Lösung von Aufgabe 2.2.3

a) Gemäß der Definitionsgleichung $D(k)\,\mathrm{d}k = D(\omega)\,\mathrm{d}\omega$ läßt sich die Zustandsdichtefunktion $D(\omega)$ der Phononen mittels

$$D(\omega) = D(k)\,\frac{\mathrm{d}k}{\mathrm{d}\omega} \qquad (2.37)$$

berechnen.

Nach (2.34) besitzt die Funktion $D(k)$ im eindimensionalen Fall den konstanten Wert $D(k) = L/\pi$. Auflösen der Dispersionsrelation (2.5) nach der Wellenzahl k liefert

$$k = \frac{2}{a}\,\arcsin\frac{\omega}{\omega_{\mathrm{max}}}\,. \qquad (2.38)$$

Die Ableitung dieser Funktion lautet

$$\frac{\mathrm{d}k}{\mathrm{d}\omega} = \frac{2}{a}\,\frac{1}{\sqrt{\omega_{\mathrm{max}}^2 - \omega^2}}\,, \qquad (2.39)$$

womit sich die Zustandsdichte der Phononen einer linearen Kette identischer Massenpunkte zu

$$D(\omega) = \frac{2L}{a\pi}\,\frac{1}{\sqrt{\omega_{\mathrm{max}}^2 - \omega^2}} \qquad (2.40)$$

ergibt.

Der Verlauf dieser Funktion ist in Abb. 2.8 dargestellt, zusammen mit der konstanten Zustandsdichte $D(\omega) = L/\pi v$, welche sich in der Debeyeschen Kontinuumsnäherung ergibt. Im Grenzfall $\omega \to 0$ müssen die beiden Funktionen übereinstimmen, da die betreffenden Dispersionsrelationen in diesem Fall ebenfalls ineinander übergehen. Dies liefert für die Phasengeschwindigkeit v des Systems den Wert

$$v = \frac{a}{2}\,\omega_{\mathrm{max}}\,. \qquad (2.41)$$

Während der Verlauf beider Funktionen für $\omega \ll \omega_{\mathrm{max}}$ relativ gut übereinstimmt, weist die exakt berechnete Zustandsdichtefunktion (2.40) der linearen Kette bei der Maximalfrequenz ω_{max}

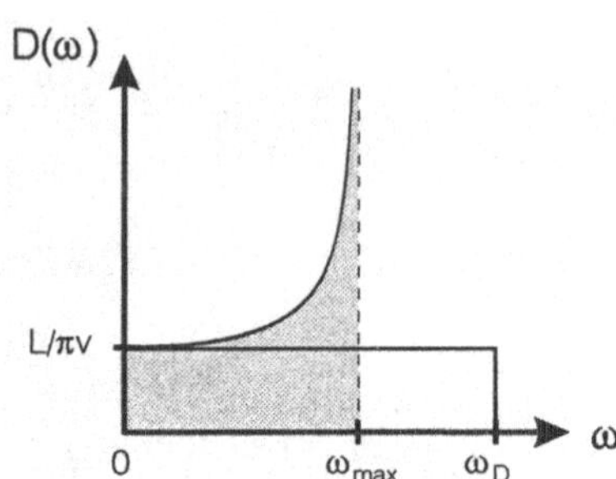

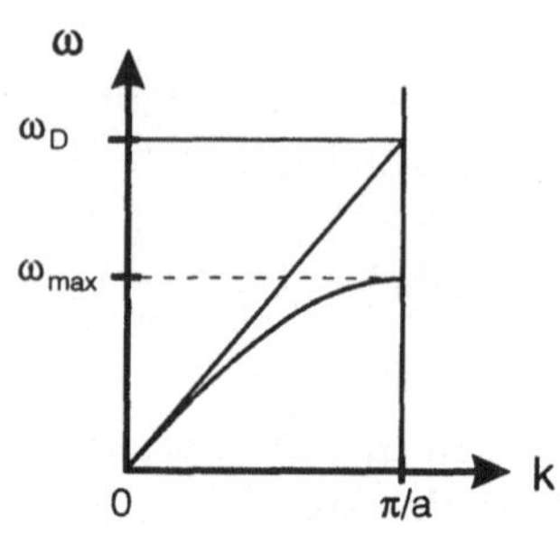

Abb. 2.8. Vergleich der exakten Zustandsdichtefunktion für Phononen einer linearen Kette mit der Debeyeschen Näherung.

Abb. 2.9. Dispersionsrelationen der beiden nebenstehend betrachteten Fälle.

eine Singularität auf, wodurch sie sich von der Debeyeschen Näherungslösung grundlegend unterscheidet.

b) Die Forderung, daß die Zahl N der Normalschwingungen, welche sich durch Integration über die Zustandsdichtefunktion ergibt, in beiden betrachteten Fällen übereinstimmen muß, liefert

$$N = \int_0^{\omega_{max}} \frac{2L}{a\pi} \frac{1}{\sqrt{\omega_{max}^2 - \omega^2}} \, d\omega = \int_0^{\omega_D} \frac{L}{\pi v} \, d\omega , \tag{2.42}$$

also

$$\left[\frac{2L}{a\pi} \arcsin \frac{\omega}{\omega_{max}} \right]_0^{\omega_{max}} = \frac{L}{\pi v} \omega_D . \tag{2.43}$$

Mit (2.41) folgt daraus die Beziehung

$$\omega_D = \frac{\pi}{2} \omega_{max} . \tag{2.44}$$

In der Debeyeschen Kontinuumsnäherung wird die Dispersionsrelation der Phononen durch $\omega = vk$ gegeben. Nach (2.41) und (2.44) stellt sich die obere Grenzfrequenz ω_D der Phononen also auch in diesem Fall für $k_x = \pm\pi/a$ ein (Abb. 2.9).

3. Elektronen im Festkörper

3.1 Modell des freien Elektronengases

3.1.1 Fermienergie von Elektronen in Metallen

Ein dreidimensionales freies Elektronengas der Ladungsträgerdichte n besitzt bei $T = 0$ K die Fermiwellenzahl

$$k_{\mathrm{F}} = (3\pi^2 n)^{\frac{1}{3}} . \tag{3.1}$$

a) Zeigen Sie, daß sich die Fermienergie $E_{\mathrm{F}} = (\hbar k_{\mathrm{F}})^2/2m$ und die Fermitemperatur $T_{\mathrm{F}} = E_{\mathrm{F}}/k_{\mathrm{B}}$ eines freien Elektronengases mit Hilfe der folgenden Zahlengleichungen berechnen lassen:

$$E_{\mathrm{F}} = 7.86 \ \mathrm{eV} \cdot \left(\frac{n}{10^{23} \ \mathrm{cm}^{-3}}\right)^{\frac{2}{3}} \tag{3.2}$$

$$T_{\mathrm{F}} = 9.12 \cdot 10^4 \ \mathrm{K} \cdot \left(\frac{n}{10^{23} \ \mathrm{cm}^{-3}}\right)^{\frac{2}{3}} . \tag{3.3}$$

b) Berechnen Sie die Fermienergie und die Fermitemperatur der Alkalimetalle Lithium ($n = 4.70 \cdot 10^{22}$ cm^{-3}) und Rubidium ($n = 1.15 \cdot 10^{22}$ cm^{-3}), sowie von Kupfer ($n = 8.45 \cdot 10^{22}$ cm^{-3}) und Gold ($n = 5.90 \cdot 10^{22}$ cm^{-3}).

c) Aluminium besitzt die molare Masse $m_{\mathrm{mol}} = 26.98$ g/mol und eine Dichte von $\rho = 2.70$ g/cm^3. Berechnen Sie die Ladungsträgerdichte n von Aluminium unter der Annahme, daß jedes Aluminiumatom drei Außenelektronen zur Verfügung stellt.

Welche Fermienergie und Fermitemperatur ergibt sich damit für Aluminium?

3.1.2 Zustandsdichte eines freien Fermigases

Der Zusammenhang zwischen Energie und der Wellenzahl freier Elektronen wird gegeben durch die isotrope Beziehung

$$E(k) = \frac{\hbar^2}{2m}\,k^2\,.$$
(3.4)

a) Berechnen Sie unter Verwendung der Definitionsgleichung

$$D(\boldsymbol{k})\,\mathrm{d}^3 k = D(k)\,\mathrm{d}k = D(E)\,\mathrm{d}E$$
(3.5)

die Zustandsdichtefunktionen $D(k)$ und $D(E)$ eines dreidimensionalen Systems freier Elektronen.

Hinweis: Die Zustandsdichte eines dreidimensionalen freien Elektronengases, dem ein Volumen V zur Verfügung steht, besitzt im k-Raum den Wert $D(\boldsymbol{k}) = V/(2\pi)^3$.

b) Führen Sie analoge Rechnungen auch für ein auf der Fläche A untergebrachtes zweidimensionales Elektronengas, sowie für ein auf die Länge L verteiltes eindimensionales Elektronengas durch.

3.1.3 Mittlere Energie von Elektronen

Berechnen Sie die mittlere Energie $\langle E \rangle = U/N$ eines Elektrons in einem dreidimensionalen freien Elektronengas bei $T = 0$ K. Werten Sie dazu die folgenden Integrale für die innere Energie U des Elektronengases und die Zahl N der darin enthaltenen Elektronen aus:

$$U = \int_0^{k_\mathrm{F}} 2\,D(k)\,E(k)\,dk \qquad N = \int_0^{k_\mathrm{F}} 2\,D(k)\,dk\,.$$
(3.6)

3.1.4 Chemisches Potential eines Fermigases

Berechnen Sie das chemische Potential $\mu = (\partial U/\partial N)_{S,V}$ eines idealen Fermigases. Gehen Sie dabei von dem Resultat aus, daß Teilchen eines dreidimensionalen idealen Fermigases die mittlere Energie $\langle E \rangle = (3/5)\,E_F$ besitzen, wobei E_F die Fermienergie des Systems darstellt.

3.1.5 Druck und Kompressibilität eines Fermigases

Aus der inneren Energie $U(S, V, N)$ eines Systems, welche als Funktion der Entropie S, des Volumens V und der Teilchenzahl N gegeben ist, läßt sich durch partielles Ableiten nach dem Volumen der im System herrschende Druck berechnen:

$$p = -\left(\frac{\partial U}{\partial V}\right)_{S,N} . \tag{3.7}$$

a) Zeigen Sie, daß ein Fermigas mit der Fermienergie E_F auch am absoluten Nullpunkt der Temperatur einen "Fermidruck" besitzt, dessen Wert gegeben wird durch

$$p_0 = \frac{2}{5}\, n\, E_F(0) . \tag{3.8}$$

b) Das Elektronengas von Alkalimetallen kann in guter Näherung als freies Elektronengas angesehen werden. Berechnen Sie den Fermidruck, welchen das Elektronengas im Innern von Kalium (innenzentriert kubisches Gitter, $a = 5.25$ Å) ausübt. Wie läßt es sich erklären, daß ein Metall angesichts des hohen Fermidrucks der Elektronen nicht explosionsartig zerfällt?

c) Die isotherme Kompressibilität

$$\kappa_T = -\frac{1}{V}\left(\frac{\partial V}{\partial p}\right)_T \tag{3.9}$$

gibt Auskunft über die relative Änderung des Volumens V eines Systems, welche eine infinitesimale Änderung des Drucks p bei konstanter Temperatur bewirkt.

Berechnen Sie die isotherme Kompressibilität von Kalium unter der Annahme, daß diese Größe im wesentlichen durch den Fermidruck des Elektronengases bestimmt wird, und vergleichen sie das Ergebnis mit dem experimentell bestimmten Wert $\kappa_T \approx 3.1 \cdot 10^{-10} \ \mathrm{m^2/N}$.

3.1.6 Kalorische Zustandsgleichung

a) Zeigen Sie, daß für ein dreidimensionales freies Elektronengas die kalorische Zustandsgleichung

$$pV = \frac{2}{3} U \tag{3.10}$$

gilt, wobei U die innere Energie des Elektronengases darstellt.

b) Ein ideales klassisches Gas von N freien Teilchen gehorcht der Zustandsgleichung $pV = Nk_\mathrm{B}T$. Gilt die kalorische Zustandsgleichung (3.10) auch in diesem Fall?

3.2 Weitere Anwendung des Fermigas-Modells

3.2.1 Fermigas-Kernmodell

Atomkerne besitzen ein sehr starkes bindendes Potential, welches infolge seiner kurzen Reichweite näherungsweise als kastenförmig angesehen werden kann. Zusammengesetzt sind Atomkerne aus Neutronen und Protonen, welche mit einem halbzahligen Spin von $s = 1/2$ Fermionen darstellen.

Betrachten Sie den Atomkern als ein System unabhängiger Fermionen, und zeigen Sie, daß nach diesem Modell eine Fermienergie von etwa 45 MeV zu erwarten ist.

Hinweis: Das Volumen eines Atomkerns mit der Nukleonenzahl A läßt sich in guter Näherung mittels der Formel

$$V = A \cdot \frac{4}{3}\pi r_0^3 \tag{3.11}$$

berechnen, wobei $r_0 \approx 1.3\,\mathrm{fm}$ den Radius eines Nukleons darstellt.

3.2.2 Fermigase in der Astrophysik

Unsere Sonne ($M_\odot = 1.99 \cdot 10^{30}$ kg, $R_\odot = 6.96 \cdot 10^5$ km) produziert ihre Energie durch einen Fusionsprozeß, bei dem jeweils vier Wasserstoffatome in ein Heliumatom umgewandelt werden. In etwa 5 Milliarden Jahren wird der Wasserstoffvorrat der Sonne weitgehend aufgebraucht sein, und die Sonne geht nach einem Zwischenstadium als "Roter Riese", dessen Radius mit dem Bahnradius der Erdbahn vergleichbar sein wird, in einen "Weißen Zwerg" ($M \approx 0.5\,M_\odot$, $R \approx 10^4$ km) über.

a) Aufgrund der hohen Teilchendichten, welche im Innern von Sternen auftreten können, ist es in der Astrophysik häufig nötig, einen relativistischen Ausdruck für die Fermienergie eines Systems zu verwenden. Zeigen Sie, daß sich für die Fermienergie eines Systems von Teilchen mit der Ruhemasse m_0 im relativistischen Grenzfall $E \gg m_0 c^2$ folgender Ausdruck ergibt:

$$E_{\mathrm{F}} \approx \hbar\,(3\pi^2 n)^{\frac{1}{3}} c\,. \tag{3.12}$$

Hinweis: Die relativistische Beziehung zwischen Gesamtenergie $E_{\mathrm{ges}} = E + m_0 c^2$ und Impuls p eines Teilchens mit der Ruhemasse m_0 lautet

$$E_{\mathrm{ges}} = \sqrt{(m_0 c^2)^2 + (pc)^2}\,. \tag{3.13}$$

b) Weiße Zwerge besitzen eine Temperatur von etwa 10^7 K. Bei dieser Temperatur sind die Heliumatome vollständig ionisiert, und die Elektronen können näherungsweise als freies Elektronengas angesehen werden. Berechnen Sie die Fermienergie und die Fermitemperatur des Elektronengases im Innern eines Weißen Zwerges. Handelt es sich dabei um ein entartetes Elektronengas?

c) Der Druck des Elektronengases im Innern eines Weißen Zwerges kann die auf ihm lastende Gravitationskraft nur kompensieren, falls dieser eine Masse von weniger als 1.4 Sonnenmassen besitzt. Besitzt eine ausgebrannte Sonne höhere Masse, so wird sich der sterbende Stern stattdessen in einen "Neutronenstern" von etwa 15 km Radius umwandeln. Berechnen Sie die Fermienergie eines Neutronensterns mit der Masse $M = 1.5\ M_\odot$.

d) Ein freies Neutron ist nicht stabil, sondern zerfällt mit einer Halbwertszeit von etwa 15 Minuten gemäß

$$\text{n} \rightarrow \text{p} + \text{e}^- + \bar{\nu}_e \tag{3.14}$$

in ein Proton, ein Elektron und ein elektronisches Antineutrino. Der Energiegewinn bei dieser Reaktion beträgt 0.77 MeV pro Neutron. Halten Sie es demnach für wahrscheinlich, daß in einem Neutronenstern noch ein nennenswerter Anteil an Protonen und Elektronen enthalten ist?

3.3 Bändertheorie des Festkörpers

3.3.1 Reduziertes und erweitertes Zonenschema

Durch Addition geeigneter Vektoren des reziproken Gitters lassen sich beliebige Zustände des k-Raumes in äquivalente Zustände überführen, welche sich innerhalb der 1. Brillouinzone befinden. Auf diese Weise läßt sich das "reduzierte" Energie- bzw. Zonenschema eines Elektronengases konstruieren.

Betrachten Sie ein freies Elektronengas mit der isotropen Energie-Wellenzahl-Beziehung $E(k) = (\hbar^2/2m)\,k^2$, dessen Fermikugel den Radius $k_F = 1.2\,\pi/a$ besitzt.

a) Zeichnen Sie die Energieparabel $E(k_x)$ eines eindimensionalen freien Elektronengases für die ersten drei Energiebänder, d.h. im Bereich der ersten drei Brillouinzonen. Zeichnen Sie die Energieparabel auch im reduzierten Energieschema, und markieren Sie jeweils die von Elektronen besetzten Zustände.

b) Konstruieren Sie die ersten drei Brillouinzonen eines ebenen quadratischen Gitters, und markieren Sie für die ersten drei Energiebänder eines zweidimensionalen freien Elektronengases die von Elektronen besetzten Zustände. Führen Sie diese Konstruktion auch im reduzierten Zonenschema durch.

c) Was ändert sich an den obigen Darstellungen, wenn anstelle des freien Elektronengases ein Elektronengas betrachtet wird, welches sich in einem schwachen periodischen Potential befindet?

d) Beantworten Sie die Fragestellungen a), b) und c) auch für eine Fermikugel mit dem Radius $k_F = 1.65\,\pi/a$.

3.3.2 Zweidimensionales System quasigebundener Elektronen

Es soll ein zweidimensionales System von Elektronen betrachtet werden, welches sich im periodischen Potential eines quadratischen Gitters mit der Gitterkonstante a befindet. Nach dem Modell quasigebundener Elektronen (tight binding model) folgt für die Energie $E_n(k)$ der Elektronen des n-ten Bandes der Ausdruck

$$E_n(k) = E_n - 2\,t_n\left(\cos ak_x + \cos ak_y\right). \tag{3.15}$$

Die Größe t_n wird als Austauschintegral (transfer integral) bezeichnet, und kann sowohl positives als auch negatives Vorzeichen besitzen.

a) Skizzieren Sie Linien konstanter Energie in der 1. Brillouin-zone. Betrachten Sie dabei insbesondere die Fälle $k \approx 0$ und $E_n(k) = E_n$. Skizzieren Sie den Verlauf der Funktion $E_n(k)$ über der $k_x k_y$-Ebene.

b) Zeigen Sie, daß sich Elektronen in der Nähe des Zonenzentrums wie freie Teilchen der Masse $m^* = \hbar^2/2a^2 t_n$ verhalten. Berechnen Sie die effektive Masse m^* von Elektronen in der Nähe des Zonenzentrums für $t_n = 1$ eV und $a = 3$ Å.

3.4 Zustandsdichtefunktionen

3.4.1 Berechnung von $D(E)$ mittels Differentiation

Die Zustandsdichte $D(E)$ eines dreidimensionalen Fermionen-systems mit anisotroper Energie-Wellenvektor-Beziehung $E(k)$ läßt sich mittels der Gleichung

$$D(E) = \frac{V}{(2\pi)^3} \left| \frac{\mathrm{d}V_k}{\mathrm{d}E} \right| \tag{3.16}$$

berechnen. Dabei ist V das Volumen des Systems im realen Raum, während V_k das von einer Fläche konstanter Energie $E(k) = E$ im k-Raum umschlossene Volumen darstellt.

Berechnen Sie mittels (3.16) die Zustandsdichte $D(E)$ eines Fermionensystems, dessen Energie-Wellenvektor-Beziehung gege-ben wird durch

$$E(k) = \frac{\hbar^2}{2} \left[\frac{k_x^2}{m_{11}} + \frac{k_y^2}{m_{22}} + \frac{k_z^2}{m_{33}} \right]. \tag{3.17}$$

3.4.2 Berechnung von $D(E)$ mittels Integration

Alternativ zur (3.16) läßt sich die Zustandsdichte $D(E)$ eines dreidimensionalen Fermionensystems mit anisotroper Energie-Wellenvektor-Beziehung $E(\mathbf{k})$ auch mittels der Gleichung

$$D(E) = \frac{V}{(2\pi)^3} \oint_{E(\mathbf{k})=E} \frac{\mathrm{d}S_k}{|\mathrm{grad}_k\, E(\mathbf{k})|} \tag{3.18}$$

berechnen, wobei V das Volumen des Systems im realen Raum darstellt, und $\mathrm{d}S_k$ ein Flächenelement auf der Fläche konstanter Energie $E(\mathbf{k}) = E$ im k-Raum repräsentiert.

Berechnen Sie mittels (3.18) die Zustandsdichte $D(E)$ eines Fermionensystems, dessen Energie-Wellenvektor-Beziehung gegeben wird durch

$$E(\mathbf{k}) = \frac{\hbar^2}{2m}\, k^2 \,. \tag{3.19}$$

3.4.3 Formeln zur Berechnung von $D(E)$ bei zwei- und eindimensionalen Systemen

Nach (3.16) und (3.18) läßt sich die Zustandsdichte $D(E)$ eines dreidimensionalen Fermionensystems entweder über eine Differentiation des von Flächen konstanter Energie E umschlossenen Volumens $V_k(E)$ erhalten, oder mittels einer Integration, welche sich über die auf der Fläche konstanter Energie E befindlichen Zustände erstreckt.

Geben Sie die zu (3.16) und (3.18) analogen Formeln an, welche eine Berechnung der Zustandsdichte $D(E)$ bei zwei- bzw. eindimensionalen Systemen erlauben, und skizzieren Sie jeweils die im k-Raum vorliegenden Verhältnisse.

3.4.4 Zustandsdichte eines zweidimensionalen Systems quasigebundener Elektronen

Relativ zur Bandmitte wird die Energie-Wellenvektor-Beziehung eines zweidimensionalen Systems von Elektronen, welches einer starken Bindung zu den Ionenrümpfen eines Kristallgitters der Gitterkonstante a unterliegt, gegeben durch

$$E(k) = -2t \left(\cos ak_x + \cos ak_y\right).\tag{3.20}$$

Das Austauschintegral t stellt dabei ein Maß für die Breite des Energiebandes dar, und kann sowohl positives als auch negatives Vorzeichen besitzen. In Abb. 3.1 sind Linien konstanter Energie für Zustände in der 1. Brillouinzone abgebildet.

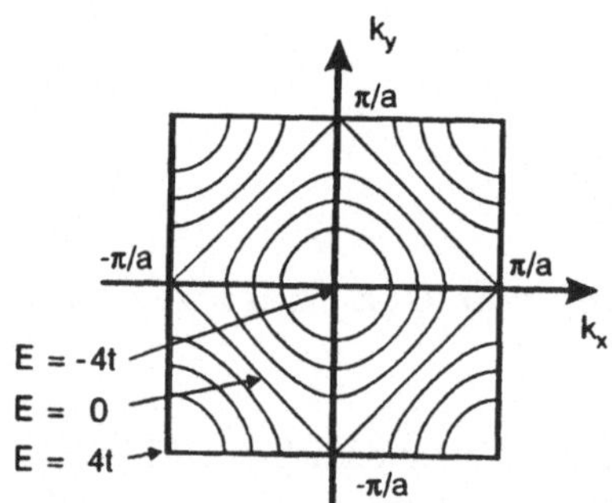

Abb. 3.1. Linien konstanter Energie für ein zweidimensionales quasigebundenes Elektronengas.

a) Die Zustandsdichtefunktion $D(E)$ des betrachteten Systems ist symmetrisch zur Mitte $E = 0$ des Energiebandes. Begründen Sie dies qualitativ.

b) Zeigen Sie, daß die Zustandsdichte des Systems für $E \approx 4|t|$, also für Energien nahe der unteren bzw. oberen Bandkante, den konstanten Wert

$$D(E) \approx \frac{A}{4\pi a^2 |t|}\tag{3.21}$$

besitzt. A ist die Fläche, welche dem zweidimensionalen Elektronengas im realen Raum zur Verfügung steht.

c) Zeigen Sie, daß sich die Zustandsdichte des Systems in unmittelbarer Nähe der Bandmitte $E = 0$ zu

$$D(E) \approx \frac{A}{2\pi^2 a^2 |t|} \left[2.04 + \ln \left| \frac{2t}{E} \right| \right] \tag{3.22}$$

ergibt, und skizzieren Sie den nach (3.21) und (3.22) zu erwartenden Verlauf von $D(E)$ im gesamten Energiebereich.

Hinweis: Führen Sie den Parameter $\epsilon = -E/2t$ ein, und berechnen Sie für $|\epsilon| \ll 1$ das Wegintegral

$$D(E) = \frac{A}{(2\pi)^2} \oint_{E(k)=E} \frac{dl_k}{|\mathrm{grad}_k\, E(k)|} \, . \tag{3.23}$$

3.5 Kristallelektronen im magnetischen Feld

3.5.1 De Haas-van Alphen-Effekt in Gold

Bei tiefer Temperatur und in sehr starken Magnetfeldern läßt sich beobachten, daß die magnetische Suszeptibilität eines Metalles in Abhängigkeit von der magnetischen Flußdichte B Oszillationen aufweist, welche periodisch in $1/B$ sind. Dieser Effekt, genannt "de Haas-van Alphen-Effekt", erlaubt mittels der Beziehung

$$\Delta \left(\frac{1}{B} \right) = \frac{2\pi e}{\hbar A_k} \tag{3.24}$$

eine Bestimmung von "Extremalflächen" A_k der Fermikugel, welche im k-Raum von Elektronenbahnen senkrecht zur Richtung des magnetischen Feldes umschlossen werden.

a) Gold besitzt eine Ladungsträgerdichte von $n = 5.90 \cdot 10^{22}$ cm^{-3}. Betrachten Sie das Elektronengas von Gold als ein System freier

Elektronen, und schätzen Sie ab, welche Größe für die Extremalfläche der Fermikugel von Gold zu erwarten ist.

b) Das Experiment liefert für ein in [001]-Richtung eines Gold-Einkristalles orientiertes Magnetfeld Oszillationen mit der Periode $\Delta(1/B) = 1.95 \cdot 10^{-5}$ T^{-1}. Weist das Magnetfeld dagegen in [111]-Richtung, so werden zwei sich überlagernde Oszillationen beobachtet, welche die Perioden $2.05 \cdot 10^{-5}$ T^{-1} bzw. $6 \cdot 10^{-4}$ T^{-1} besitzen.

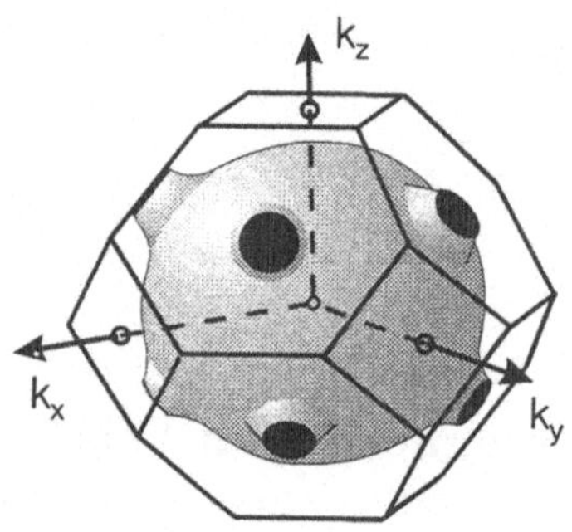

Abb. 3.2. Fermifläche von Gold.

Berechnen Sie jeweils die Größe der dazugehörigen Extremalfläche A_k, und interpretieren Sie die Ergebnisse anhand der in Abb. 3.2 dargestellten Fermifläche von Gold.

3.5.2 Extremalbahnen im reziproken Raum

Kristallelektronen, die sich in einem Magnetfeld der Flußdichte B befinden, bewegen sich im k-Raum senkrecht zum Magnetfeld auf Flächen konstanter Energie. Im Falle geschlossener Bahnen ergibt sich dabei eine Umlaufzeit von

$$T = \frac{\hbar^2}{eB}\frac{dA_k}{dE}.$$

$$(3.25)$$

A_k stellt die von einer Elektronenbahn im k-Raum umschlossene Fläche dar.

a) In Experimenten werden stets nur extremale Bahnen von Elektronen, die sich auf Flächen konstanter Energie bewegen, beobachtet. Begründen Sie diese Tatsache qualitativ.

b) Welche Form besitzen Extremalbahnen im k-Raum, wenn für die Ladungsträger eine isotrope Energie-Wellenvektor-Beziehung

$$E(k) = \frac{\hbar^2}{2m^*}\, k^2 \tag{3.26}$$

gilt? Berechnen Sie die resultierende Zyklotronfrequenz ω_c, und zeigen Sie, daß in diesem Fall die Zyklotronmasse $m_c = eB/\omega_c$ mit der effektiven Masse m^* der Ladungsträger übereinstimmt.

c) Betrachten Sie Energieflächen, welche die Form von Rotationsellipsoiden mit transversalen bzw. longitudinalen effektiven Massen m_t bzw. m_l aufweisen:

$$E(k) = \frac{\hbar^2}{2}\left[\frac{k_x^2 + k_y^2}{m_t} + \frac{k_z^2}{m_l}\right]. \tag{3.27}$$

Berechnen Sie die Zyklotronfrequenz ω_c für den Fall eines in z-Richtung orientierten Magnetfeldes, und leiten Sie daraus die Zyklotronmasse m_c der Ladungsträger ab. Wie ändern sich die Verhältnisse, wenn das Magnetfeld senkrecht zur z-Richtung angelegt wird?

3.5.3 Zyklotronresonanz bei Kalium

GRIMES und KIP [3.1] führten an hochreinen Kaliumproben Zyklotronresonanzexperimente durch, wobei sie die in Abb. 3.3 schematisch dargestellte "Azbel-Kaner-Anordnung" [3.2] verwendeten. Die Proben wurden bei diesem Experiment auf die Temperatur $T = 4.2$ K von flüssigem Helium abgekühlt, und einem Mikrowellenfeld der Frequenz $\nu = 66.2$ GHz ausgesetzt.

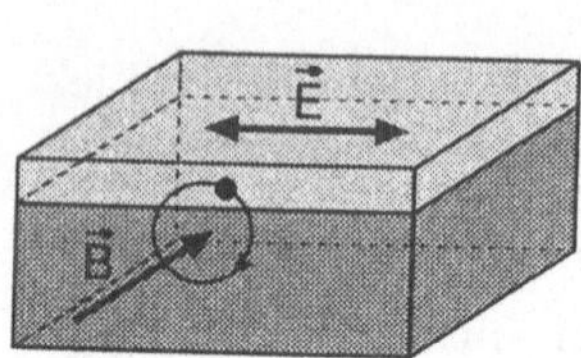

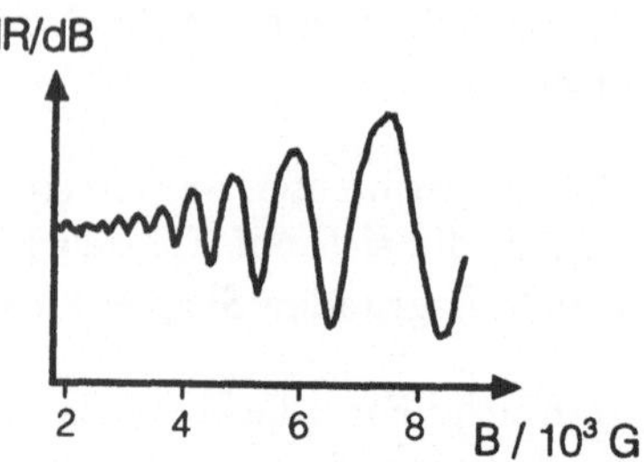

Abb. 3.3. Azbel-Kaner-Anordnung zur Messung der Zyklotronresonanz in Metallen.

Abb. 3.4. Magnetfeldabhängigkeit des Oberflächenwiderstandes von Kalium, nach [3.1].

a) Die Ableitung $\mathrm{d}R/\mathrm{d}B$ des Oberflächenwiderstandes der Proben zeigte bei den Flußdichten $B = 4.2$ kG, 4.9 kG, 5.9 kG und 7.4 kG aufeinanderfolgende Resonanzen (Abb. 3.4). Berechnen Sie mit Hilfe dieser Daten die Zyklotronmasse m_c der Leitungselektronen in Kalium.

b) Die von GRIMES und KIP verwendeten Einkristalle wiesen Restwiderstandsverhältnisse $\rho(300\ \mathrm{K})/\rho(4.2\ \mathrm{K})$ zwischen 1000 und 5000 auf. Der spezifische Widerstand von Kalium beträgt $\rho(300\ \mathrm{K}) = 7 \cdot 10^{-3}\ \Omega\,\mathrm{cm}$.

Vergleichen Sie die Eindringtiefe $\delta = \sqrt{2/\omega\mu_0\sigma_0}$ der elektromagnetischen Wellen mit dem maximalen Bahnradius $R_\mathrm{max} = (\hbar/eB)\,k_\mathrm{F}$ der Elektronenbahnen. σ_0 stellt die statische Leitfähigkeit des Metalles dar, $\omega = 2\pi\nu$ die Kreisfrequenz der elektromagnetischen Wellen.

3.5.4 Bahnquantisierung im Magnetfeld

Die Energie-Wellenvektor-Beziehung $E(\boldsymbol{k}) = (\hbar^2/2m)\,\boldsymbol{k}^2$ eines dreidimensionalen freien Elektronengases geht bei Anwesenheit eines in z-Richtung angelegten Magnetfeldes über in den Ausdruck

$$E(\ell, k_z) = (\ell + \tfrac{1}{2})\,\hbar\omega_{\mathrm{c}} + \frac{\hbar^2}{2m}\,k_z^2 \,, \tag{3.28}$$

mit der Zyklotronfrequenz $\omega_{\mathrm{c}} = eB/m$ der Elektronen, sowie einer Quantenzahl $\ell = 0,\ 1,\ 2,\ \ldots$ röhrenförmiger "Landau-Niveaus".[5]

a) Skizzieren Sie schematisch, wie sich das Energieschema $E(k_z)$, die Gestalt der Fermikugel, sowie die Besetzung von Zuständen in der Ebene $k_z = 0$ eines freien Elektronengases ändern, wenn ein in z-Richtung weisendes Magnetfeld angelegt wird. Stellen Landau-Röhren Flächen konstanter Energie dar?

b) Die Energie-Wellenvektor-Beziehung (3.28) von Elektronen im Magnetfeld $\boldsymbol{B} = B\,\boldsymbol{e}_z$ läßt sich formal als

$$E(k_\perp, k_z) = \frac{\hbar^2}{2m}\,(k_\perp^2 + k_z^2) \tag{3.29}$$

schreiben, wobei $k_\perp$ die zur Richtung des Magnetfeldes senkrechte Komponente des Wellenvektors darstellt. Berechnen Sie diesen Wert $k_\perp(\ell)$, sowie die Größe der dazugehörigen im k-Raum umschlossenen Fläche $A_k(\ell)$. Leiten Sie damit die Beziehung

$$\Delta\left(\frac{1}{B}\right) = \frac{2\pi e}{\hbar A_k} \tag{3.30}$$

her, welche die Periode von Oszillationen im de Haas-van Alphen-Effekt beschreibt.

c) Verwenden Sie den Ansatz, daß die Lorentzkraft als Zentripetalkraft wirkt, und leiten Sie auf diese Weise den Zusammenhang

$$R = \frac{\hbar}{eB}\,k_\perp \tag{3.31}$$

---

[5] Zu dieser kinetischen Energie addiert sich noch ein Zusatzterm der Größe $\pm\mu_{\mathrm{B}}B$, welcher die Wechselwirkung des magnetischen Moments eines Elektrons mit dem Magnetfeld beschreibt. Dieser Zusatzterm wird hier nicht betrachtet.

zwischen Bahnradien von Elektronen im realen Raum und im reziproken Raum her.

d) Zeigen Sie, daß es sich bei dem von einer Elektronenbahn im realen Raum umschlossenen magnetischen Fluß

$$\phi(\ell) = B \cdot A(\ell) \tag{3.32}$$

stets um ein ungerades ganzzahliges Vielfaches des magnetischen Flußquants $\phi_0 = \pi\hbar/e$ handelt.

3.5.5 Freies Elektronengas im magnetischen Feld

Betrachten Sie für die folgenden Berechnungen das Elektronengas eines Natriumkristalls ($n = 2.54 \cdot 10^{22}$ cm^{-3}) mit den Abmessungen $L_x = L_y = L_z = 1$ cm als ein dreidimensionales System freier Elektronen.

a) Berechnen Sie aus der Anzahl N der Elektronen des Natriumkristalls die Anzahl Z der im k-Raum besetzten Zustände, den Radius k_F der Fermikugel, sowie die Anzahl Z_0 der in der Ebene $k_z = 0$ von Elektronen besetzten Zustände.

Hinweis: Die erlaubten Zustände im k-Raum sind bezüglich der Werte k_x, k_y und k_z in Einheiten der Größe $2\pi/L_x$, $2\pi/L_y$ bzw. $2\pi/L_z$ quantisiert.

b) An die Probe wird ein in z-Richtung weisendes Magnetfeld der Flußdichte $B = 1$ T angelegt. Wieviele Kreise konstanter Energie $E(\ell, k_z = 0)$ befinden sich innerhalb der ursprünglichen Grenzen der Fermikugel? Zeigen Sie, daß Entartungsgrad p eines solchen Kreises gegeben wird durch

$$p = \frac{L_x L_y e B}{2\pi\hbar}, \tag{3.33}$$

und berechnen Sie den entsprechenden Wert.

c) Bestimmen Sie die Flußdichte B_0, bei welcher die innerste Landau-Röhre $\ell = 0$ die ursprüngliche Fermikugel verläßt. Bis zu welchem Wert $|k_z|$ sind die Zustände dieser Landau-Röhre mit Elektronen besetzt? Halten Sie eine praktische Durchführung dieses Experiments für möglich?

3.6 Transporteigenschaften des Elektronengases

3.6.1 Wiedemann-Franz-Gesetz

Das Wiedemann-Franz-Gesetz besagt, daß für ein Metall bei ausreichend hoher Temperatur ($T > \Theta_\mathrm{D}$) das Verhältnis von elektronischer thermischer Leitfähigkeit λ_{el} und elektrischer Leitfähigkeit σ proportional zur Temperatur ist, d.h.

$$\frac{\lambda_{\mathrm{el}}}{\sigma} = LT\,. \tag{3.34}$$

Die Proportionalitätskonstante L wird als "Lorenz-Zahl" bezeichnet, und besitzt den Wert

$$L = \frac{\pi^2}{3}\left(\frac{k_\mathrm{B}}{e}\right)^2 = 2.44 \cdot 10^{-8}\ \mathrm{W\Omega/K^2}\,. \tag{3.35}$$

In Tabelle 3.1 sind Werte für die thermische Leitfähigkeit λ und den spezifischen Widerstand ρ von Metallen bei Raumtemperatur zusammengestellt. Berechnen Sie die Lorenz-Zahlen dieser Metalle, und vergleichen Sie diese mit dem vom Wiedemann-Franz-Gesetz vorhergesagten Wert.

Tabelle 3.1. Thermische Leitfähigkeit λ und spezifischer elektrischer Widerstand ρ von Metallen bei Raumtemperatur [3.3].

Metall	$\dfrac{\lambda(25\ °C)}{W/K\,cm}$	$\dfrac{\rho(25\ °C)}{\mu\Omega\,cm}$	Metall	$\dfrac{\lambda(25\ °C)}{W/K\,cm}$	$\dfrac{\rho(25\ °C)}{\mu\Omega\,cm}$
Al	2.37	2.71	W	1.73	5.65
Cu	4.01	1.73	Pt	0.716	10.81
Zn	1.16	6.04	Au	3.18	2.40
Ag	4.29	1.62	Pb	0.353	20.99

3.6.2 Thermische Leitfähigkeit von Diamant

Hinsichtlich der Wärmeleitfähigkeit übertrifft hochreiner Diamant mit $\lambda(25\ °C) = 23.2\ W/K\,cm$ sogar den besten metallischen Leiter Silber deutlich. Andererseits ist reiner Diamant mit einem spezifischen Widerstand von $\rho(25\ °C) \approx 10^{16}\ \Omega\,cm$ ein elektrischer Isolator. Lassen sich diese gegensätzlichen Eigenschaften mit der Aussage des Wiedemann-Franz-Gesetzes vereinbaren?

3.6.3 Temperaturverlauf im Innern eines homogenen Wärmeleiters

Der Zusammenhang zwischen einem Temperaturgradienten, der im Innern eines Körpers vorliegt, und der daraus resultierenden Wärmestromdichte wird durch das Fouriersche Gesetz

$$j_{th} = -\lambda\,\mathrm{grad}\,T \tag{3.36}$$

beschrieben. Die Größe λ ist die Wärmeleitfähigkeit des Körpers, und stellt im allgemeinen Fall eine Funktion des Ortes und der Temperatur dar.

a) Betrachten Sie das in Abb. 3.5 dargestellte eindimensionale Problem des Wärmetransports durch eine homogene Wand. Die

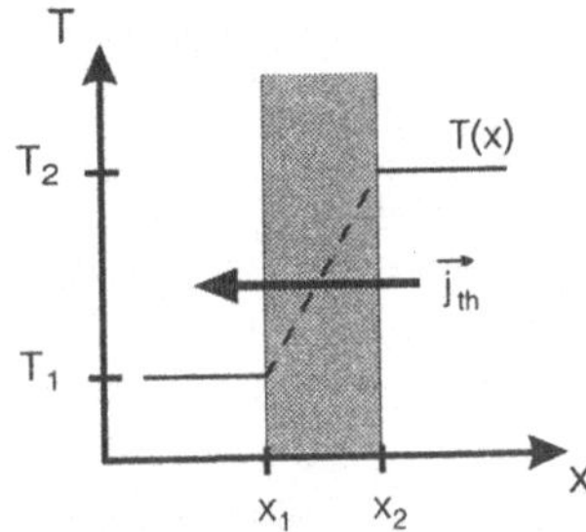

Abb. 3.5. Eindimensionaler Wärmetransport durch eine Wand.

Randbedingungen des Problems sind durch $T(x_1) = T_1$ und $T(x_2) = T_2$ gegeben.

Zeigen Sie mit Hilfe der Kontinuitätsgleichung

$$\mathrm{div}\, \boldsymbol{j}_{th} = -\dot{q}\,, \tag{3.37}$$

bei der $q = \mathrm{d}Q/\mathrm{d}V$ den lokalen Wärmeinhalt pro Volumen darstellt, daß sich im stationären Fall eine ortsunabhängige Wärmestromdichte $j_{th}(x) = j_0$ einstellt, und leiten Sie einen Ausdruck zur Berechnung dieser Größe her.

b) Wie läßt sich mittels der in Teilaufgabe a) gewonnenen Beziehung $j_0 = j_0(T_1, T_2, x_1, x_2, \lambda(T))$ der Temperaturverlauf $T(x)$ im Innern des Körpers berechnen?

c) Zeigen Sie, daß sich für eine temperaturunabhängige Wärmeleitfähigkeit $\lambda(T) = \lambda_0$ im Körper ein linearer Temperaturverlauf einstellt. Wie ändert sich das Ergebnis qualitativ, wenn die Wärmeleitfähigkeit im Temperaturintervall $T_1 \leqslant T \leqslant T_2$ monoton zu- bzw. abnimmt?

Lösungen zu Abschnitt 3.1

Lösung von Aufgabe 3.1.1

a) Die Fermiwellenzahl eines freien Elektronengases ist unter Verwendung der Masse m_e eines Elektrons zu berechnen. Für eine Ladungsträgerdichte von $n = 10^{23}$ cm^{-3} ergibt sich die Fermiwellenzahl $k_F = 1.44 \cdot 10^{10}$ m^{-1}. Fermienergie und Fermitemperatur des Elektronengases berechnen sich damit zu $E_F = 1.26 \cdot 10^{-18}$ J $=$ 7.86 eV bzw. $T_F = 9.12 \cdot 10^4$ K. Da sowohl E_F als auch T_F proportional zu $n^{2/3}$ sind, folgen daraus sofort die in (3.2) und (3.3) angegebenen Beziehungen.

b) Die in der Näherung freier Elektronen berechneten Fermienergien und Fermitemperaturen der in der Aufgabenstellung genannten Metalle können Tabelle 3.2 entnommen werden. Demnach besitzen Metalle Fermienergien von einigen eV; dies entspricht Fermitemperaturen von über 10^4 K. Da Wolfram mit $T_{mp} = 3410$ K den höchsten Schmelzpunkt aller Metalle aufweist, befinden sich Metalle im festen Zustand stets weit unterhalb der Fermitemperatur. Das Elektronengas von Metallen im festen Zustand muß infolgedessen als stark entartet bezeichnet werden.

c) Die Atomdichte eines Elements läßt sich mittels

$$n_{at} = N_A \, \frac{\rho}{m_{mol}} \tag{3.38}$$

aus dessen Massendichte $\rho = m/V$ und molaren Masse $m_{mol} = N_A(m/N)$ berechnen. Für Aluminium ergibt sich eine Atomdichte von $n_{at} = 6.027 \cdot 10^{22}$ cm^{-3}. Unter der Annahme, daß jedes Aluminiumatom drei Außenelektronen zur Verfügung stellt, beträgt die Ladungsträgerdichte in diesem Metall $n = 3\,n_{at} = 1.808 \cdot 10^{23}$ cm^{-3}. Fermienergie und Fermitemperatur des Metalles berechnen sich damit zu $E_F = 11.7$ eV bzw. $T_F = 1.35 \cdot 10^5$ K.

Tabelle 3.2. Ladungsträgerdichte n, Fermienergie E_F und Fermitemperatur T_F von Metallen.

Metall	$\dfrac{n}{10^{23}\,\text{cm}^{-3}}$	$\dfrac{E_F}{\text{eV}}$	$\dfrac{T_F}{10^4\,\text{K}}$
Li	0.470	4.75	5.51
Rb	0.115	1.86	2.16
Cu	0.845	7.02	8.15
Au	0.590	5.53	6.41

Lösung von Aufgabe 3.1.2

Auflösen der Energie-Wellenzahl-Beziehung (3.4) nach der Wellenzahl k liefert die Beziehung

$$k = \left(\frac{2m}{\hbar^2}\right)^{\frac{1}{2}} E^{\frac{1}{2}}, \tag{3.39}$$

welche für eine Umrechnung der Zustandsdichte $D(k)$ in die Funktion $D(E)$ benötigt wird. Der Zusammenhang zwischen den differentiellen Größen $\mathrm{d}k$ und $\mathrm{d}E$ läßt sich aus der Ableitung $\mathrm{d}k/\mathrm{d}E$ der Umkehrfunktion $k(E)$ berechnen, und lautet

$$\mathrm{d}k = \frac{1}{2}\left(\frac{2m}{\hbar^2}\right)^{\frac{1}{2}} E^{-\frac{1}{2}}\,\mathrm{d}E. \tag{3.40}$$

Die Beziehungen (3.39) und (3.40) sind dabei unabhängig von der Dimensionalität des betrachteten Elektronengases.

a) Die Zustandsdichte eines Elektronengases, welches sich in einem dreidimensionalen Körper mit dem Volumen V befindet, besitzt im k-Raum den konstanten Wert $D(k) = D(k_x, k_y, k_z) = V/(2\pi)^3$. Bei Verwendung von Kugelkoordinaten besitzt das Volumenelement die Größe $\mathrm{d}^3k = 4\pi k^2\,\mathrm{d}k$, so daß sich unter Anwendung der Substitutionsregel für Integrale die Gleichungen

$$D(\boldsymbol{k})\,\mathrm{d}^3k = \frac{V}{(2\pi)^3}\,\mathrm{d}^3k \tag{3.41}$$

$$= \frac{V}{2\pi^2}\,k^2\,\mathrm{d}k \tag{3.42}$$

$$= \frac{V}{4\pi^2}\left(\frac{2m}{\hbar^2}\right)^{\frac{3}{2}} E^{\frac{1}{2}}\,\mathrm{d}E \tag{3.43}$$

ergeben, denen die gesuchten Zustandsdichtefunktionen entnommen werden können. Der Zusammenhang zwischen Energie und Wellenzahl der Elektronen geht hierbei nur in die Berechnung der Zustandsdichtefunktion $D(E)$ ein, und liefert für diese eine Abhängigkeit der Form

$$D(E) = \frac{V}{4\pi^2}\left(\frac{2m}{\hbar^2}\right)^{\frac{3}{2}} E^{\frac{1}{2}}\,. \tag{3.44}$$

Bei der Herleitung der Zustandsdichtefunktion

$$D(\boldsymbol{k}) = \frac{V}{2\pi^2}\,k^2 \tag{3.45}$$

dagegen wurden keinerlei Annahmen über die Beziehung $E(\boldsymbol{k})$ zwischen Energie und Wellenzahl der beteiligten Fermionen gemacht. Diese Funktion besitzt also nicht nur im Spezialfall eines freien Elektronengases Gültigkeit, sondern darf für jedes beliebige dreidimensionale Fermigas verwendet werden, dessen Flächen konstanter Elektronenenergie sich durch eine einheitliche Wellenzahl k ausdrücken lassen.

b) Ein zweidimensionales Elektronengas, das auf einer Fläche der Größe A verteilt ist, besitzt im k-Raum die konstante Zustandsdichte $D(\boldsymbol{k}) = D(k_x, k_y) = A/(2\pi)^2$. Ebene Polarkoordinaten liefern mit einem Flächenelement der Größe $\mathrm{d}^2k = 2\pi k\,\mathrm{d}k$ die Gleichungen

$$D(\boldsymbol{k})\,\mathrm{d}^2 k = \frac{A}{(2\pi)^2}\,\mathrm{d}^2 k \tag{3.46}$$

$$= \frac{A}{2\pi}\,k\,\mathrm{d}k \tag{3.47}$$

$$= \frac{A}{4\pi}\frac{2m}{\hbar^2}\,\mathrm{d}E\,. \tag{3.48}$$

Bemerkenswert ist dabei das Ergebnis, daß die Zustandsdichte $D(E)$ in einem zweidimensionalen Elektronengas nicht von der Energie abhängt.

Im eindimensionalen Fall besitzt das auf einer Strecke der Länge L verteilte Elektronengas im k-Raum die konstante Zustandsdichte $D(\boldsymbol{k}) = D(k_x) = L/2\pi$. Das Längenelement $\mathrm{d}^1 k$ überstreicht bei Anwachsen des Betrages $k = |k_x|$ sowohl positive als auch negative Werte der Wellenzahl k_x, weshalb $\mathrm{d}^1 k = 2\,\mathrm{d}k$ zu setzen ist. Damit ergeben sich die Gleichungen

$$D(\boldsymbol{k})\,\mathrm{d}^1 k = \frac{L}{2\pi}\,\mathrm{d}^1 k \tag{3.49}$$

$$= \frac{L}{\pi}\,\mathrm{d}k \tag{3.50}$$

$$= \frac{L}{2\pi}\left(\frac{2m}{\hbar^2}\right)^{\frac{1}{2}} E^{-\frac{1}{2}}\,\mathrm{d}E\,, \tag{3.51}$$

denen die entsprechenden Zustandsdichten im eindimensionalen Fall entnommen werden können.

Grafiken, welche die entsprechenden Verhältnisse im k-Raum veranschaulichen, stimmen weitgehend mit den Abbildungen 2.4, 2.6 und 2.7 überein. Anstelle von Flächen konstanter Phononenfrequenz $\omega(\boldsymbol{k}) = \omega$ treten im dreidimensionalen Fall Flächen konstanter Elektronenenergie $E(\boldsymbol{k}) = E$ auf. Entsprechendes gilt für Linien bzw. Punkte konstanter Elektronenenergie im zwei- bzw. eindimensionalen Fall.

Lösung von Aufgabe 3.1.3

Unter Verwendung der Funktion $D(k) = (V/2\pi^2)\,k^2$ für die Zustandsdichte der Teilchen, sowie der für freie Teilchen gültigen Energie-Wellenzahl-Beziehung $E(k) = (\hbar^2/2m)\,k^2$, berechnet sich die innere Energie einer Fermikugel mit dem Radius k_F zu

$$U = \frac{V}{5\pi^2}\,\frac{\hbar^2}{2m}\,k_F^5 \; . \tag{3.52}$$

Die Zustände in der Fermikugel werden dabei von

$$N = \frac{V}{3\pi^2}\,k_F^3 \tag{3.53}$$

Elektronen besetzt. Die mittlere Energie eines Elektrons beträgt somit

$$\langle E \rangle = \frac{U}{N} = \frac{3}{5}\,\frac{\hbar^2}{2m}\,k_F^2 = \frac{3}{5}\,E_F \; . \tag{3.54}$$

Lösung von Aufgabe 3.1.4

Das chemische Potential μ eines Systems gibt Auskunft darüber, wie sich eine Änderung der Teilchenzahl N eines Systems auf die innere Energie U dieses Systems auswirkt. Aufgrund des Paulischen Ausschließungsprinzips kann eine Änderung der Teilchenzahl eines Fermigases bei $T = 0$ nur am Rand der Fermikugel erfolgen, weshalb das Ergebnis $\mu = E_F$ zu erwarten ist. Wie die folgende Rechnung zeigt, trifft diese Vermutung zu. Die innere Energie eines Fermigases ergibt sich wegen $\langle E \rangle = (3/5)\,E_F$ und $k_F = (3\pi^2 n)^{1/3}$ zu

$$U = N\,\frac{3}{5}\,\frac{\hbar^2}{2m}\,(3\pi^2\frac{N}{V})^{\frac{2}{3}} \; . \tag{3.55}$$

Partielles Ableiten dieses Ausdrucks nach der Teilchenzahl N liefert für das chemische Potential des Fermigases

$$\mu = \left(\frac{\partial U}{\partial N}\right)_{S,V} \tag{3.56}$$

$$= \frac{\hbar^2}{2m}\,(3\pi^2\frac{N}{V})^{\frac{2}{3}} = E_{\mathrm{F}}\,. \tag{3.57}$$

Die Identität des chemischen Potentials eines Fermigases mit dessen Fermienergie wird hier nur für $T = 0$ bewiesen. Mittels einer temperaturabhängigen Betrachtung läßt sich allerdings zeigen, daß die Beziehung $\mu(T) = E_{\mathrm{F}}(T)$ für Fermigase allgemeine Gültigkeit besitzt.

Lösung von Aufgabe 3.1.5

a) Nach Aufgabe 3.1.3 besitzen Teilchen eines dreidimensionalen Fermigases die mittlere Energie $\langle E \rangle = (3/5)\,E_{\mathrm{F}}$. Die innere Energie eines Elektronengases, welches N Elektronen in dem Volumen V enthält, beträgt damit

$$U = N\,\frac{3}{5}\,\frac{\hbar^2}{2m}\,(3\pi^2\frac{N}{V})^{\frac{2}{3}}\,. \tag{3.58}$$

Durch Ableiten der inneren Energie nach dem Volumen ergibt sich der Druck des Fermigases zu

$$p = -\left(\frac{\partial U}{\partial V}\right)_{S,N} \tag{3.59}$$

$$= \frac{2}{5}\,\frac{N}{V}\,\frac{\hbar^2}{2m}\,(3\pi^2\frac{N}{V})^{\frac{2}{3}} \tag{3.60}$$

$$= \frac{2}{5}\,n\,E_{\mathrm{F}}\,. \tag{3.61}$$

Der Nullpunktsdruck eines Fermigases ist damit, ebenso wie die Fermienergie des Systems, in erster Näherung temperaturunabhängig. Insbesondere herrscht dieser Druck auch am absoluten Nullpunkt der Temperatur, im Gegensatz zum kinetischen Druck idealer klassischer Gase, der bei Annäherung an den absoluten Nullpunkt der Temperatur verschwindet.

b) Die kubisch innenzentrierte Einheitszelle von Kalium enthält insgesamt zwei Atome. Unter der Annahme, daß jedes Kaliumatom ein Elektron abgibt, berechnet sich die Ladungsträgerdichte in Kalium zu $n = 2/a^3 = 1.38 \cdot 10^{28}$ m^{-3}. Die entsprechende Fermienergie beträgt $E_{\mathrm{F}} = 3.36 \cdot 10^{-19}$ J (also rund 2 eV), womit sich nach (3.61) ein Fermidruck von $p_0 = 1.86 \cdot 10^9$ N/m^2 ergibt. Daß Metalle trotz des gewaltigen Fermidrucks, welcher in der Größenordnung von 10^9 N/m^2 bzw. 10 kbar liegt, einen stabilen Zusammenhalt besitzen, ist der bindenden Wirkung des positiv geladenen Gitters der Metallkationen zuzuschreiben.

c) Da mit (3.60) die Funktion $p = p(V)$ eines Elektronengases zur Verfügung steht, ist es zweckmäßig, anstelle der isothermen Kompressibilität κ_T zunächst den Reziprokwert dieser Größe, den Kompressionsmodul $B = \kappa_T^{-1}$, zu berechnen. Dieser ergibt sich zu

$$B = -V \left(\frac{\partial p}{\partial V} \right)_T \tag{3.62}$$

$$= \frac{2}{3} n E_{\mathrm{F}}, \tag{3.63}$$

so daß sich die isotherme Kompressibilität eines entarteten Fermigases unter Verwendung von (3.61) in der einfachen Form

$$\kappa_T = \frac{3}{5} p^{-1} \tag{3.64}$$

darstellen läßt. Dieses Resultat unterscheidet sich nur unwesentlich von dem eines idealen klassischen Gases: Aus der Zustandsgleichung $p(V,T) = V^{-1} N k_{\mathrm{B}} T$ eines idealen klassischen Gases folgt der Kompressionsmodul $B = p$; die isotherme Kompressibilität eines idealen klassischen Gases beträgt also $\kappa_T = p^{-1}$.

Unter Verwendung des in der vorhergehenden Teilaufgabe berechneten Fermidrucks ergibt sich die isotherme Kompressibilität von Kalium zu $\kappa_T = 3.23 \cdot 10^{-10}$ m^2/N, was mit dem experimentellen Wert sehr gut übereinstimmt. In der Mehrzahl der Fälle weichen experimentelle Kompressibilitätswerte von Metallen wesentlich stärker von den nach (3.64) berechneten Werten ab. Die Näherung freier Elektronen stellt für das Elektronengas vieler Metalle eine ungeeignete Näherung dar; zudem besitzt das abstoßende Potential, welches zwischen den Ionenrümpfen der Metalle vorliegt, und in dieser einfachen Rechnung nicht berücksichtigt wurde, ebenfalls einen erheblichen Einfluß auf die Kompressibilität eines Metalles.

Lösung von Aufgabe 3.1.6

a) Nach Aufgabe 3.1.5 ergibt sich der Fermidruck p eines dreidimensionalen idealen Elektronengases bei $T = 0$ zu

$$p = \frac{2}{5}\, n\, E_{\mathrm{F}}\,. \tag{3.65}$$

Da die mittlere Energie eines Elektrons bei $T = 0$ nach Aufgabe 3.1.3 durch

$$\langle E \rangle = \frac{U}{N} = \frac{3}{5}\, E_{\mathrm{F}} \tag{3.66}$$

gegeben wird, folgt daraus unmittelbar die kalorische Zustandsgleichung $pV = (2/3)\,U$. Eine temperaturabhängige Rechnung zeigt, daß diese Beziehung für $T > 0$ ebenfalls gilt.

b) Nach dem Äquipartitionstheorem entfällt im thermodynamischen Gleichgewicht auf jeden Freiheitsgrad eines Teilchens die mittlere thermische Energie $(1/2)\,k_{\mathrm{B}}T$. Atome eines idealen klassischen Gases besitzen drei Freiheitsgrade der Translation, und somit eine mittlere thermische Energie von

$$\langle E \rangle = \frac{U}{N} = \frac{3}{2}\, k_{\mathrm{B}}T\,. \tag{3.67}$$

In Kombination mit der Zustandsgleichung eines idealen klassischen Gases

$$pV = Nk_{\mathrm{B}}T \tag{3.68}$$

folgt für ideale klassische Gase ebenfalls die kalorische Zustandsgleichung $pV = (2/3)\,U$.

Es soll noch erwähnt werden, daß die kalorische Zustandsgleichung (3.10) auch für ideale Bosegase gilt, sofern den Teilchen eine quadratische Energie-Impuls-Beziehung $E = p^2/2m$ zugrunde liegt [3.4]. Für das Photonengas eines schwarzen Strahlers — ebenfalls ein ideales Bosegas — lautet die kalorische Zustandsgleichung $pV = (1/3)\,U$. Die lineare Energie-Impuls-Beziehung $E = pc$ der Photonen äußert sich also in einem gegenüber (3.10) abweichenden Zahlenfaktor.

Lösungen zu Abschnitt 3.2

Lösung von Aufgabe 3.2.1

Die Fermionendichte $n = N/V$ in Atomkernen berechnet sich nach (3.11) zu

$$\frac{N}{V} = \frac{A}{A \cdot \frac{4}{3}\pi r_0^3} = \frac{1}{\frac{4}{3}\pi r_0^3} \approx 1.09 \cdot 10^{44} \ \mathrm{m}^{-3} \,; \tag{3.69}$$

sie liegt also rund 15 Zehnerpotenzen höher als im Elektronengas von Metallen. Für die Fermiwellenzahl ergibt sich damit der Wert $k_{\mathrm{F}} = (3\pi^2 n)^{1/3} = 1.48 \cdot 10^{15} \ \mathrm{m}^{-1}$.

Die Fermienergie $E_{\mathrm{F}} = (\hbar^2/2m_{\mathrm{N}})\,k_{\mathrm{F}}^2$ des betrachteten Systems ist unter Verwendung der Nukleonenmasse m_{N} zu berechnen, wobei der geringe Unterschied zwischen der Masse m_{p} eines Protons und der Masse m_{n} eines Neutrons in diesem Fall vernachlässigt werden kann. Mit $m_{\mathrm{N}} \approx 1.67 \cdot 10^{-27}$ kg ergibt sich $E_{\mathrm{F}} \approx 7.26 \cdot 10^{-12}$ J $= 45.3$ MeV.

Da die Separationsenergie von Nukleonen bei etwa 10 MeV liegt, läßt sich die die Tiefe des Potentialtopfes von Atomkernen zu 55 MeV abschätzen. Obwohl das Fermigas-Kernmodell die in Atomkernen vorliegenden Verhältnisse sehr vereinfacht beschreibt, kommt dieses Ergebnis experimentell bestimmten Werten, welche zwischen 40 und 60 MeV liegen, relativ nahe.

Lösung von Aufgabe 3.2.2

a) Die relativistische Beziehung zwischen der kinetischen Energie E und der Wellenzahl k eines Teilchens mit der Ruhemasse m_0 und dem Impuls $p = \hbar k$ folgt nach (3.13) zu

$$E(k) = \sqrt{(\hbar k c)^2 + (m_0 c^2)^2} - m_0 c^2 . \tag{3.70}$$

Die Fermienergie $E_\mathrm{F} = E(k_\mathrm{F})$ eines relativistischen Fermionensystems läßt sich daraus durch Einsetzen der Fermiwellenzahl $k_\mathrm{F} = (3\pi^2 n)^{1/3}$ berechnen.

Im klassischen Grenzfall $E \ll m_0 c^2$ liefert eine Taylorentwicklung erster Ordnung für (3.70) den genäherten Ausdruck $E(k) \approx (\hbar^2/2m_0)\, k^2$. Für die Fermienergie des Systems ergibt sich damit

$$E_\mathrm{F} \approx \frac{\hbar^2}{2m_0}(3\pi^2 n)^{\frac{2}{3}} . \tag{3.71}$$

Im extrem relativistische Grenzfall $E \gg m_0 c^2$ kann die Ruheenergie $m_0 c^2$ des Teilchens im Vergleich zu dessen kinetischer Energie vernachlässigt werden, womit sich (3.70) zu $E(k) \approx \hbar k c$ vereinfacht. Mit $k_\mathrm{F} = (3\pi^2 n)^{1/3}$ folgt damit für die Fermienergie eines extrem relativistischen Fermigases der Ausdruck

$$E_\mathrm{F} \approx \hbar (3\pi^2 n)^{\frac{1}{3}} c . \tag{3.72}$$

Die Energie-Wellenzahl-Beziehung (3.70) besitzt also im klassischen Bereich niedriger Energie einen quadratischen, im relativistischen Bereich hoher Energie dagegen einen linearen Verlauf.

b) Ein Weißer Zwerg der Masse $M = 0.5\,M_\odot$ enthält in seinem Innern $N_{\text{He}} = M/m_{\text{He}} = 0.5\,M_\odot/4\,u = 1.50 \cdot 10^{56}$ Heliumatome. Da jedes dieser Heliumatome zwei Elektronen liefert, resultiert bei einem Sternradius von 10^7 m eine Elektronendichte von $n = 7.15 \cdot 10^{34}$ m^{-3}.

Die Fermiwellenzahl $k_{\text{F}} = (3\pi^2 n)^{1/3} = 1.28 \cdot 10^{12}$ m^{-1} des Elektronengases liefert, gemäß der nichtrelativistischen Beziehung (3.71) für Teilchen mit der Ruhemasse $m_0 = m_{\text{e}}$, eine Fermienergie von $E_{\text{F}} = 1.01 \cdot 10^{-14}$ J ≈ 63 keV.

Dieser Wert liegt noch deutlich unterhalb der Ruheenergie $m_{\text{e}}c^2 = 511$ keV von Elektronen, was die Anwendung der nichtrelativistischen Beziehung (3.71) rechtfertigt. Die Fermitemperatur $T_{\text{F}} = E_{\text{F}}/k_{\text{B}}$ des Elektronengases beträgt $7.29 \cdot 10^8$ K, und übertrifft die im Sterninnern herrschende Temperatur von etwa 10^7 K deutlich. Weiße Zwerge besitzen demnach ein nichtrelativistisch zu behandelndes entartetes Elektronengas, dessen Fermidruck mit der Gravitationskraft, welche auf den Teilchen lastet, im Gleichgewicht steht.

c) Ein Neutronenstern der Masse $M = 1.5\,M_\odot$ besteht aus insgesamt $N = M/m_{\text{n}} = 1.5\,M_\odot/m_{\text{n}} = 1.78 \cdot 10^{57}$ Neutronen.

Bei einem Radius von $1.5 \cdot 10^4$ m berechnet sich daraus eine Neutronendichte von $n = 1.26 \cdot 10^{44}$ m^{-3}. Dies entspricht etwa der Teilchendichte von Nukleonen in Atomkernen. Im Gegensatz zu Atomkernen wird der Zusammenhalt von Neutronensternen jedoch nicht durch die Starke Wechselwirkung gewährleistet, sondern durch die Gravitationskraft, welche auf den Teilchen lastet.

Die Fermiwellenzahl $k_{\text{F}} = 1.55 \cdot 10^{15}$ m^{-1} der Neutronen liefert, unter Anwendung der nichtrelativistischen Beziehung (3.71) für Teilchen der Ruhemasse $m_0 = m_{\text{n}}$, eine Fermienergie von $E_{\text{F}} = 7.99 \cdot 10^{-12}$ J ≈ 50 MeV, welche deutlich unterhalb der Ruheenergie $m_{\text{n}}c^2 = 941$ MeV von Neutronen liegt.

Die entsprechende Fermitemperatur des Neutronengases berechnet sich zu $T_{\text{F}} = 5.79 \cdot 10^{11}$ K. Diese Temperatur wird von Neutronensternen bei weitem nicht erreicht, weshalb das Fermigas eines Neutronensterns als stark entartet zu bezeichnen ist.

d) Bei einer vollständigen Umwandlung des Neutronensternes in Protonen und Elektronen würde jedes Neutron ein Elektron erzeugen, so daß entsprechend der vorherigen Teilaufgabe auch für die Elektronen eine Fermiwellenzahl von $k_F = 1.55 \cdot 10^{15}$ m^{-1} resultieren würde. In diesem Fall liefert die Berechnung der Fermienergie mittels (3.71) einen Wert weit oberhalb der Ruheenergie von Elektronen. Es muß also stattdessen die relativistische Beziehung (3.72) verwendet werden, mit der sich die Fermienergie der Elektronen zu $E_F = \hbar k_F c = 306$ MeV ergibt.

Da bei dem Zerfall eines Neutrons nur eine Energie von 0.77 MeV frei wird, muß davon ausgegangen werden, daß Neutronensterne nur einen unbedeutend geringen Anteil an Protonen und Elektronen enthalten. Unter der Annahme, daß sich die Fermienergie des Elektronengases etwa auf die Zerfallsenergie eines Neutrons einstellt, liefert (3.70) für die Fermiwellenzahl der Elektronen den Wert $k_{F,e} = 5.95 \cdot 10^{12}$ m^{-1}. Wegen $N \propto k_F^3$ berechnet sich das Verhältnis von Elektronen und Neutronen in einem Neutronenstern nach diesem einfachen Modell zu $N_e/N_n = (k_{F,e}/k_{F,n})^3 \approx 5 \cdot 10^{-8}$.

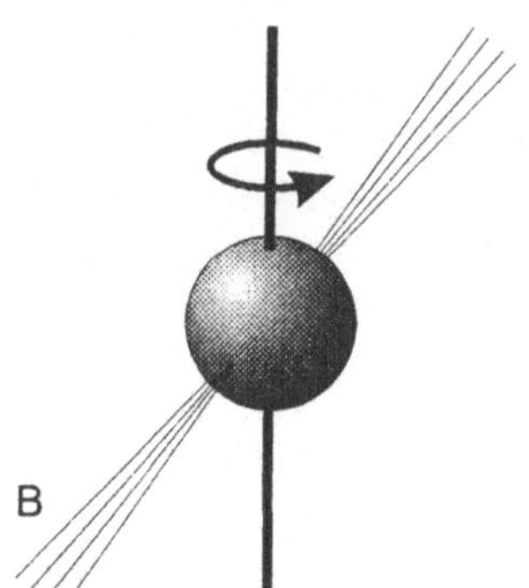

Abb. 3.6. Einfaches Modell für einen Pulsar.

Der Nachweis dafür, daß Neutronensterne wirklich existieren, wurde 1967 mit der Entdeckung von "Pulsaren" erbracht. Bei Pulsaren handelt es sich um schnell rotierende Neutronensterne, welche infolge eines im Sterninnern fest verankerten Magnetfeldes von bis zu 10^8 T Stärke in regelmäßiger Folge kurze Strahlungsimpulse aussenden (Abb. 3.6). Die Periodendauer der Signale liegt dabei typischerweise zwischen 0.03 und 3 Sekunden [3.5,6].

Lösungen zu Abschnitt 3.3

Lösung von Aufgabe 3.3.1

a) Das ausgedehnte Energieschema eines eindimensionalen freien Elektronengases ist in Abb. 3.7-a dargestellt. Es handelt sich dabei um ein quasikontinuierliches Energiespektrum mit parabelförmigem Verlauf. Die Fermienergie $E_\mathrm{F} = E(k_\mathrm{F})$ stellt die energetische Obergrenze für eine Besetzung von Zuständen mit Elektronen dar. Für $k_\mathrm{F} = 1.2\,\pi/a$ sind die Zustände der 1. Brillouinzone vollständig besetzt, das Energieband der zweiten Zone teilweise besetzt, und alle höheren Bänder vollständig unbesetzt.

Zustände der zweiten und dritten Brillouinzone im ausgedehnten Energieschema des eindimensionalen Elektronengases lassen sich durch Addition der reziproken Gittervektoren $G = \pm 2\pi/a$ auf äquivalente Zustände in der 1. Brillouinzone überführen; für Zustände der vierten und fünften Brillouinzone sind die Vektoren $G = \pm 6\pi/a$ zu verwenden. Auf diese Weise ergibt sich das in Abb. 3.7-b dargestellte reduzierte Energieschema des Elektronengases.

b) Abb. 3.8 zeigt das ausgedehnte und das reduzierte Zonenschema eines zweidimensionalen freien Elektronengases. In der vorhergehenden Teilaufgabe gemachte Bemerkungen zur Besetzung der Energiebänder gelten auch hier. Zustände in der zweiten und dritten Brillouinzone lassen sich im zweidimensionalen Fall durch Addition der reziproken Gittervektoren $G = (\pm 2\pi/a, 0)$ bzw. $G = (0, \pm 2\pi/a)$ auf äquivalente Zustände in der 1. Brillouinzone abbilden.

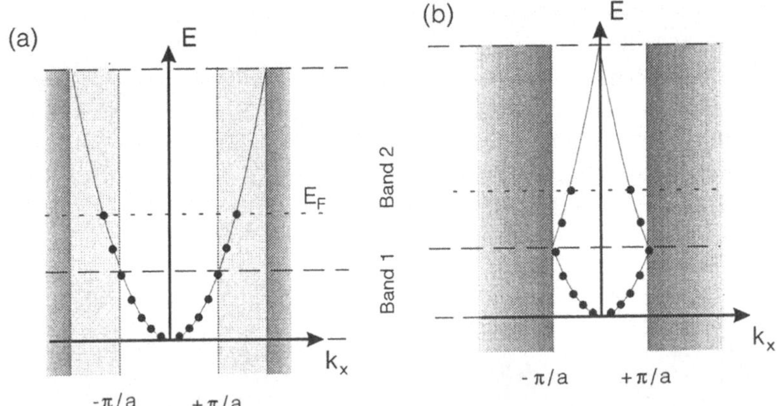

Abb. 3.7. (a) Erweitertes und (b) reduziertes Energieschema eines eindimensionalen freien Elektronengases mit $k_F = 1.2\ \pi/a$.

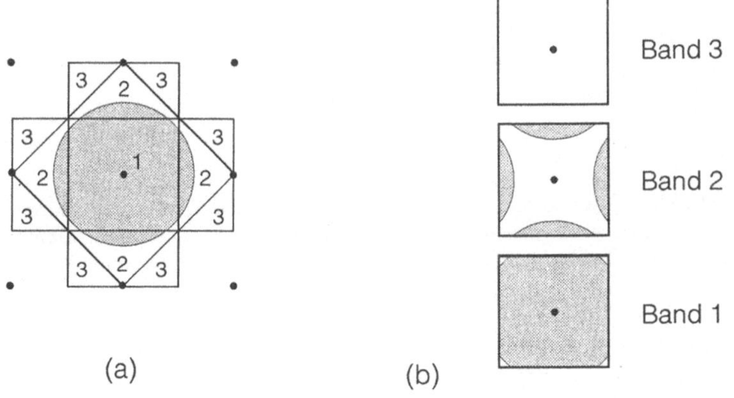

Abb. 3.8. (a) Erweitertes und (b) reduziertes Zonenschema eines zweidimensionalen freien Elektronengases mit $k_F = 1.2\ \pi/a$.

c) Der Einfluß eines schwachen periodischen Potentials äußert sich im wesentlichen darin, daß sich die Energieparabel des Elektronengases an den Grenzen der Brillouinzonen aufspaltet, und so zwischen den einzelnen Energiebändern "verbotene Zonen" auftreten (Abb. 3.9).

Außerdem läßt sich zeigen, daß Flächen konstanter Energie die Grenzen der Brillouinzonen stets rechtwinklig schneiden, und daß spitze Ausläufer dieser Flächen allgemein etwas abgerundet werden. Hierdurch verändert sich die ursprüngliche Form der Fermikugel wesentlich, und es ergibt sich qualitativ das in Abb. 3.10 dargestellte Aussehen.

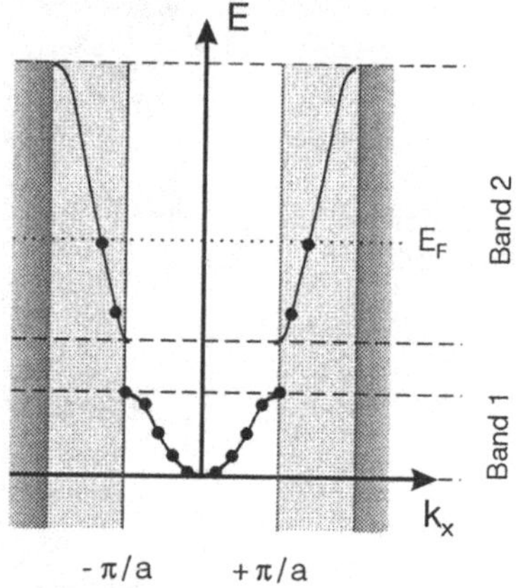

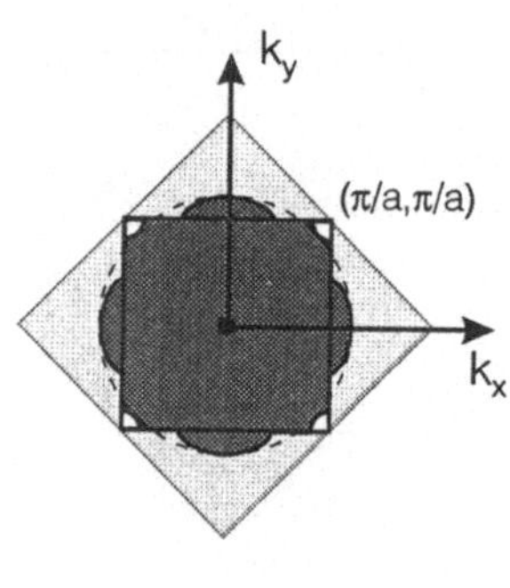

Abb. 3.9. Erweitertes Energieschema eines eindimensionalen quasifreien Elektronengases.

Abb. 3.10. Erweitertes Zonenschema eines zweidimensionalen quasifreien Elektronengases.

Setzt man das reduzierte Zonenschema eines Bandes zu allen Richtungen hin periodisch fort, so resultiert ein "periodisches Zonenschema", welches eine gute Übersicht über die Form der Fermifläche eines Energiebandes gibt. Das periodische Zonenschema für die ersten beiden Energiebänder eines quasifreien zweidimensionalen Elektronengases ist in Abb. 3.11 schematisch dargestellt.

d) Trotz des höheren Wertes für die Fermiwellenzahl k_F ergibt sich im eindimensionalen Modell noch keine Besetzung von Zuständen des dritten Energiebandes.

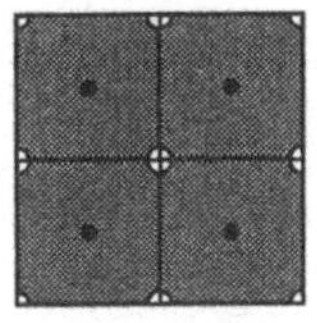

Band 1   Band 2

Abb. 3.11. Periodisches Zonenschema des ersten und zweiten Energiebandes eines zweidimensionalen quasifreien Elektronengases.

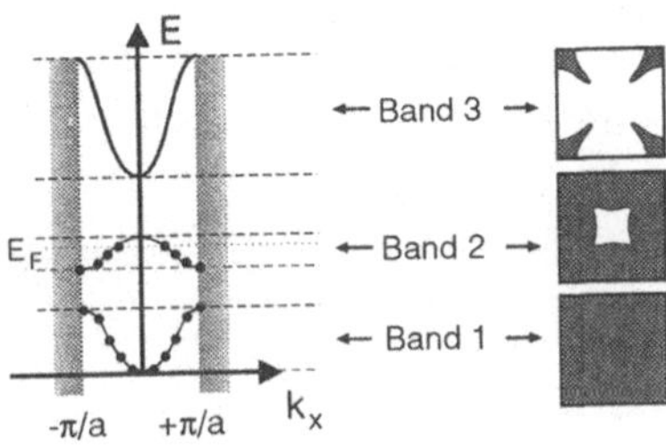

Abb. 3.12. Energie- und Zonenschema eines ein- bzw. zweidimensionalen quasifreien Elektronengases mit der Wellenzahl $k_F = 1.65\ \pi/a$.

Am Beispiel des zweidimensionalen Elektronengases dagegen ist zu erkennen, daß eine Besetzung der Zustände eines Energiebandes bereits eintreten kann, bevor sämtliche Energiebänder weiter innen liegender Brillouinzonen vollständig aufgefüllt sind. Die entsprechenden Verhältnisse für den ein- bzw. zweidimensionalen Fall sind in Abb. 3.12 dargestellt.

Lösung von Aufgabe 3.3.2

a) Das durch (3.15) gegebene Energieband erstreckt sich über Energiewerte im Bereich

$$-4|t_n| \leqslant E_n(\boldsymbol{k}) - E_n \leqslant 4|t_n|. \tag{3.73}$$

Die Energie E_n repräsentiert demnach die Mitte des Energiebandes, während der Betrag $|t_n|$ des Austauschintegrals ein Maß für die Breite des Energiebandes darstellt. Für $t_n > 0$ befinden sich Elektronen mit $k \approx 0$ an der Unterkante des Energiebandes, andernfalls an dessen Oberkante.

Im Bereich $ak \ll 1$ liefert eine Taylorentwicklung zweiter Ordnung für (3.15) den Näherungsausdruck

$$E_n(\mathbf{k}) \approx E_n - 4t_n + a^2 t_n k^2 \,, \tag{3.74}$$

also eine parabolische Funktion wie im Fall freier Elektronen. Die entsprechenden Linien konstanter Energie stellen Kreise in der $k_x k_y$-Ebene dar.

Eine Berechnung der Linie konstanter Energie $E_n(\mathbf{k}) = E_n$, welche die Mitte des n-ten Energiebandes repräsentiert, soll im Quadranten $k_x, k_y \geqslant 0$ durchgeführt werden. Der entsprechende Ansatz

$$\cos ak_x + \cos ak_y = 0 \tag{3.75}$$

liefert

$$k_y = \frac{\pi}{a} - k_x \,. \tag{3.76}$$

Infolge der Symmetrie des Systems stellt die Linie $E_n(\mathbf{k}) = E_n$ insgesamt ein Quadrat dar.

Demnach erfolgt, ausgehend vom Zentrum der 1. Brillouinzone, ein kontinuierlicher Übergang von kreisförmigen Linien konstanter Energie zu einem quadratischen Gebilde, welches sich in der Mitte des Energiebandes ausbildet. Auf eine Untersuchung der Funktion $E_n(\mathbf{k})$ für Wellenzahlen außerhalb des bisher betrachteten Bereiches kann aufgrund der Symmetrie der Funktion (3.15) verzichtet werden. Der Verlauf der Funktion $E(\mathbf{k})$ und die Linien konstanter Energie im Bereich der 1. Brillouinzone sind in Abb. 3.13 dargestellt.

b) Im folgenden soll die Größe $\bar{E}_n(\mathbf{k}) = E_n(\mathbf{k}) - E_n(0)$ betrachtet werden, welche die Energie der Elektronen relativ zur Unterkante $(t_n > 0)$ bzw. Oberkante $(t_n < 0)$ des betrachteten Energiebandes angibt. Nach (3.74) wird die Energie von Elektronen in der Nähe des Zonenzentrums $k = 0$ näherungsweise gegeben durch

$$\bar{E}_n(k) \approx a^2 t_n \, k^2 \,. \tag{3.77}$$

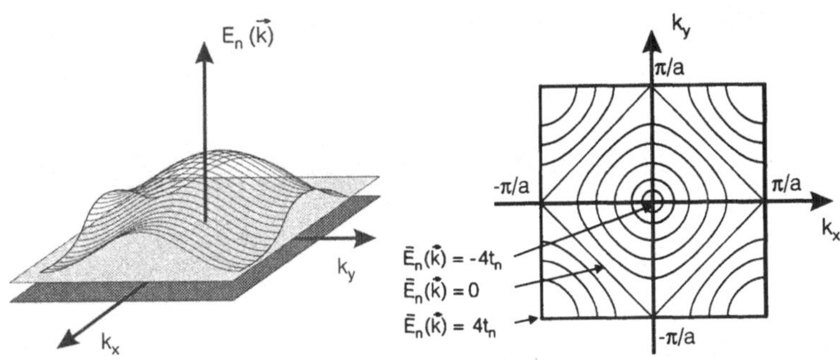

Abb. 3.13. Energie quasigebundener Elektronen nach (3.15), aufgetragen für $t_n < 0$, und Linien konstanter Energie im Bereich der 1. Brillouinzone.

Formale Übereinstimmung mit der Energie-Wellenzahl-Beziehung

$$E(k) = \frac{\hbar^2}{2m^*}\, k^2 \tag{3.78}$$

freier Fermionen läßt sich erzielen, wenn den quasigebundenen
Elektronen eine effektive Masse der Größe

$$m^* = \frac{\hbar^2}{2a^2 t_n} \tag{3.79}$$

zugeordnet wird. Für $t_n = 1$ eV und $a = 3$ Å berechnet sich die
effektive Masse der Elektronen zu $m^* = 0.42\, m_e$.

Lösungen zu Abschnitt 3.4

Lösung von Aufgabe 3.4.1

Gleichung (3.17) für die Energie der Ladungsträger läßt sich umformen zu

$$1 = \frac{k_x^2}{a^2} + \frac{k_y^2}{b^2} + \frac{k_z^2}{c^2} ; \tag{3.80}$$

eine Fläche konstanter Energie E entspricht demnach einem Ellipsoid (Abb. 3.14) mit den Halbachsen

$$a = \frac{1}{\hbar}\sqrt{2m_{11}E} \quad b = \frac{1}{\hbar}\sqrt{2m_{22}E} \quad c = \frac{1}{\hbar}\sqrt{2m_{33}E} . \tag{3.81}$$

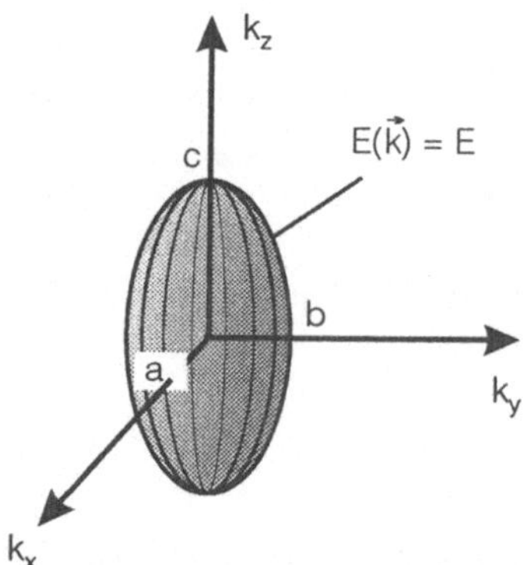

Abb. 3.14. Ellipsoidförmige Flächen konstanter Energie im dreidimensionalen k-Raum.

Wird aus den Hauptkomponenten des Tensors der effektiven Masse gemäß

$$m_z = (m_{11}m_{22}m_{33})^{\frac{1}{3}} \tag{3.82}$$

ein Mittelwert m_z gebildet, so ergibt sich das von der Fläche konstanter Energie E umschlossene reziproke Volumen V_k zu

$$V_k = \frac{4}{3}\pi abc = \frac{4}{3}\pi \left(\frac{2m_z}{\hbar^2}\right)^{\frac{3}{2}} E^{\frac{3}{2}} . \tag{3.83}$$

Mit (3.16) folgt aus dem im reziproken Raum umschlossenen Volumen (3.83) die Zustandsdichte

$$D(E) = \frac{V}{4\pi^2} \left(\frac{2m_z}{\hbar^2}\right)^{\frac{3}{2}} E^{\frac{1}{2}} \, . \tag{3.84}$$

Die in (3.82) definierte Größe m_z wird als "Zustandsdichtemasse" der Ladungsträger bezeichnet, und ist zu unterscheiden von der effektiven Masse $m^* = 3\,(m_{11}^{-1} + m_{22}^{-1} + m_{33}^{-1})^{-1}$, welche in die Beweglichkeit $\mu = e\tau/m^*$ der Ladungsträger und in die elektrische Leitfähigkeit $\sigma = ne^2\tau/m^*$ des Ladungsträgergases eingeht.

Lösung von Aufgabe 3.4.2

Eine Berechnung der Zustandsdichte $D(E)$ eines Fermionensystems mit der Energie-Wellenvektor-Beziehung (3.19) mittels (3.18) erfordert wegen

$$\mathrm{grad}_k\, E(\boldsymbol{k}) = \frac{\hbar^2}{m}\, \boldsymbol{k} \tag{3.85}$$

die Berechnung des Oberflächenintegrals

$$D(E) = \frac{V}{(2\pi)^3}\, \frac{m}{\hbar^2} \oint_{E(k)=E} \frac{1}{k}\, \mathrm{d}S_k \, . \tag{3.86}$$

Da Flächen konstanter Energie von (3.19) durch Kugeln mit dem Radius

$$k(E) = \left(\frac{2m}{\hbar^2}\right)^{\frac{1}{2}} E^{\frac{1}{2}} \tag{3.87}$$

gegeben werden, folgt mit

$$D(E) = \frac{V}{(2\pi)^3}\, \frac{m}{\hbar^2}\, \frac{1}{k(E)} \oint_{E(k)=E} \mathrm{d}S_k \tag{3.88}$$

$$= \frac{V}{(2\pi)^3}\, \frac{m}{\hbar^2}\, \frac{1}{k(E)} \cdot 4\pi k^2(E) \tag{3.89}$$

der bereits in Aufgabe 1.1.2 hergeleitete Ausdruck

$$D(E) = \frac{V}{4\pi^2} \left(\frac{2m}{\hbar^2}\right)^{\frac{3}{2}} E^{\frac{1}{2}} \tag{3.90}$$

für die Zustandsdichte eines dreidimensionalen Systems freier Fermionen.

Lösung von Aufgabe 3.4.3

Die Berechnung der Zustandsdichte $D(E)$ im zweidimensionalen Fall läßt sich entweder über eine Differentiation der Fläche $A_k(E)$ bewerkstelligen, welche von einer Linie konstanter Energie E umschlossen wird, also

$$D(E) = \frac{A}{(2\pi)^2} \left|\frac{\mathrm{d}A_k}{\mathrm{d}E}\right|, \tag{3.91}$$

oder aber durch Auswertung des Wegintegrals

$$D(E) = \frac{A}{(2\pi)^2} \oint_{E(k)=E} \frac{\mathrm{d}l_k}{|\mathrm{grad}_k\, E(k)|}, \tag{3.92}$$

dessen Integrationsbereich durch dieselbe Linie gegeben wird. Die entsprechenden Verhältnisse im reziproken Raum sind in Abb. 3.15 schematisch dargestellt.

Analoge Formeln für den eindimensionalen Fall (Abb. 3.16) lauten

$$D(E) = \frac{L}{2\pi} \left|\frac{\mathrm{d}L_k}{\mathrm{d}E}\right| \tag{3.93}$$

sowie

$$D(E) = \frac{L}{2\pi} \sum_{E(k_x)=E} \frac{1}{\left|\frac{\mathrm{d}E(k_x)}{\mathrm{d}k_x}\right|}. \tag{3.94}$$

Aufgrund der Symmetrie $E(-k) = E(k)$, welche die Energie-Wellenvektor-Beziehung eines Fermionensystems grundsätzlich

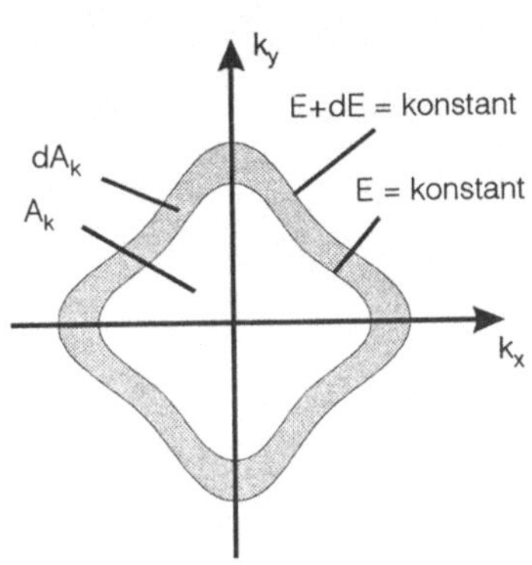

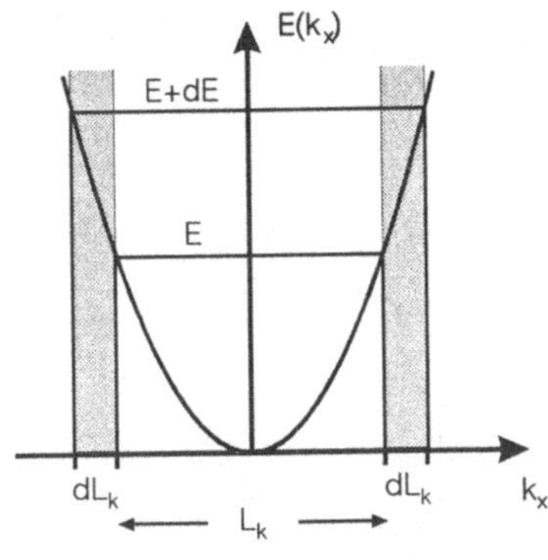

Abb. 3.15. Linien konstanter Elektronenenergie und Flächenelement dA_k im zweidimensionalen k-Raum.

Abb. 3.16. Punkte konstanter Elektronenenergie und Längenelement dL_k im eindimensionalen k-Raum.

aufweist, führen im eindimensionalen Fall beide Ansätze zur selben Berechnungsformel $D(E) = (L/\pi)\,|dk/dE|$.

Da numerische Integrationsmethoden relativ unempfindlich gegenüber Rundungsfehlern sind, können die auf Integration beruhenden Berechnungsformeln (3.18) bzw. (3.92) auch zur numerischen Berechnung von Zustandsdichtefunktionen eingesetzt werden.

Lösung von Aufgabe 3.4.4

a) Die Symmetrie der Energie-Wellenvektor-Beziehung (3.20), welche sich durch die Beziehung

$$E(\boldsymbol{k}) = E(\tfrac{\pi}{a} - k_x, \tfrac{\pi}{a} - k_y) \tag{3.95}$$

beschreiben läßt, äußert sich in der Symmetrieeigenschaft

$$A_k(-E) = \left(\frac{2\pi}{a}\right)^2 - A_k(E) \tag{3.96}$$

der von einer Linie konstanter Energie E umschlossenen reziproken Fläche (Abb. 3.17).

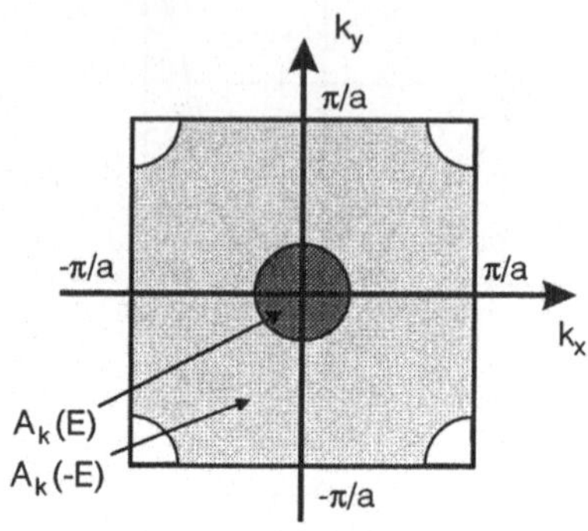

Abb. 3.17. Vergleich der Flächen $A_k(-E)$ und $A_k(E)$ in der 1. Brillouinzone.

Da sich die Zustandsdichte $D(E)$ eines zweidimensionalen Elektronengases mittels

$$D(E) = \frac{A}{(2\pi)^2} \left| \frac{\mathrm{d}A_k}{\mathrm{d}E} \right| \tag{3.97}$$

berechnen läßt, folgt daraus, daß die entsprechende Zustandsdichtefunktion einen zur Bandmitte $E = 0$ symmetrischen Verlauf $D(-E) = D(E)$ aufweist.

b) Für $|k_x|, |k_y| \ll \pi/a$ liefert eine Taylorentwicklung zweiter Ordnung für (3.20) den genäherten Ausdruck

$$E(\boldsymbol{k}) \approx -4t + a^2 t k^2 \,. \tag{3.98}$$

Die entsprechenden Linien konstanter Energie $E \approx -4t$ stellen Kreise in der $k_x k_y$-Ebene dar, deren Radius gegeben wird durch

$$k(E) = \sqrt{\left| \frac{E + 4t}{a^2 t} \right|} \,. \tag{3.99}$$

Die Zustandsdichte der Elektronen folgt aus der umschlossenen Fläche $A_k(E) = \pi k^2(E)$ und (3.97) zu

$$D(E) \approx \frac{A}{4\pi a^2 |t|} \ . \tag{3.100}$$

Aufgrund der Symmetrie $D(-E) = D(E)$ der Zustandsdichtefunktion gilt dieses Ergebnis nicht nur für $E \approx -4t$, sondern gleichermaßen für $E \approx 4t$.

c) Unter Verwendung des dimensionslosen Parameters

$$\epsilon = -\frac{E}{2t} \tag{3.101}$$

läßt sich die Energie-Wellenvektor-Beziehung (3.20) in der Form

$$\epsilon(\boldsymbol{k}) = \cos a k_x + \cos a k_y \tag{3.102}$$

schreiben. Zur Berechnung des Wegintegrals (3.23) wird nur der 1. Quadrant der $k_x k_y$-Ebene betrachtet, also der Bereich $k_x, k_y \geqslant 0$. Integration entlang der Linie konstanter Energie in anderen Quadranten liefert jeweils denselben Beitrag, und läßt sich in Form eines entsprechenden Vorfaktors berücksichtigen. Zudem wird die Rechnung für einen positiven Parameter $0 < \epsilon \ll 1$ durchgeführt. Die dazugehörige Linie konstanter Energie kommt den Grenzen der 1. Brillouinzone sehr nahe, ohne diese jedoch zu berühren.

Linien konstanter Energie ϵ lassen sich im 1. Quadranten der Brillouinzone in expliziter Form

$$k_y = \frac{1}{a} \arccos(\epsilon - \cos a k_x) \tag{3.103}$$

darstellen, weshalb sich das Wegintegral (3.23) mittels

$$D(E) = 4 \frac{A}{(2\pi)^2} \int_0^\kappa \frac{\sqrt{1 + (\frac{\partial k_y}{\partial k_x})^2}}{|\mathrm{grad}_{\boldsymbol{k}}\, E(\boldsymbol{k})|} \, dk_x \tag{3.104}$$

berechnen läßt. Die obere Integrationsgrenze wird dabei durch

$$\kappa = k_x(k_y = 0, \epsilon) = \frac{1}{a} \arccos(\epsilon - 1) \tag{3.105}$$

gegeben. Zur Auswertung von (3.104) ist der Betrag des Gradienten von $E(\boldsymbol{k})$ in einer von der Variablen k_y unabhängigen Form darzustellen, was unter Verwendung von (3.102) möglich ist:

$$|\mathrm{grad}_k\, E(\boldsymbol{k})| = 2a|t|\sqrt{\sin^2 ak_x + \sin^2 ak_y} \qquad (3.106)$$

$$= 2a|t|\sqrt{\sin^2 ak_x + 1 - \cos^2 ak_y} \qquad (3.107)$$

$$= 2a|t|\sqrt{2\sin^2 ak_x + 2\epsilon \cos ak_x - \epsilon^2}\,. \qquad (3.108)$$

Das Integral, welches sich durch Einsetzen von (3.103), (3.105) und (3.108) in (3.104) ergibt, läßt sich analytisch nicht lösen. Es werden deshalb folgende Näherungen durchgeführt, welche sich für $|\epsilon| \ll 1$ rechtfertigen lassen:

- Die Linie konstanter Energie (3.103) wird durch die Gerade $k_y = \kappa - k_x$ angenähert; dies liefert $(\partial k_y/\partial k_x) = -1$.

- Mit der Näherung $\arccos x \approx \pi - \sqrt{2(x+1)}$ $(-1 < x \ll 0)$, welche aus einer Taylorentwicklung zweiter Ordnung von $x = \cos y$ um $y = \pi$ folgt, vereinfacht sich die Integrationsgrenze (3.105) zu $\kappa \approx \pi/a - (1/a)\sqrt{2\epsilon}$.

- Der Term ϵ^2 in (3.108) ist wegen $|\epsilon| \ll 1$ vernachlässigbar.

Unter Anwendung dieser Näherungen vereinfacht sich (3.104) zu

$$D(\epsilon) \approx \frac{A}{2\pi^2 a|t|} \int_0^{\frac{\pi}{a} - \frac{1}{a}\sqrt{2\epsilon}} \frac{\mathrm{d}k_x}{\sqrt{\sin^2 ak_x + \epsilon \cos ak_x}} \qquad (3.109)$$

$$= \frac{A}{2\pi^2 a^2|t|} \int_0^{\pi - \sqrt{2\epsilon}} \frac{\mathrm{d}u}{\sqrt{\sin^2 u + \epsilon \cos u}}\,. \qquad (3.110)$$

Zur Auswertung dieses Integrals wird der Integrationsbereich an einer geeigneten Stelle ξ aufgetrennt. Die Trennstelle wird dabei so gewählt, daß in jedem der entstehenden Teilbereiche einer der beiden Summanden im Nenner des Integranden vernachlässigt werden kann.

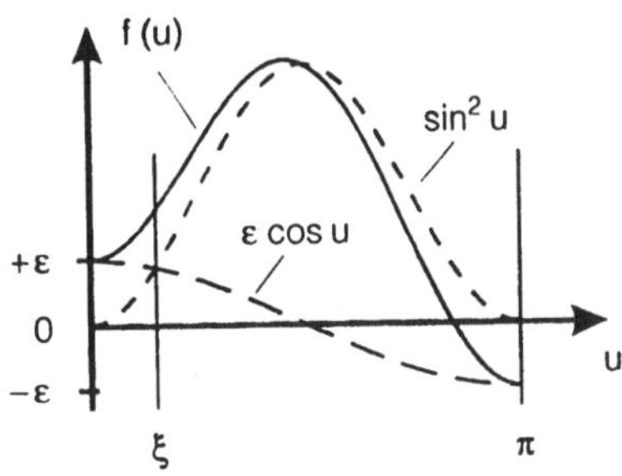

Abb. 3.18. Verlauf der Funktion $f(u) = \sin^2 u + \epsilon \cos u$ und Trennstelle ξ des Integrationsbereiches.

Die entsprechende Forderung

$$\sin^2 \xi = \epsilon \cos \xi \qquad \text{bzw.} \qquad \xi^2 \approx \epsilon \cdot (1 - \frac{\xi^2}{2}) \qquad (3.111)$$

läßt sich durch $\xi \approx \sqrt{\epsilon}$ erfüllen. Wie Abb. 3.18 zeigt, dominiert im Nenner des Integranden für $0 \leqslant u \leqslant \xi$ der Cosinusterm, für $\xi \leqslant u \leqslant \pi - \xi$ dagegen der Sinusterm.

Das Integral (3.110) berechnet sich damit näherungsweise zu

$$D(\epsilon) \approx \frac{A}{2\pi^2 a^2 |t|} \left[\int_0^{\sqrt{\epsilon}} \frac{du}{\sqrt{\epsilon \cos u}} + \int_{\sqrt{\epsilon}}^{\pi - \sqrt{2\epsilon}} \frac{du}{\sqrt{\sin^2 u}} \right] \qquad (3.112)$$

$$\approx \frac{A}{2\pi^2 a^2 |t|} \left[1 + \frac{3}{2} \ln 2 + \ln \frac{1}{\epsilon} \right] . \qquad (3.113)$$

Unter Berücksichtigung der Symmetrie $D(-E) = D(E)$ folgt daraus für die Zustandsdichte von Elektronen mit $E \approx 0$ der in (3.22) angegebene Ausdruck. Abb. 3.19 zeigt schematisch den Verlauf der Zustandsdichte $D(E)$, welcher sich aus den beiden Grenzfällen (3.21) und (3.22) ableiten läßt.

Das bemerkenswerteste Charakteristikum in der Zustandsdichte $D(E)$ eines zweidimensionalen Systems quasigebundener Elektronen ist die logarithmische Singularität in der Mitte des Energiebandes, welche in der in der Literatur unter dem Namen "van Hove-Singularität" bekannt ist. Im Gegensatz dazu

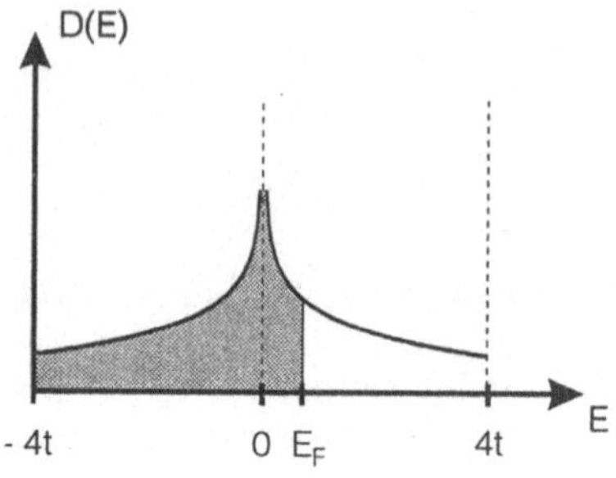

Abb. 3.19. Verlauf der Zustandsdichte eines zweidimensionalen quasigebundenen Elektronengases. Die Lage der Fermienergie wurde willkürlich eingezeichnet.

besitzt die Zustandsdichte eines dreidimensionalen quasigebundenen Elektronengases einen stetigen Verlauf; lediglich in der Ableitung der Funktion treten Diskontinuitäten auf [3.7].

Besonderes Interesse erweckt die van Hove-Singularität der Zustandsdichte eines zweidimensionalen Elektronsystems in Hinblick auf die kritische Temperatur T_c von supraleitenden Substanzen. Die gut bestätigte BCS-Theorie zur Supraleitung läßt für dreidimensionale Systeme keine Übergangstemperaturen oberhalb von etwa 30 K erwarten. Bereits vor Jahren wurde allerdings die Vermutung geäußert, daß sich dieser Wert bei zweidimensionalen Systemen, deren Fermienergie in der Nähe einer van Hove-Singularität liegt, erheblich überschreiten lassen sollte [3.8].

Beispiele für derartige supraleitende Systeme könnten in den Ende 1986 endeckten [3.9] keramischen Hochtemperatursupraleitern vorliegen, welche Übergangstemperaturen von bis zu 135 K aufweisen (Tabelle 3.3). Gemeinsames Merkmal der Keramiken stellen ausgedehnte zweidimensionale Kupferoxidschichten dar, in denen der Transport des elektrischen Stroms stattfindet.

Der Mechanismus, welcher in diesen Substanzen zur Bildung von Cooper-Paaren führt, ist zur Zeit noch unklar. Die Frage, ob eine van Hove-Singularität in der Zustandsdichte der Systeme dabei eine wesentliche Rolle spielt, wird in [3.10] näher diskutiert.

Tabelle 3.3. Keramische Hochtemperatursupraleiter.

Verbindung	$\dfrac{T_c}{K}$	Entdeckungsjahr
$La_{1.85}Sr_{0.15}CuO_4$	38	1986
$Ba_2YCu_3O_7$	92	1987
$Bi_2Sr_2CaCu_2O_8$	80	1988
$Tl_2Ba_2Ca_2Cu_3O_{10}$	125	1988
$Nd_{1.85}Ce_{0.15}CuO_4$	21	1989
$(Sr_{1-x}Ca_x)_{1-y}CuO_2$	≈ 110	1992
$HgBa_2Ca_2Cu_3O_8$	135	1993

Lösungen zu Abschnitt 3.5

Lösung von Aufgabe 3.5.1

a) Im Modell eines freien Elektronengases stellt die Fermifläche von Gold eine exakte Kugeloberfläche dar. Die Extremalfläche der Fermikugel wird durch deren Querschnittsfläche gegeben, und beträgt $A_k = \pi k_F^2$. Das Elektronengas von Gold besitzt nach dem Modell freier Elektronen die Fermiwellenzahl $k_F = (3\pi^2 n)^{1/3} = 1.20 \cdot 10^8$ cm^{-1}, womit in dieser Näherung eine Extremalfläche von etwa $4.56 \cdot 10^{16}$ cm^{-2} zu erwarten ist.

b) Nach (3.24) läßt sich die Größe einer Extremalfläche mittels der Beziehung

$$A_k = \frac{2\pi e}{\hbar\,\Delta(1/B)} \tag{3.114}$$

berechnen. Für ein in [001]-Richtung angelegtes Magnetfeld ergibt sich mit $A_k = 4.90 \cdot 10^{16}$ cm^{-2} eine etwas größere Extremalfläche, als nach dem Modell eines freien Elektronengases erwartet wird. Abb. 3.20-a zeigt die entsprechende "Bauchbahn" von Elektronen auf der Fermifläche.

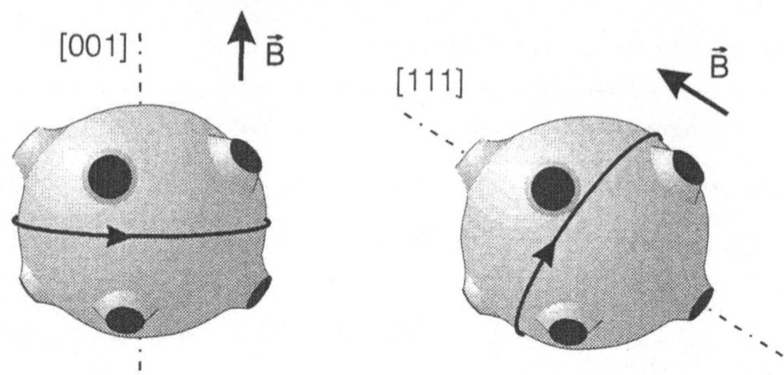

Abb. 3.20. Bahnen von Elektronen auf der Fermifläche von Gold bei Orientierung des Magnetfeldes in [001]- bzw. [111]-Richtung.

Auch die in $\Delta(1/B) = 2.05 \cdot 10^{-5}\ \mathrm{T}^{-1}$ periodischen Oszillationen, welche sich für ein in [111]-Richtung angelegtes Magnetfeld ergeben, lassen sich durch eine solche Bauchbahn deuten, wobei die umschlossene Fläche hier den Wert $A_k = 4.66 \cdot 10^{16}\ \mathrm{cm}^{-2}$ besitzt. Die zusätzlich beobachtete Oszillation mit der Periode $\Delta(1/B) = 6 \cdot 10^{-4}\ \mathrm{T}^{-1}$ entspricht einer sehr viel kleineren Extremalfläche $A_k = 0.16 \cdot 10^{16}\ \mathrm{cm}^{-2}$, welche durch in [111]-Richtung der Brillouinzone weisende Ausläufer der Fermikugel zu deuten sind (Abb. 3.20-b). Die entsprechenden Elektronenbahnen werden als "Halsbahnen" bezeichnet.

Lösung von Aufgabe 3.5.2

a) Zur Beantwortung der Frage, weshalb sich nur Extremalbahnen von Elektronen experimentell beobachten lassen, soll die in Abb. 3.21 schematisch dargestellte Fläche konstanter Energie betrachtet werden.

Benachbarte Bahnen mit unterschiedlicher Wellenzahlkomponente $k_\parallel$ parallel zum magnetischen Feld weisen stets mehr oder weniger voneinander abweichende Umlaufzeiten T auf. Extremalbahnen zeichnen sich dadurch aus, daß die Änderung der Umlaufzeit infolge einer geringfügigen Variation von $k_\parallel$ minimal wird.

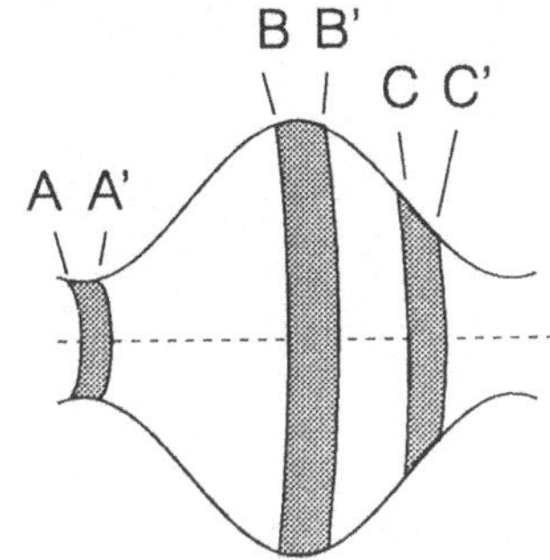

Abb. 3.21. Fläche konstanter Energie im k-Raum. Zwischen A und A′ befinden sich Extremalbahnen, ebenso zwischen B und B′, nicht jedoch zwischen C und C′.

Die Beiträge von benachbarten, phasengleich umlaufenden Ladungsträgern in der Umgebung von Extremalbahnen verstärken sich somit, und führen zu einer experimentell beobachtbaren Resonanzerscheinung. So trägt, beispielsweise im Fall eines Zyklotronresonanzexperiments, die große Zahl der Ladungsträger auf Minimalbahnen zwischen A und A′ zu Resonanz bei einer Frequenz ω_A bei, Ladungsträger auf Maximalbahnen zwischen B und B′ zu Resonanz bei ω_B.

Im Bereich zwischen C und C′, wo keine Extremalbahnen vorliegen, unterscheiden sich die Umlaufzeiten benachbarter Bahnen so stark voneinander, daß sich die einzelnen Beiträge gegenseitig kompensieren. In diesem Fall läßt sich experimentell keine Resonanz beobachten.

b) Im Fall der isotropen Energie-Wellenvektor-Beziehung (3.26) stellen Flächen konstanter Energie E Kugeloberflächen dar, wobei der Kugelradius gegeben wird durch

$$k(E) = \frac{1}{\hbar}\sqrt{2m^*E}\,.\tag{3.115}$$

Als einzige Extremalfläche ergibt sich in diesem Fall die Maximalfläche $A_k(E) = \pi k^2(E) = 2\pi m^* E/\hbar^2$. Aus der Umlaufzeit

$$T = \frac{\hbar^2}{eB}\frac{\mathrm{d}A_k}{\mathrm{d}E} = 2\pi\frac{m^*}{eB}\tag{3.116}$$

der Elektronen in Abhängigkeit von der magnetischen Flußdichte B folgt die Zyklotronfrequenz $\omega_c = 2\pi/T$ zu

$$\omega_c = \frac{eB}{m^*} \,. \tag{3.117}$$

Ein Vergleich mit der Definition $\omega_c = eB/m_c$ für die Zyklotronmasse m_c von Ladungsträgern zeigt, daß die Zyklotronmasse in diesem Fall mit der effektiven Masse m^* der Ladungsträger übereinstimmt.

c) Die Energie-Wellenvektor-Beziehung (3.27) der Ladungsträger läßt sich umformen zu

$$1 = \frac{k_x^2}{2m_t E/\hbar^2} + \frac{k_y^2}{2m_t E/\hbar^2} + \frac{k_z^2}{2m_l E/\hbar^2} \,, \tag{3.118}$$

womit sich die Halbachsen des Ellipsoids ablesen lassen:

$$a = b = \frac{1}{\hbar}\sqrt{2m_t E} \qquad c = \frac{1}{\hbar}\sqrt{2m_l E} \,. \tag{3.119}$$

Weist das Magnetfeld in z-Richtung, so umschließen Extremalbahnen von Ladungsträgern Kreisflächen der Größe $A_k = \pi ab = 2\pi m_t E/\hbar^2$, und nach (3.25) folgt die Zyklotronfrequenz

$$\omega_c = \frac{eB}{m_t} \,. \tag{3.120}$$

Die Zyklotronmasse m_c stimmt in diesem Fall mit der transversalen effektiven Masse m_t der Ladungsträger überein.

Wird das Magnetfeld dagegen senkrecht zur z-Richtung angelegt, so werden die Extremalflächen durch Ellipsenflächen der Größe $A_k = \pi ac = 2\pi\sqrt{m_t m_l}\,E/\hbar^2$ gegeben. Die resultierende Zyklotronfrequenz

$$\omega_c = \frac{eB}{\sqrt{m_t m_l}} \tag{3.121}$$

liefert in diesem Fall für die Zyklotronmasse der Ladungsträger den Wert $m_c = \sqrt{m_t m_l}$. Die entsprechenden Extremalbahnen der Ladungsträger im reziproken Raum sind in Abb. 3.22 dargestellt.

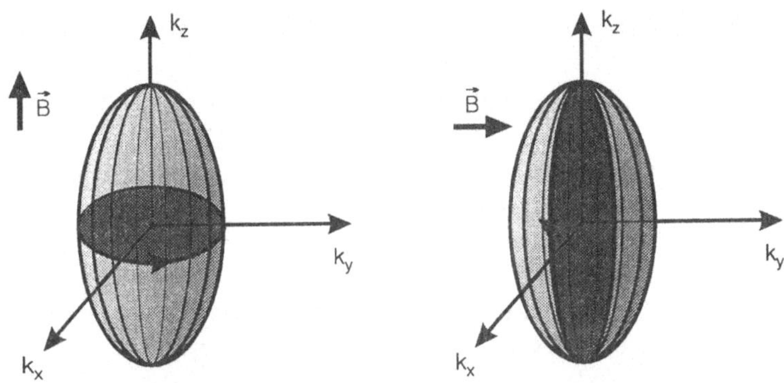

Abb. 3.22. Elektronenbahnen auf ellipsoidförmigen Flächen konstanter Energie im k-Raum.

Lösung von Aufgabe 3.5.3

a) Aufgrund des Skineffektes kann das elektrische Feld der Mikrowellen die vom statischen Magnetfeld B auf Kreisbahnen gezwungenen Ladungsträger nur innerhalb eines oberflächennahen Bereiches beschleunigen, dessen Dicke durch die Skintiefe δ festgelegt wird (Abb. 3.3). Stellt die Kreisfrequenz ω der Mikrowellen ein ganzzahliges Vielfaches der Zyklotronfrequenz ω_c der Ladungsträger dar, so werden diese nach jedem Umlauf erneut beschleunigt. Die entsprechende Resonanzerscheinung läßt sich in verschiedenen physikalischen Eigenschaften des Leiters nachweisen.

In der Praxis erweist es sich als zweckmäßig, die Frequenz ν der Mikrowellen fest vorzugeben, und stattdessen die Stärke des magnetischen Feldes B zu variieren. Aufgrund der Resonanzbedingung

$$\omega_R = n\,\omega_c = n\,\frac{eB}{m_c} \qquad \text{mit} \quad n = 1,\, 2,\, 3\ldots \tag{3.122}$$

weisen entsprechende Meßkurven bei einer Auftragung über $1/B$ äquidistante Resonanzmaxima auf, deren Abstand gegeben wird durch

$$\Delta\left(\frac{1}{B}\right) = \frac{e}{\omega m_{\mathrm{c}}}.\tag{3.123}$$

Resonanzmaxima in der Ableitung dR/dB des Oberflächenwiderstandes von Kalium (Abb. 3.4) folgen im Abstand $\Delta(1/B) \approx$ 0.35 T^{-1} aufeinander, wenn die Kreisfrequenz der Mikrowellen $\omega = 2\pi \cdot 66.2$ GHz beträgt. Für die Leitungselektronen des Metalles ergibt sich damit eine Zyklotronmasse von $m_{\mathrm{c}} \approx$ $1.10 \cdot 10^{-30}$ kg $= 1.21\ m_{\mathrm{e}}$. Da sich dieser Wert experimentell als von der Kristallorientierung unabhängig erweist, kann bei Kalium auf eine kugelförmige Fermifläche geschlossen werden.

b) Die elektrische Feldstärke von Mikrowellen fällt zum Innern eines elektrischen Leiters hin exponentiell ab, wobei die als Skintiefe bezeichnete charakteristische Eindringtiefe $\delta = \sqrt{2/\omega\mu_0\sigma_0}$ durch die statische elektrische Leitfähigkeit σ_0 des Leiters und und die Kreisfrequenz ω der Mikrowellen bestimmt wird.[6] Mit dem spezifischen Widerstand $\rho = \sigma_0^{-1}$ von Kalium bei Raumtemperatur folgt für die im Experiment verwendete Mikrowellenfrequenz eine Eindringtiefe von $\delta(300\text{ K}) = 0.52\ \mu$m. Die Zunahme der Leitfähigkeit σ_0 von Kalium um mehr als drei Zehnerpotenzen, welche eine Abkühlung der Proben auf $T = 4.2$ K bewirkt, liefert für die Skintiefe der Proben unter Versuchsbedingungen den Wert $\delta(4.2\text{ K}) \lesssim 16$ nm.

Maximale Bahnradien der Elektronen lassen sich aus der Fermiwellenzahl abschätzen, welche bei Metallen in der Größenordnung von $k_{\mathrm{F}} \approx 10^{10}$ m^{-1} liegt. Für $B = 1$ T ergeben sich maximale Bahnradien von $R_{\max} = (\hbar/eB)\,k_{\mathrm{F}} \approx 5\ \mu$m, bei schwächeren Feldern sind die Radien entsprechend größer. Demnach ist die Skintiefe δ von Kalium unter den genannten Versuchsbedingungen um Größenordnungen kleiner als typische Bahnradien der Elektronen.

---

[6] Diese Beziehung, welche den "normalen Skineffekt" eines elektrischen Leiters beschreibt, wird in Aufgabe 5.2.1 hergeleitet.

Lösung von Aufgabe 3.5.4

a) Die quasikontinuierliche Abhängigkeit der Energie E von der Wellenvektorkomponente k_z, die Gestalt der Fermikugel, sowie die Besetzung von Zuständen in der Ebene $k_z = 0$ des reziproken Raumes sind in Abb. 3.23 für den Fall eines freien Elektronengases schematisch dargestellt.

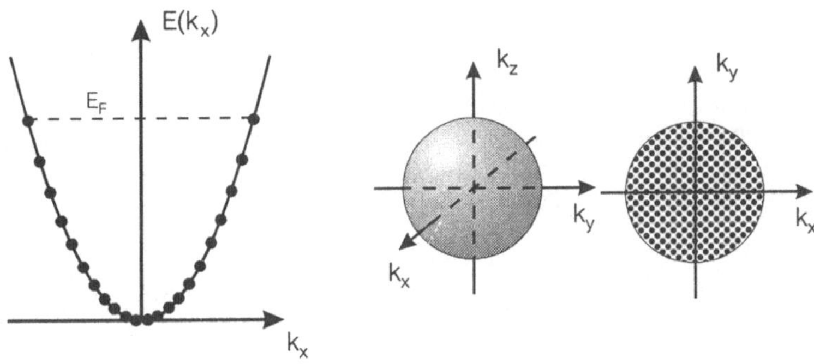

Abb. 3.23. Energie-Wellenzahl-Beziehung, Gestalt der Fermikugel, sowie die Verteilung der Zustände in der Ebene $k_z = 0$ für ein freies Elektronengas in Abwesenheit eines Magnetfeldes.

Befindet sich das Elektronengas stattdessen in einem Magnetfeld $\boldsymbol{B} = B\,\boldsymbol{e}_z$, so bildet sich gemäß (3.28) eine Schar von Energieparabeln $E(\ell, k_z)$ aus, wobei jede Parabel durch eine feste Quantenzahl $\ell = 1, 2, 3\ldots$ charakterisiert wird. Die quasikontinuierliche Abhängigkeit der Energieparabeln von der Wellenvektorkomponente k_z bleibt weiterhin erhalten. Zustände in Ebenen senkrecht zur Richtung des magnetischen Feldes ordnen sich zu Kreisen konstanter Energie an, wodurch die Fermikugel in eine Serie konzentrischer Landau-Röhren aufgeteilt wird (Abb. 3.24).

Die Energie der Zustände einer bestimmten Landau-Röhre hängt gemäß (3.28) von der jeweiligen Wellenvektorkomponente

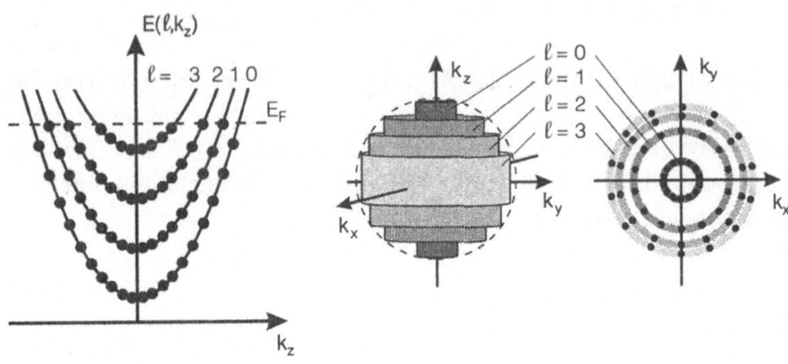

Abb. 3.24. Auswirkung eines magnetischen Feldes $\boldsymbol{B} = B\,\boldsymbol{e}_z$ auf die Energie-Wellenvektor-Beziehung eines freien Elektronengases und die Verteilung der Zustände im k-Raum.

k_z ab, weshalb Landau-Röhren keine Flächen konstanter Energie darstellen.

b) Der Radius $k_\perp$ einer durch die Quantenzahl ℓ charakterisierten Landau-Röhre ergibt sich aus

$$(\ell + \tfrac{1}{2})\,\hbar\omega_c = \frac{\hbar^2}{2m}\,k_\perp^2 \tag{3.124}$$

und $\omega_c = eB/m$ zu

$$k_\perp = \sqrt{(\ell + \tfrac{1}{2})\,\frac{2eB}{\hbar}}\;. \tag{3.125}$$

Die von der Röhre umschlossene Fläche beträgt

$$A_k(\ell) = \pi k_\perp^2 = (\ell + \tfrac{1}{2})\,\frac{2e\pi B}{\hbar}\;. \tag{3.126}$$

Bezeichnet $B(\ell)$ die Flußdichte, bei der eine durch die Quantenzahl ℓ charakterisierte Landau-Röhre die fest vorgegebene Fläche A_k umfaßt, so liefert (3.126)

$$\frac{1}{B(\ell)} = (\ell + \tfrac{1}{2}) \, \frac{2\pi e}{\hbar A_k} \, . \tag{3.127}$$

Für die Differenz $B^{-1}(\ell+1) - B^{-1}(\ell)$ aufeinanderfolgender Fluß-dichtewerte ergibt sich damit ein von der Quantenzahl ℓ unabhängiger Wert

$$\Delta\left(\frac{1}{B}\right) = \frac{2\pi e}{\hbar A_k} \, , \tag{3.128}$$

welcher übereinstimmt mit der Periode von Oszillationen im de Haas-van Alphen-Effekt. A_k stellt in diesem Fall eine Extremalfläche der Fermikugel dar. Erklären läßt sich der de Haas-van Alphen-Effekt durch die laufenden Umbesetzungen von Zuständen auf verschiedenen Landau-Röhren, welche notwendig sind, um die Gesamtenergie des Systems trotz eines kontinuierlich anwachsenden Magnetfeldes mimimal zu halten.

c) Der grundlegende Zusammenhang zwischen der Bewegung eines Elektrons im realen Raum und der entsprechenden Bahn im reziproken Raum wird über den Impuls $\boldsymbol{p} = m\boldsymbol{v} = \hbar\boldsymbol{k}$ des Teilchens gegeben. Zerlegt man diesen gemäß

$$\boldsymbol{p} = \boldsymbol{p}_\perp + \boldsymbol{p}_\parallel \tag{3.129}$$

in zur Richtung des magnetischen Feldes senkrechte bzw. parallele Komponenten $\boldsymbol{p}_\perp$ und $\boldsymbol{p}_\parallel$, so folgen die Beziehungen

$$\boldsymbol{p}_\perp = m\boldsymbol{v}_\perp = \hbar\boldsymbol{k}_\perp \tag{3.130}$$

$$\boldsymbol{p}_\parallel = m\boldsymbol{v}_\parallel = \hbar\boldsymbol{k}_\parallel \, . \tag{3.131}$$

Für den Radius R einer kreis- bzw. schraubenförmigen Bahn eines geladenen Teilchens im Magnetfeld ist dabei nur die zum Feld senkrechte Komponente $\boldsymbol{v}_\perp$ der Geschwindigkeit ausschlaggebend; die zum Feld parallele Geschwindigkeitskomponente $\boldsymbol{v}_\parallel$ wird vom Magnetfeld nicht beeinflußt, und besitzt somit einen konstanten Wert.

Wegen (3.130) und (3.131) führen kreis- bzw. schraubenförmige Elektronenbahnen im Ortsraum zu kreisförmigen Bahnen im reziproken Raum. Verursacht wird die Kreisbahn eines Elektrons im magnetischen Feld durch die als Zentripetalkraft wirkende Lorentzkraft

$$F_\mathrm{L} = e v_\perp B = \frac{m v_\perp^2}{R} \,.$$
(3.132)

Mit (3.130) folgt aus (3.132) der Zusammenhang

$$R = \frac{\hbar}{eB} \, k_\perp$$
(3.133)

zwischen den Bahnradien von Elektronen im realen und im reziproken Raum. Abb. 3.25 zeigt schematisch Elektronenbahnen im Ortsraum, sowie die dazugehörige Bahnbewegung der Elektronen auf Linien konstanter Energie im reziproken Raum.

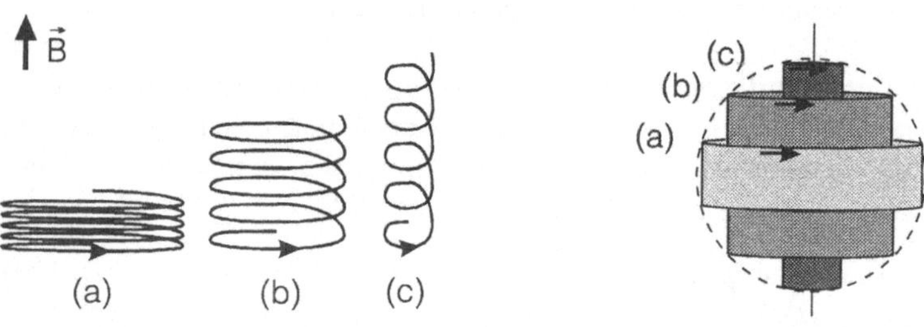

Abb. 3.25. Zusammenhang zwischen Elektronenbahnen im realen und im reziproken Raum bei Anwesenheit eines magnetischen Feldes.

d) Die Fläche $A(\ell) = \pi R^2$, welche von der Kreisbahn eines Elektrons in einem magnetischen Feld der Flußdichte B umschlossen wird, kann nach (3.133) und (3.125) nur die diskreten Werte

$$A(\ell) = \pi \left(\frac{\hbar}{eB} \right)^2 k_\perp^2$$
(3.134)

$$= (\ell + \tfrac{1}{2}) \frac{2\pi\hbar}{eB}$$
(3.135)

annehmen. Der magnetische Fluß $\phi(\ell) = B \cdot A(\ell)$ durch die umschlossene Fläche beträgt

$$\phi(\ell) = (2\ell + 1)\,\frac{\pi\hbar}{e}\,, \tag{3.136}$$

stellt also jeweils ein ungerades ganzzahliges Vielfaches des magnetischen Flußquants $\phi_0 = \pi\hbar/e$ dar.

Lösung von Aufgabe 3.5.5

a) Aufgrund der Quantisierung erlaubter Zustände im k-Raum in Einheiten der Größe $2\pi/L_x$, $2\pi/L_y$ und $2\pi/L_z$ entfällt auf jeden einzelnen Zustand $\boldsymbol{k}$ das reziproke Volumen $(2\pi)^3/L_x L_y L_z$. Für die Dichte der Zustände im dreidimensionalen k-Raum ergibt sich damit der Wert

$$D(\boldsymbol{k}) = \frac{L_x L_y L_z}{(2\pi)^3} = \frac{V}{(2\pi)^3}\,. \tag{3.137}$$

Da nach dem Paulischen Ausschließungsprinzip jeder Zustand von maximal zwei Elektronen besetzt werden kann, welche sich in der Spinrichtung unterscheiden müssen, weist die Fermikugel insgesamt $Z = N/2 = 1.27 \cdot 10^{22}$ von Elektronen besetzte Zustände auf.

Der Radius k_F dieser Fermikugel berechnet sich gemäß des Ansatzes $Z = D(\boldsymbol{k}) \cdot (4/3)\pi k_\mathrm{F}^3$ zu

$$k_\mathrm{F} = (3\pi^2 n)^{\frac{1}{3}}\,. \tag{3.138}$$

Für das Metall Natrium ergibt sich mit der Ladungsträgerdichte $n = 2.54 \cdot 10^{22}$ cm^{-3} die Fermiwellenzahl $k_\mathrm{F} = 9.09 \cdot 10^9$ m^{-1}.

Da die Komponente k_z eines erlaubten Zustandes im k-Raum stets ein ganzzahliges Vielfaches von $2\pi/L_z$ darstellt, kann die Größe $2\pi/L_z$ als Dicke von Ebenen $k_z = $ const. angesehen werden. Die Zahl der in der Ebene $k_z = 0$ mit Elektronen besetzten Zustände folgt damit zu

$$Z_0 = D(\mathbf{k}) \cdot \pi k_{\mathrm{F}}^2 \cdot \frac{2\pi}{L_z} \tag{3.139}$$

$$= \frac{L_x L_y}{4\pi} k_{\mathrm{F}}^2 \tag{3.140}$$

$$= 6.58 \cdot 10^{14} \,.$$

b) In Anwesenheit eines magnetischen Feldes ordnen sich die Zustände im k-Raum um zu einer Serie konzentrischer Landau-Röhren (vgl. Aufgabe 3.5.4). Jeder dieser Landau-Röhren läßt sich durch eine bestimmte Quantenzahl ℓ charakterisieren, und besitzt nach (3.125) den Radius

$$k_\perp = \sqrt{(\ell + \tfrac{1}{2}) \frac{2eB}{\hbar}} \,. \tag{3.141}$$

Mit dem Ansatz $k_\perp(\ell_{\max}) = k_{\mathrm{F}}$ berechnet sich die Anzahl $\ell_{\max}$ der kreisförmigen Linien konstanter Energie $E(\ell, k_z = 0)$ innerhalb der ursprünglichen Fermikugel zu

$$\ell_{\max} = \frac{\hbar k_{\mathrm{F}}^2}{2eB} - \frac{1}{2} \tag{3.142}$$

$$= 27216 \,.$$

Unter der Voraussetzung, daß jeder Kreis denselben Entartungsgrad p aufweist, folgt für den Entartungsgrad eines Kreises konstanter Energie der Wert $p = Z_0/\ell_{\max} = 2.42 \cdot 10^{10}$.

Zur Herleitung eines analytischen Ausdrucks für den Entartungsgrad p eines Kreises konstanter Energie betrachtet man die von einer Landau-Röhre umschlossene Fläche

$$A_k(\ell) = \pi k_\perp^2(\ell) = (\ell + \tfrac{1}{2}) \frac{2\pi eB}{\hbar} \,. \tag{3.143}$$

Die Fläche ΔA_k zwischen zwei benachbarten Röhren ist offensichtlich eine von der Quantenzahl ℓ unabhängige Größe

$$\Delta A_k = \frac{2\pi eB}{\hbar} \,. \tag{3.144}$$

Damit folgt der Entartungsgrad eines beliebigen zur $k_x k_y$-Ebene parallelen Kreises konstanter Energie in einer Landau-Röhre zu

$$p = D(\boldsymbol{k}) \cdot \Delta A_k \cdot \frac{2\pi}{L_z} \tag{3.145}$$

$$= \frac{L_x L_y L_z}{(2\pi)^3} \frac{2\pi e B}{\hbar} \frac{2\pi}{L_z} \tag{3.146}$$

$$= \frac{L_x L_y e B}{2\pi \hbar} \ . \tag{3.147}$$

Die Berechnung des Entartungsgrades p mittels (3.147) bestätigt das oben erhaltene Ergebnis $p = 2.42 \cdot 10^{10}$.

c) Der Wert für die magnetische Flußdichte B_0, bei welcher die innerste Landau-Röhre $\ell = 0$ die ursprüngliche Fermikugel verläßt, berechnet sich mit Hilfe des Ansatzes $k_\perp(0) = k_{\mathrm{F}}$ zu

$$B_0 = \frac{\hbar k_{\mathrm{F}}^2}{e} \tag{3.148}$$

$$= 54.4 \cdot 10^3 \ \mathrm{T} \ .$$

Da ein Kreis konstanter Energie $E(\ell = 0, k_z)$ bei der Flußdichte B_0 nach (3.33) den Entartungsgrad $p = (L_x L_y / 2\pi) \, k_{\mathrm{F}}^2$ besitzt, und die Gesamtzahl der von Elektronen besetzten Zustände durch $Z = (V/2\pi)^3 \cdot (4/3)\pi k_{\mathrm{F}}^3$ gegeben wird, enthält diese Röhre insgesamt $\gamma = Z/p = (L_z/3\pi) \, k_{\mathrm{F}} = 9.65 \cdot 10^6$ von Elektronen besetzte Kreise konstanter Energie. Die Gesamtlänge des von Elektronen besetzten Abschnittes der Landau-Röhre beträgt somit $\gamma \cdot (2\pi/L_z) = (2/3) \, k_{\mathrm{F}}$, entsprechend Zuständen mit Wellenzahlen k_z im Bereich $-k_{\mathrm{F}}/3 \leqslant k_z \leqslant k_{\mathrm{F}}/3$.

In der soeben durchgeführten Rechnung wurde stillschweigend vorausgesetzt, daß bei der Flußdichte B_0 keine Besetzung der Zustände von Landau-Röhren mit $\ell > 0$ stattfindet. Da der Radius der Landau-Röhre $\ell = 1$ bei der Flußdichte B_0

$$k_\perp(1) = \sqrt{3} \, k_{\mathrm{F}} \tag{3.149}$$

deutlich größer ist als die maximale Wellenzahl

$$k_{\max}(0) = \sqrt{k_\perp^2(0) + k_{z,\max}^2(0)} \approx 1.05\, k_\mathrm{F} \qquad (3.150)$$

von Zuständen am oberen bzw. unteren Rand der Landau-Röhre $\ell = 0$, erweist sich diese Annahme nachträglich als gerechtfertigt.

Eine praktische Durchführung dieses Experiments scheitert daran, daß sich magnetische Flußdichten dieser Größenordnung technisch bei weitem nicht realisieren lassen. Konventionelle wassergekühlte Elektromagnete liefern im Dauerbetrieb Flußdichten von etwa einem Tesla, während die technisch aufwendigen Konstruktionen in Hochfeldlabors bei einer Flußdichte von 30 T im Dauerbetrieb ihre Grenze erreichen. Noch stärkere Felder stehen lediglich in gepulster Form zur Verfügung. Die höchsten Magnetfelder werden dabei mit Hilfe einer Implosionstechnik erzielt, und weisen infolge der Kompression des magnetischen Flusses für Sekundenbruchteile Flußdichten von bis zu 2500 T auf [3.11].

Lösungen zu Abschnitt 3.6

Lösung von Aufgabe 3.6.1

Die gesamte Wärmeleitfähigkeit λ eines Metalles setzt sich zusammen aus der Wärmeleitfähigkeit λ_el des Elektronengases und der Wärmeleitfähigkeit λ_G des Kristallgitters:

$$\lambda = \lambda_\mathrm{G} + \lambda_\mathrm{el}\,. \qquad (3.151)$$

Bei ausreichend hoher Temperatur $(T > \Theta_\mathrm{D})$ wird der Gitterbeitrag zur Wärmeleitfähigkeit gegenüber dem elektronischen Beitrag vernachlässigbar, womit sich experimentelle Werte für die Lorenz-Zahl eines Metalles durch $L \approx \lambda\rho/T$ berechnen lassen. Auf diese Weise berechnete Lorenz-Zahlen für die in Tabelle 3.1 angegebenen Metalle sind in Tabelle 3.4 zusammengestellt.

Wie Tabelle 3.4 entnommen werden kann, stimmen die experimentell ermittelten Werte der meisten Metalle auf etwa 5 % genau mit dem vom Wiedemann-Franz-Gesetz vorhergesagten Wert

Tabelle 3.4. Mittels $L \approx \lambda\rho/T$ berechnete Lorenz-Zahlen verschiedener Metalle bei 25 °C.

Metall	$\dfrac{L}{10^{-8}\ \mathrm{W\Omega/K^2}}$	Metall	$\dfrac{L}{10^{-8}\ \mathrm{W\Omega/K^2}}$
Al	2.15	W	3.28
Cu	2.33	Pt	2.60
Zn	2.35	Au	2.56
Ag	2.33	Pb	2.49

$L = 2.44 \cdot 10^{-8}\ \mathrm{W\Omega/K^2}$ überein. In einigen Metallen läßt sich das Elektronengas weniger gut durch ein freies Elektronengas beschreiben, was sich in größeren Abweichungen der Lorenz-Zahlen vom theoretischen Wert ausdrückt. Beispiele hierfür sind unter den Übergangsmetallen (wie Wolfram) und den Lanthaniden zu finden. Bei diesen Metallen wird der Einfluß der d- bzw. f-Bänder für Abweichungen vom Wiedemann-Franz-Gesetz verantwortlich gemacht.

Lösung von Aufgabe 3.6.2

Die Aussage des Wiedemann-Franz-Gesetzes

$$\frac{\lambda_{\mathrm{el}}}{\sigma} = LT \tag{3.152}$$

bezieht sich ausschließlich auf den Beitrag λ_{el} von Leitungselektronen zur gesamten Wärmeleitfähigkeit $\lambda = \lambda_{\mathrm{G}} + \lambda_{\mathrm{el}}$ eines Festkörpers.

Oberhalb der Debeye-Temperatur wird die Wärmeleitfähigkeit eines Metalles im wesentlichen durch dessen Elektronengas bestimmt, also $\lambda \approx \lambda_{\mathrm{el}}$. In diesem Fall läßt sich das Wiedemann-Franz-Gesetz gemäß

$$\frac{\lambda}{\sigma} \approx LT \tag{3.153}$$

auf die gesamte Wärmeleitfähigkeit des Festkörpers beziehen.

Die Wärmeleitung in Isolatoren dagegen erfolgt ausschließlich über Phononen. Wegen $\lambda = \lambda_G$ darf die Näherung (3.153) für das Wiedemann-Franz-Gesetz bei Isolatoren, in diesem Fall Diamant, nicht angewandt werden.

Lösung von Aufgabe 3.6.3

a) Da im Innern des Wärmeleiters weder Wärmequellen noch Wärmesenken auftreten, geht die Kontinuitätsgleichung (3.37) im stationären Fall $\dot{q} = 0$ über in

$$\operatorname{div} \boldsymbol{j}_{\mathrm{th}} = 0\,. \tag{3.154}$$

In einem homogenen Körper wird diese Forderung durch eine ortsunabhängige Wärmestromdichte $\boldsymbol{j}_{\mathrm{th}}(\boldsymbol{r}) = \boldsymbol{j}_0$ erfüllt. Die entsprechende eindimensionale Wärmeleitungsgleichung

$$j_0 = -\lambda\,\frac{\mathrm{d}T}{\mathrm{d}x} \tag{3.155}$$

läßt sich durch Separation der Variablen lösen, was zu

$$\int_{x_1}^{x_2} j_0\,\mathrm{d}x = -\int_{T_1}^{T_2} \lambda(T)\,\mathrm{d}T \tag{3.156}$$

führt. Die in (3.156) gewählten Integrationsgrenzen gewährleisten dabei, daß die Randbedingungen $x(T_1) = x_1$ und $x(T_2) = x_2$ des betrachteten Problems erfüllt werden. Für die Wärmestromdichte in der Platte ergibt sich somit der Wert

$$j_0 = -\frac{1}{x_2 - x_1}\int_{T_1}^{T_2} \lambda(T)\,\mathrm{d}T\,. \tag{3.157}$$

b) Anwendung der Beziehung (3.157) auf einen beliebigen Zwischenwert $x_1 < x \leqslant x_2$ liefert mit

$$j_0 = -\frac{1}{x - x_1} \int_{T_1}^{T} \lambda(T') \, dT' \qquad (3.158)$$

eine Gleichung, aus der sich durch Auflösen nach der Ortsvariablen x die Umkehrfunktion $x = x(T)$ der gesuchten Funktion $T = T(x)$ des Temperaturverlaufs ergibt. j_0 selbst ist dabei mittels (3.157) zu berechnen.

Mit Hilfe der Definition

$$\Lambda(T) = \int_{T_1}^{T} \lambda(T') \, dT' \qquad (3.159)$$

läßt sich die Umkehrfunktion zum gesuchten Temperaturverlauf $T(x)$ in der Platte darstellen als

$$x(T) = x_1 + (x_2 - x_1) \frac{\Lambda(T)}{\Lambda(T_2)} \, . \qquad (3.160)$$

c) Für eine temperaturunabhängige Wärmeleitfähigkeit λ_0 ergibt sich nach (3.157) die Wärmestromdichte

$$j_0 = -\lambda_0 \frac{T_2 - T_1}{x_2 - x_1} \, . \qquad (3.161)$$

Setzt man die durch (3.159) gegebene Funktion

$$\Lambda(T) = \lambda_0 \cdot (T - T_1) \qquad (3.162)$$

in (3.160) ein, so liefert Auflösen der resultierenden Gleichung nach der Temperatur T den linearen Temperaturverlauf

$$T(x) = T_1 + (T_2 - T_1) \frac{x - x_1}{x_2 - x_1} \, . \qquad (3.163)$$

Aufgrund der Tatsache, daß das Produkt $\lambda(T) \cdot dT/dx$ im Innern des Körpers eine Konstante darstellt, führt eine Zunahme der Wärmeleitfähigkeit mit der Temperatur ($d\lambda/dT > 0$) in der Nähe der kälteren Plattenseite zu einem erhöhten Temperaturgradienten; das Umgekehrte gilt für eine mit zunehmender Temperatur abnehmende Wärmeleitfähigkeit ($d\lambda/dT < 0$).

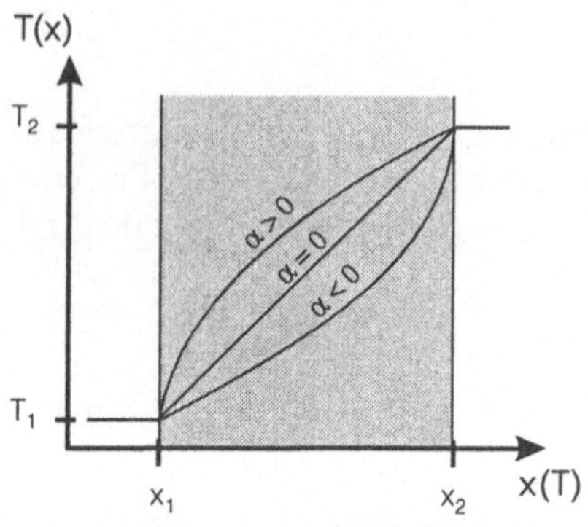

Abb. 3.26. Temperaturverlauf im Innern eines Körpers mit der Wärmeleitfähigkeit $\lambda(T) = \lambda_0 + \alpha T$.

Als Beispiele dazu zeigt Abb. 3.26 Temperaturverläufe, welche sich für eine lineare Temperaturabhängigkeit der Wärmeleitfähigkeit $\lambda(T) = \lambda_0 + \alpha T$ mit $\alpha < 0$, $\alpha = 0$ bzw. $\alpha > 0$ ergeben.

4. Halbleiter

4.1 Grundlegende Eigenschaften von Halbleitern

4.1.1 Bindungsregel von Pearson

Aus der Forderung, daß die in einer halbleitenden bzw. isolierenden Substanz vorhandenen Anionen vollständig gefüllte Valenzelektronenschalen aufweisen müssen, leitete PEARSON [4.1] im Jahre 1962 folgende Bindungsregel ab:

$$\frac{n_e + b_a - b_c}{n_a} = 8 \,. \tag{4.1}$$

Hierbei ist n_e die Gesamtzahl der Valenzelektronen, n_a die Zahl der Anionen, und b_a bzw. b_c die Zahl der an Anion-Anion- bzw. Kation-Kation-Bindungen beteiligten Elektronen.[7] Die genannten Größen beziehen sich jeweils auf eine Formeleinheit der Substanz.

Die Regel von PEARSON ist gültig für Halbleiter und Isolatoren, welche Anionen der Gruppen 4B bis 7B enthalten. Auf Verbindungen, welche Atome der Übergangsmetallreihe enthalten, darf die Regel nur angewandt werden, wenn an der chemischen Bindung keine d-Elektronen beteiligt sind.

---

[7] Das am stärksten elektronegative Atom einer multinären Verbindung soll bei diesen Betrachtungen als Anion angesehen werden, während die restlichen Atome der Verbindung als Kationen anzusehen sind.

Zur Anwendung von (4.1) sollen drei typische Beispiele gegeben werden:

- Si: Die Konfiguration der Valenzelektronen von Si lautet $3s^2\, 3p^2$. Mit insgesamt $n_e = 4$ Valenzelektronen und $n_a = 1$ Anion pro Formeleinheit liefert (4.1) $b_a - b_c = 4$. Dies wird in Silizium durch $b_a = 4$ und $b_c = 0$ realisiert: Jeweils vier Anion-Anion-Bindungen pro Siliziumatom führen zu einer vollständig gefüllten Valenzelektronenschale.

- GaAs: Die Valenzelektronen von Ga $(4s^2\, 4p^1)$ und As $(4s^2\, 4p^3)$ addieren sich zu $n_e = 8$. Mit $n_a = 1$ liefert (4.1) den Wert $b_a - b_c = 0$; der binäre Verbindungshalbleiter weist also neben den Anion-Kation-Bindungen keine Anion-Anion- bzw. Kation-Kation-Bindungen auf.

- CdSiAs$_2$: In diesem ternären Verbindungshalbleiter sind jeweils $n_a = 2$ Anionen pro Formeleinheit enthalten. Die Valenzelektronen von Cd $(5s^2)$, Si $(3s^2\, 3p^2)$ und As $(4s^2\, 4p^3)$ addieren sich zu $n_e = 16$, womit (4.1) auch in diesem Fall $b_a - b_c = 0$ liefert.

Überprüfen Sie mit Hilfe der Pearsonschen Regel auch die Bindungsverhältnisse, welche in Ge, P, Se, FeS$_2$ (Pyrit), GaP, ZnSe, CuInSe$_2$, Cu$_3$PSe$_4$, GaSe, InS, PbSe und ZnP$_2$ vorliegen.

4.1.2 Zustandsdichtemasse von Ladungsträgern

Abbildung 4.1 zeigt die Bandstruktur von Silizium entlang der [100]- und der [111]-Achse, sowie die ellipsoidförmigen Flächen konstanter Energie im Leitungsband dieses Halbleiters.

a) Das 3p-Valenzband von Silizium setzt sich aus insgesamt drei Unterbändern zusammen. Zwei dieser Unterbänder berühren sich im Punkt $k = 0$, während sich das dritte infolge der Spin-Bahn-Wechselwirkung um $\Delta = 44$ meV unterhalb von diesen befindet (Abb. 4.1-a).

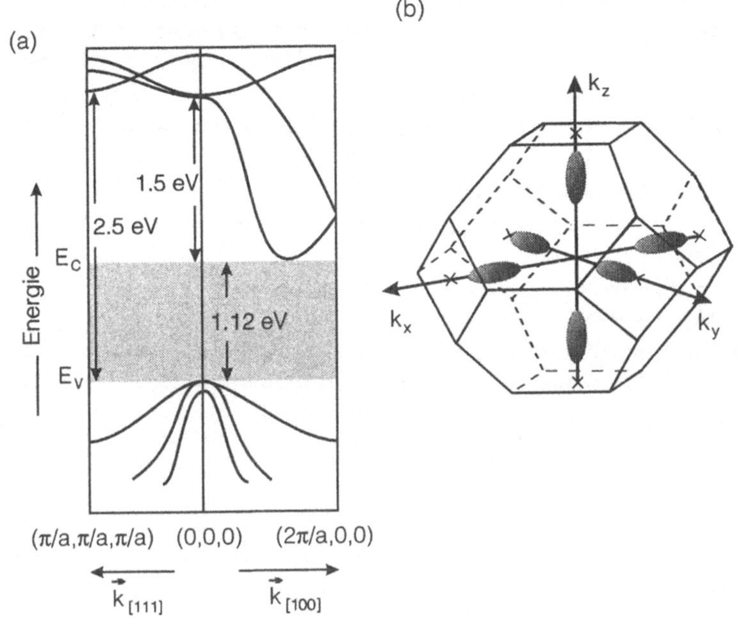

Abb. 4.1. (a) Bandstruktur von Silizium in [100]- und [111]-Richtung. (b) Flächen konstanter Energie in der Nähe der Leitungsbandunterkante von Silizium.

Geben Sie einen Ausdruck für die Zustandsdichte $D_p(E)$ der Löcher an der Valenzbandoberkante von Silizium an. Dabei sind nur die "schweren" und die "leichten" Löcher der beiden obenliegenden Unterbänder zu berücksichtigen, nicht aber die "abgespaltenen" Löcher des infolge der Spin-Bahn-Kopplung abgesenkten Unterbandes.

b) Die gesamte Zustandsdichte der Löcher in der Nähe der Valenzbandoberkante E_V von Silizium läßt sich formal als

$$D_p(E) = \frac{V}{4\pi^2}\left(\frac{2m_{zp}}{\hbar^2}\right)^{\frac{3}{2}}\sqrt{E_V - E} \tag{4.2}$$

schreiben, wobei für die Löcher der beiden Unterbänder eine einheitliche "Zustandsdichtemasse" m_{zp} definiert wird. Zeigen Sie, daß aus den effektiven Massen $m_{p_1} = 0.49\,m_e$ und $m_{p_2} = 0.16\,m_e$ der schweren bzw. leichten Löcher an der Valenzbandoberkante von Silizium die Zustandsdichtemasse $m_{zp} = 0.55\,m_e$ resultiert.

c) Die Flächen konstanter Energie im Leitungsband von Silizium stellen Rotationsellipsoide dar (Abb. 4.1-b), deren Hauptachsen durch transversale und longitudinale effektive Massen $m_t = 0.19\,m_e$ bzw. $m_l = 0.98\,m_e$ gegeben sind.

Wie lautet der Ausdruck für die gesamte Zustandsdichte $D_n(E)$ von Elektronen an der Leitungsbandunterkante E_C von Silizium? Schreiben Sie diese Zustandsdichtefunktion in der Form

$$D_n(E) = \frac{V}{4\pi^2}\left(\frac{2m_{zn}}{\hbar^2}\right)^{\frac{3}{2}}\sqrt{E - E_C}\,, \tag{4.3}$$

und zeigen Sie, daß die hierdurch definierte Zustandsdichtemasse m_{zn} von Elektronen in der Nähe der Leitungsbandunterkante von Silizium den Wert $m_{zn} = 1.08\,m_e$ besitzt.

4.1.3 Anwendung der Fermi-Integrale bei Halbleitern

Bei der Berechnung temperaturabhängiger Eigenschaften von Elektronengasen treten Ausdrücke der Form

$$\mathcal{F}_\nu(\alpha) = \frac{1}{\Gamma(\nu + 1)}\int_0^\infty \frac{x^\nu}{\exp(x - \alpha) + 1}\,\mathrm{d}x \tag{4.4}$$

auf, welche als "Fermi-Integrale" bezeichnet werden. Funktionswerte für halb- und ganzzahlige positive Argumente der Eulerschen Gammafunktion lassen sich mit Hilfe der Funktionalgleichung

$$\Gamma(\nu + 1) = \nu \cdot \Gamma(\nu) \tag{4.5}$$

aus den Werten $\Gamma(1/2) = \sqrt{\pi}$ und $\Gamma(1) = 1$ berechnen.

Tabelle 4.1. Funktionswerte der Fermi-Integrale $\mathcal{F}_{1/2}(\alpha)$ und $\mathcal{F}_{3/2}(\alpha)$ im Bereich $-3 \leqslant \alpha \leqslant 12$.

α	$\mathcal{F}_{1/2}(\alpha)$	$\mathcal{F}_{3/2}(\alpha)$	α	$\mathcal{F}_{1/2}(\alpha)$	$\mathcal{F}_{3/2}(\alpha)$
-3	0.0489	0.0494	5	8.844	20.914
-2	0.1293	0.1323	6	11.447	31.039
-1	0.3278	0.3467	7	14.290	43.888
0	0.7651	0.8672	8	17.355	59.693
1	1.5756	2.0023	9	20.624	78.666
2	2.8237	4.1654	10	24.085	101.005
3	4.4876	7.7886	11	27.726	126.896
4	6.5115	13.2605	12	31.540	156.515

In Tabelle 4.1 sind einige Funktionswerte der Fermi-Integrale $\mathcal{F}_{1/2}(\alpha)$ und $\mathcal{F}_{3/2}(\alpha)$ zusammengestellt; weitere Daten können Tabellenwerken entnommen werden [4.2].

a) Für Ableitungen der Fermi-Integrale nach der unabhängigen Variablen α gilt

$$\frac{\mathrm{d}}{\mathrm{d}\alpha} \mathcal{F}_\nu(\alpha) = \mathcal{F}_{\nu-1}(\alpha) \,. \tag{4.6}$$

Beweisen Sie diese Rekursionsformel durch partielle Integration des nach der Variablen α abgeleiteten Ausdrucks (4.4).

b) Zeigen Sie, daß die Elektronenkonzentration im Leitungsband eines Halbleiters in der Näherung parabolischer Bänder gegeben wird durch

$$n = \mathcal{N}_\mathrm{C} \cdot \mathcal{F}_{1/2}(\alpha) \,, \tag{4.7}$$

mit

$$\mathcal{N}_\mathrm{C} = 2 \left(\frac{m_{zn} k_\mathrm{B} T}{2\pi \hbar^2} \right)^{\frac{3}{2}} \quad \text{und} \quad \alpha = \frac{E_\mathrm{F} - E_\mathrm{C}}{k_\mathrm{B} T} \,. \tag{4.8}$$

Die Größe $\mathcal{N}_C$ wird als "effektive Zustandsdichte" der Elektronen im Leitungsband bezeichnet; E_F ist die Fermienergie der Elektronen und E_C die Energie der Leitungsbandunterkante.

Hinweis: Die Zustandsdichte der Elektronen im Leitungsband eines Halbleiters mit parabolischen Bändern wird durch (4.3) gegeben.

c) Zeigen Sie außerdem, daß sich die innere Energie U der Elektronen im Leitungsband eines Halbleiters mit dem Volumen V zu

$$U = E_C + \frac{3}{2} V \, k_B T \, \mathcal{N}_C \mathcal{F}_{3/2}(\alpha) \tag{4.9}$$

berechnet, und die molare Wärmekapazität der Elektronen durch

$$C_{V,\mathrm{mol}}^{(\mathrm{el})} = \frac{3}{2} R \left[\frac{5}{2} \frac{\mathcal{F}_{3/2}(\alpha)}{\mathcal{F}_{1/2}(\alpha)} - \alpha \right] \tag{4.10}$$

gegeben wird.

Hinweis: Berechnen Sie zunächst die Wärmekapazität der Elektronen pro Volumeneinheit, und beziehen Sie diese Größe anschließend mittels (4.7) auf die Zahl der Elektronen.

4.2 Eigenschaften intrinsischer Halbleiter

4.2.1 Ladungsträgerdichte nichtentarteter Halbleiter

Die Konzentration n der Elektronen im Leitungsband eines Halbleiters besitzt bei der Temperatur T den Wert $n = \mathcal{N}_C \cdot \mathcal{F}_{1/2}(\alpha)$, mit $\alpha = (E_F - E_C)/k_B T$ und der effektiven Zustandsdichte der Elektronen

$$\mathcal{N}_C = 2 \left(\frac{m_{zn} k_B T}{2\pi\hbar^2} \right)^{\frac{3}{2}} . \tag{4.11}$$

Für nichtentartete Halbleiter ($\alpha \ll -1$) läßt sich das Fermi-Integral $\mathcal{F}_{1/2}(\alpha)$ in guter Näherung berechnen, und man erhält für die Ladungsträgerkonzentration den Ausdruck

$$n \approx \mathcal{N}_\mathrm{C} \exp\left(\frac{E_\mathrm{F} - E_\mathrm{C}}{k_\mathrm{B}T}\right). \tag{4.12}$$

a) Führen Sie die oben angedeutete Rechnung explizit für die Löcherkonzentration p eines nichtentarteten Halbleiters durch.

b) Zeigen Sie, daß sich das Produkt der Ladungsträgerkonzentrationen von Elektronen n und Löchern p eines nichtentarteten Halbleiters bei der Temperatur T zu

$$n \cdot p = 4\,(m_{zn}\,m_{zp})^{\frac{3}{2}} \left(\frac{k_\mathrm{B}T}{2\pi\hbar^2}\right)^3 \exp\left(-\frac{E_\mathrm{g}}{k_\mathrm{B}T}\right) \tag{4.13}$$

ergibt, wobei $E_\mathrm{g} = E_\mathrm{C} - E_\mathrm{V}$ die Bandlücke des Halbleiters darstellt.

c) In einem intrinsischen Halbleiter stimmen die Ladungsträgerkonzentrationen von Elektronen und Löchern überein. Der entsprechende Wert $n = p = n_\mathrm{i}$ wird als "intrinsische Ladungsträgerkonzentration" bezeichnet.

Berechnen Sie die intrinsische Ladungsträgerkonzentration von Silizium bei den Temperaturen $T = 200$ K, 300 K bzw. 400 K. Silizium besitzt bei diesen Temperaturen eine Bandlücke von 1.15 eV, 1.12 eV bzw. 1.10 eV. Die Zustandsdichtemassen von Elektronen bzw. Löchern in Silizium können Tabelle 4.2 entnommen werden.

d) Vergleichen Sie die intrinsische Ladungsträgerkonzentration von Si bei Raumtemperatur mit derjenigen, welche sich für GaAs bzw. für Ge ergibt. Materialparameter der genannten Halbleiter sind in Tabelle 4.2 zusammengestellt.

Tabelle 4.2. Bandlücke E_g und Zustandsdichtemasse von Elektronen m_{zn} bzw. Löchern m_{zp} für Halbleiter bei Raumtemperatur.

Halbleiter	$\dfrac{E_g}{\mathrm{eV}}$	$\dfrac{m_{zn}}{m_e}$	$\dfrac{m_{zp}}{m_e}$
Ge	0.66	0.56	0.29
Si	1.12	1.08	0.55
GaAs	1.42	0.067	0.47

4.2.2 Temperaturabhängigkeit der Fermienergie intrinsischer Halbleiter

Zeigen Sie, ausgehend von der Neutralitätsbedingung $n = p$ und den Ergebnissen von Aufgabe 4.2.1, daß die Fermienergie E_F eines intrinsischen Halbleiters folgende Temperaturabhängigkeit besitzt:

$$E_F(T) = \frac{E_V + E_C}{2} + \frac{3}{4} k_B T \ln\left(\frac{m_{zp}}{m_{zn}}\right). \tag{4.14}$$

Berechnen Sie die Fermienergie von intrinsischem Silizium ($m_{zp} = 0.55\ m_e$, $m_{zn} = 1.08\ m_e$) bei $T = 0$ bzw. bei Raumtemperatur. Kann in beiden Fällen von einem nichtentarteten Halbleiter gesprochen werden?

4.2.3 Temperaturabhängigkeit der Bandlücke

Die Temperaturabhängigkeit der optischen Bandlücken E_g vieler Halbleiter läßt sich mittels einer empirischen Formel von VARSHNI [4.3] beschreiben:

$$E_g(T) = E_g(0) - \frac{\alpha T^2}{T + \beta}. \tag{4.15}$$

Dabei ist $E_g(0)$ die Bandlücke des Halbleiters bei $T = 0$. Der Parameter α beschreibt die lineare Änderung der Bandlücke bei hinreichend hoher Temperatur, während β in grober Näherung der Debeye-Temperatur Θ_D der Substanz entspricht. Werte dieser Parameter für die Halbleiter Ge, Si und GaAs sind in Tabelle 4.3 angegeben.

Tabelle 4.3. Experimentelle Werte für die Parameter von (4.15) für verschiedene Halbleiter, nach [4.4].

Halbleiter	$\dfrac{E_\mathrm{g}(0)}{\mathrm{eV}}$	$\dfrac{\alpha}{10^{-4}\,\mathrm{eV/K}}$	$\dfrac{\beta}{\mathrm{K}}$
Ge	0.744	4.77	235
Si	1.170	4.73	636
GaAs	1.519	5.41	204

a) Stellen Sie die Temperaturabhängigkeit der Bandlücke für die in Tabelle 4.3 aufgeführten Halbleiter im Bereich von 0 bis 900 K graphisch dar. Wie groß sind die Bandlücken der Halbleiter bei Raumtemperatur?

b) Bei hoher Temperatur ($T \gg \Theta_\mathrm{D}$) werde die Ladungsträger-konzentration

$$n_\mathrm{i}(T) = \sqrt{\mathcal{N}_\mathrm{C}\mathcal{N}_\mathrm{V}}\,\exp\left(-\frac{E_\mathrm{g}}{2k_\mathrm{B}T}\right) \tag{4.16}$$

eines intrinsischen Halbleiters in Abhängigkeit von der Temperatur gemessen. Wie läßt sich aus den erhaltenen Daten die Bandlücke E_g des Halbleiters gewinnen, wenn die Temperaturabhängigkeit der effektiven Zustandsdichten $\mathcal{N}_\mathrm{C}$ und $\mathcal{N}_\mathrm{V}$ vernachlässigt wird? Erhält man auf diese Weise den Wert der Bandlücke im betrachteten Temperaturintervall, oder einen hiervon verschiedenen Wert?

Hinweis: Die Temperaturabhängigkeit der Bandlücke läßt sich bei hinreichend hoher Temperatur durch eine lineare Beziehung $E_\mathrm{g}(T) = E'_\mathrm{g}(0) - \alpha T$ beschreiben.

4.3 Dotierte Halbleiter

4.3.1 Temperaturabhängigkeit der Fermienergie dotierter Halbleiter

Bei sehr tiefer Temperatur (Bereich der Störstellenreserve) hängt die Fermienergie eines nichtentarteten n-Typ-Halbleiters mit der Donatorenkonzentration N_D gemäß

$$E_F(T) = \frac{E_D + E_C}{2} - \frac{1}{2} k_B T \ln\left(\frac{2\mathcal{N}_C}{N_D}\right) \qquad (4.17)$$

von der Temperatur ab. Dabei ist $\mathcal{N}_C = 2(m_{zn} k_B T / 2\pi \hbar^2)^{3/2}$ die effektive Zustandsdichte von Elektronen im Leitungsband, E_C die Energie der Leitungsbandunterkante und E_D die Grundzustandsenergie der Donatoren.

Bei $T = 0$ liegt die Fermienergie in der Mitte zwischen dem Donatorniveau E_D und der Leitungsbandunterkante E_C. Mit zunehmender Temperatur durchläuft (4.17) ein Maximum und nimmt dann wieder ab.

a) Berechnen Sie die Temperatur T_m, bei der die Fermienergie des dotierten Halbleiters ihren maximalen Wert erreicht. Welcher Wert T_m ergibt sich für Silizium ($m_{zn} = 1.08\, m_e$), welches Donatoren in der Konzentration $N_D = 10^{16}\ \mathrm{cm}^{-3}$ enthält?

b) Bei mittlerer Temperatur (Bereich der Störstellenerschöpfung) sind praktisch alle Donatoren eines Halbleiters ionisiert, so daß die einfache Beziehung $n \approx N_D$ gilt. Bestimmen Sie ausgehend von (4.12) die Temperaturabhängigkeit der Fermienergie im Bereich der Störstellenerschöpfung, und skizzieren Sie den Verlauf der Fermienergie von n-leitendem Silizium im gesamten Temperaturbereich von der Störstellenreserve bis zur Eigenleitung.

4.3.2 Ladungsträgerkonzentration und Wärmekapazität von hoch dotiertem n-leitendem ZnO

Ein n-Typ-Halbleiter wird als "entartet" bezeichnet, wenn sich die Fermienergie E_F im Leitungsband befindet, der Parameter $\alpha = (E_F - E_C)/k_B T$ also einen positiven Wert besitzt.

a) Die Zustandsdichtemasse von Elektronen im Leitungsband von ZnO beträgt $m_{zn} = m_n = 0.27\ m_e$. Bei welcher Ladungsträgerkonzentration findet bei ZnO ein Übergang zur Entartung statt, wenn sich der Halbleiter bei Raumtemperatur befindet? Ist eine ZnO-Probe mit einer Ladungsträgerkonzentration von $n = 10^{20}$ cm^{-3} bei Raumtemperatur (300 K) entartet?

b) Berechnen Sie die Fermienergie einer ZnO-Probe, deren Ladungsträgerkonzentration bei Raumtemperatur $n = 10^{20}$ cm^{-3} beträgt.

Hinweis: ZnO ist ein Halbleiter mit einer direkten Bandlücke; Flächen konstanter Energie im Leitungsband dieses Halbleiters sind kugelförmig.

c) Vergleichen Sie die molare Wärmekapazität $C_{V,\mathrm{mol}}^{(\mathrm{el})}(300\ \mathrm{K})$ von Leitungselektronen dieser Probe (vgl. Aufgabe 4.1.3) mit der molaren Wärmekapazität $C_{V,\mathrm{mol}}^{(\mathrm{G})}(300\ \mathrm{K})$ des Kristallgitters. Liefern die Elektronen des Halbleiters bei Raumtemperatur einen nennenswerten Beitrag zur Wärmekapazität der Substanz? Die Dichte von ZnO beträgt $\rho = 5.61$ g/cm^3.

4.3.3 Leitfähigkeit und Hall-Koeffizient nichtentarteter Halbleiter

Im thermodynamischen Gleichgewicht gilt für die Ladungsträgerkonzentrationen eines nichtentarteten Halbleiters die Beziehung

$$n \cdot p = n_i^2 , \tag{4.18}$$

wobei n und p Ladungsträgerkonzentrationen von Elektronen und Löchern darstellen und n_i die intrinsische Ladungsträgerkonzentration des Halbleiters ist.

a) Zeigen Sie mit Hilfe von (4.18), daß die elektrische Leitfähigkeit

$$\sigma = e(n\mu_n + p\mu_p) \tag{4.19}$$

eines nichtentarteten Halbleiters als Funktion der Größe

$$x = \frac{p}{n_i} \tag{4.20}$$

ein Minimum durchläuft. Skizzieren Sie den Verlauf von σ in Abhängigkeit von x für die Halbleiter Si, GaAs und AlSb. Das Verhältnis der Hall-Beweglichkeiten $b = \mu_n/\mu_p$ für die betreffenden Halbleiter kann Tabelle 4.4 entnommen werden.

Tabelle 4.4. Beweglichkeit der Elektronen μ_n und Löcher μ_p von Halbleitern bei Raumtemperatur.

Halbleiter	$\dfrac{\mu_n}{\mathrm{cm^2/Vs}}$	$\dfrac{\mu_p}{\mathrm{cm^2/Vs}}$
Si	1500	450
GaAs	8500	400
AlSb	200	420

b) In erster Näherung wird der Hall-Koeffizient R_H eines nichtentarteten Halbleiters gegeben durch

$$R_H = \frac{r_H}{e}\frac{p\mu_p^2 - n\mu_n^2}{(p\mu_p + n\mu_n)^2}. \tag{4.21}$$

Der Faktor r_H, welcher durch den dominierenden Streuprozeß bestimmt wird, ist sowohl für Elektronen als auch für Löcher in der Größenordnung von Eins; beispielsweise ist $r_H = 1.18$ bei

Streuung an akustischen Phononen und $r_H = 1.93$ bei Streuung an ionisierten Störstellen.

Zeigen Sie mit Hilfe von (4.18), daß der Hall-Koeffizient eines nichtentarteten Halbleiters als Funktion von $x = p/n_i$ eine Nullstelle und zwei Extrema aufweist. Berechnen Sie die Lage der Nullstelle und der beiden Extrema für die Halbleiter Si, GaAs und AlSb.

c) Läßt ein negatives bzw. positives Vorzeichen des Hall-Koeffizienten R_H eines Halbleiters mit Sicherheit darauf schließen, daß ein n-Typ bzw. p-Typ-Halbleiter vorliegt? Betrachten Sie zur Beantwortung dieser Frage sowohl den typischen Fall $\mu_n > \mu_p$ als auch den Fall $\mu_n < \mu_p$, der in der Praxis vergleichsweise selten auftritt.

d) Welchen Einfluß hat das Hall-Feld auf die Transportrichtung der Elektronen und Löcher in einer halbleitenden Probe?

4.4 Bandschemata von Halbleitern

4.4.1 GaAs/ZnSe-Heterodioden

In Abb. 4.2 ist das allgemeine Bandschema $E(x)$ eines Halbleiters abgebildet. Die "Elektronenaffinität" χ gehört zu den intrinsischen Materialeigenschaften eines Halbleiters und stellt den energetischen Abstand der Leitungsbandunterkante E_C zum Vakuumniveau E_{vac} dar. Die "Austrittsarbeit" ϕ, die den Abstand der Fermienergie E_F zum Vakuumniveau repräsentiert, hängt dagegen von der Dotierung des Halbleiters und der Temperatur ab (vgl. Aufgabe 4.3.1).

a) Das Bandschema eines idealen Übergangs zwischen zwei Halbleitern läßt sich nach ANDERSON [4.5] wie folgt konstruieren:[8]

---

[8] Handelt es sich dabei um chemisch gleiche Halbleiter, so liegt ein "Homoübergang" vor, andernfalls ein "Heteroübergang". Üblicher-

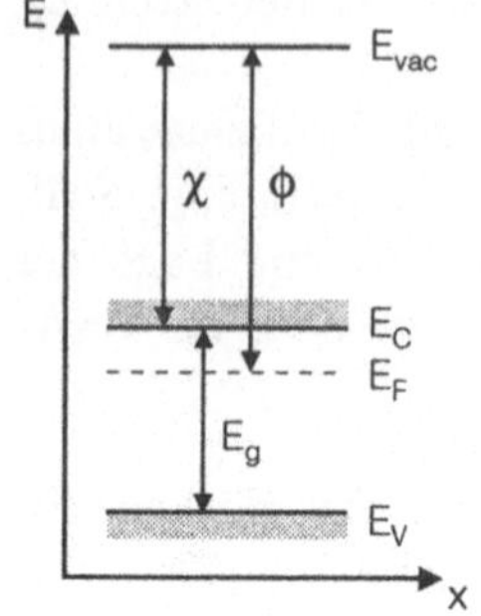

Abb. 4.2. Allgemeines Bandschema eines Halbleiters.

1. Werden die Bandschemata der betreffenden Halbleiter so gegenübergestellt, daß die Vakuumniveaus der beiden Substanzen übereinstimmen, so lassen sich die Diskontinuitäten des Leitungsbandes ΔE_C und des Valenzbandes ΔE_V ablesen:

$$\Delta E_\mathrm{C} = \chi_1 - \chi_2 \tag{4.22}$$

$$\Delta E_\mathrm{V} = E_{\mathrm{g}2} - E_{\mathrm{g}1} - \Delta E_\mathrm{C} . \tag{4.23}$$

2. Werden die beiden Halbleiter in Kontakt gebracht, so findet so lange ein Ladungsträgeraustausch statt, bis die Fermienergien der Halbleiter ausgeglichen sind und das thermodynamische Gleichgewicht erreicht ist. Dabei bildet sich im Bereich der Grenzfläche eine Raumladungszone aus, an der die Diffusionsspannung abfällt

$$V_\mathrm{D} = (\phi_2 - \phi_1)/e . \tag{4.24}$$

3. Das Vakuumniveau $E_\mathrm{vac}(x)$ besitzt im Bereich der Raumladungszone einen stetigen und streng monotonen Verlauf. Außer an der Kontaktstelle $x = 0$, wo die Diskontinuitäten ΔE_C bzw. ΔE_V auftreten, ergibt sich die Bandverbiegung des Leitungs- bzw. des Valenzbandes innerhalb der Raumladungszone aus den konstanten Energiedifferenzen zwischen $E_\mathrm{vac}(x)$ und $E_\mathrm{C}(x)$ bzw. $E_\mathrm{V}(x)$.

---

weise wird der Halbleiter mit der kleineren Bandlücke als Material 1 bezeichnet und im Bandschema links gezeichnet.

Konstruieren Sie für die beiden Halbleiter GaAs ($E_g = 1.42$ eV, $\chi = 4.07$ eV) und ZnSe ($E_g = 2.67$ eV, $\chi = 4.09$ eV) die Bandschemata der Übergänge n-GaAs/n-ZnSe, p-GaAs/p-ZnSe, p-GaAs/n-ZnSe und n-GaAs/p-ZnSe, ohne die unterschiedlichen Breiten der Raumladungszonen im Detail zu betrachten. Die Fermienergie der Halbleiter soll dazu als 400 meV unterhalb der Leitungsbandunterkante bzw. oberhalb der Valenzbandoberkante liegend angenommen werden.

b) Im Idealfall arbeiten Leuchtdioden (LED's = light emitting diodes) auf dem Prinzip einer in Vorwärtsrichtung gepolten Homodiode. Bei dieser Polung steigt die potentielle Energie der Elektronen im n-Gebiet gegenüber den Gleichgewichtsbedingungen und die Barrierenhöhe, welche die Ladungsträger ursprünglich vom p-Gebiet ferngehalten hat, wird reduziert. Zusätzlich wird die Barriere im p-Gebiet verkleinert, so daß die Löcher ebenfalls leichter vom p- ins n-Gebiet wandern können. Die dabei auftretende örtliche Überlappung beider Ladungsträgertypen fördert den Rekombinationsprozeß und damit die Lumineszenz.

Mit einer direkten optischen Bandlücke von 2.67 eV bei Raumtemperatur und der damit verbundenen starken Lumineszenz bei $\lambda \approx 465$ nm eignet sich ZnSe zur Herstellung von blauen Leucht- oder Laserdioden. Da die Präparation qualitativ hochwertiger II-VI-Halbleitersubstrate extreme Schwierigkeiten bereitet, werden bei der Entwicklung lichtemittierender Bauelemente mit II-VI-Halbleitern Heterodioden auf der Basis eines III-V-Halbleitersubstrats bevorzugt. Die Halbleiterkombination ZnSe auf GaAs ist eine der bisher meistuntersuchten II-VI/III-V-Heterodioden, nicht zuletzt wegen der exzellenten Gitterpassung von $\Delta a/a = 0.28$ % zwischen den beiden Materialien.

Überlegen Sie sich anhand der in Aufgabenteil a) konstruierten Bandschemata, welche der möglichen Kombinationen von ZnSe auf GaAs eine effektive blaue Leuchtdiode erwarten lassen.

Lösungen zu Abschnitt 4.1

Lösung von Aufgabe 4.1.1

Analog zu den in der Aufgabenstellung vorgeführten Beispielen ergeben sich für die Größen n_e, n_a, b_a und b_c der genannten Substanzen die in Tabelle 4.5 zusammengestellten Werte.

Tabelle 4.5. Zahl der Valenzelektronen n_e, Zahl der Anionen n_a und Zahl der an Anion-Anion- bzw. an Kation-Kation-Bindungen beteiligten Elektronen b_a bzw. b_c für verschiedene Substanzen.

Material	n_e	n_a	b_a	b_c	Material	n_e	n_a	b_a	b_c
Ge	4	1	4	0	$CuInSe_2$	16	2	0	0
P	5	1	3	0	Cu_3PSe_4	32	4	0	0
Se	6	1	2	0	GaSe	9	1	0	1
FeS_2	14	2	2	0	InS	9	1	0	1
GaP	8	1	0	0	PbSe	10	1	0	2
ZnSe	8	1	0	0	ZnP_2	12	2	4.5	0.5

Für Ge, P, Se und FeS_2 liefert (4.1) Werte mit $n_e/n_a < 8$. Die abgeschlossene Valenzelektronenschale der Anionen wird also durch eine entsprechende Zahl von Anion-Anion-Bindungen realisiert, in Pyrit beispielsweise unter Bildung von S_2-Dimeren.

Bei den Halbleitern GaP, ZnSe, $CuInSe_2$ und Cu_3PSe_4 ergibt sich nach (4.1) jeweils $n_e/n_a = 8$. In diesen Verbindungen treten also keine zusätzlichen Anion-Anion- bzw. Kation-Kation-Bindungen auf.

Anwendung von (4.1) auf die Halbleiter GaSe, InS und PbSe führt zu Werten mit $n_e/n_a > 8$. Dabei sind die überschüssigen Elektronen bei den ersten beiden Verbindungen in Kation-Kation-Bindungen untergebracht; bei PbSe dagegen verbleiben jeweils zwei der vier Valenzelektronen eines Bleiatoms am Kation, ohne an der chemischen Bindung teilzunehmen.

Bei einigen halbleitenden Verbindungen liegen, neben den obligatorischen Anion-Kation-Bindungen, sowohl Anion-Anion- als auch Kation-Kation-Bindungen vor. Als Beispiel hierfür soll die monokline Phase von ZnP_2 genannt werden: Mit $n_e = 12$ und $n_a = 2$ folgt aus (4.1) der Wert $b_a - b_c = 4$, welcher sich, wie eine genauere Untersuchung der Kristallstruktur zeigt, aus den Einzelwerten $b_a = 4.5$ und $b_c = 0.5$ zusammensetzt.

Aufgrund des engen Zusammenhangs, welcher zwischen den in einer Verbindung vorliegenden Bindungsverhältnissen und der jeweils resultierenden Kristallstruktur besteht, stellt die Bindungsregel von PEARSON auch ein wertvolles Hilfsmittel für die Analyse von Kristallstrukturen dar. Zur näheren Diskussion der entsprechenden Gesichtspunkte wird auf [4.1] verwiesen.

Lösung von Aufgabe 4.1.2

a) Die gesamte Zustandsdichte der Löcher an der Valenzbandoberkante E_V von Silizium ergibt sich durch Summation über die beiden Unterbänder, welche sich im Zentrum der 1. Brillouinzone berühren, zu

$$D_p(E) = \frac{V}{4\pi^2} \left(\frac{2}{\hbar^2} \right)^{\frac{3}{2}} (m_{p_1}^{\frac{3}{2}} + m_{p_2}^{\frac{3}{2}}) \sqrt{E_V - E} \, . \qquad (4.25)$$

b) Um mit einer Zustandsdichtefunktion rechnen zu können, welche formal der eines quasifreien Elektronengases entspricht, muß von einer gemittelten effektiven Masse m_{zp} der Ladungsträger beider Energiebänder ausgegangen werden. Übereinstimmung von (4.25) mit (4.2) läßt sich erzielen, wenn für die Zustandsdichtemasse m_{zp} der Löcher in Silizium der Wert

$$m_{zp} = (m_{p_1}^{\frac{3}{2}} + m_{p_2}^{\frac{3}{2}})^{\frac{2}{3}} \qquad (4.26)$$

verwendet wird. Die effektiven Massen der Löcher im Valenzband von Silizium betragen $m_{p_1} = 0.49 \, m_e$ und $m_{p_2} = 0.16 \, m_e$, womit sich nach (4.26) die Zustandsdichtemasse $m_p = 0.55 \, m_e$ ergibt. Es muß betont werden, daß Ladungsträger dieser effektiven Masse in Silizium nicht wirklich vorliegen. Der ermittelte Wert stellt lediglich eine Rechengröße dar, die es erlaubt, für die Zustandsdichtefunktion $D_p(E)$ von Löchern in der Nähe der Valenzbandoberkante in Silizium den Ausdruck (4.2) zu verwenden. Werden beispielsweise Transportphänomene untersucht, so sind die Ladungsträger der einzelnen Unterbänder wegen $\mu_p \propto m_p^{-1}$ getrennt zu betrachten.

c) Für ein Energieband, dessen Flächen konstanter Energie durch Ellipsoidflächen mit den Hauptachsenkomponenten m_{11}, m_{22} und m_{33} gegeben werden, lautet die Zustandsdichtefunktion

$$D(E) = \frac{V}{4\pi^2} \left[\frac{2(m_{11}\, m_{22}\, m_{33})^{\frac{1}{3}}}{\hbar^2} \right]^{\frac{3}{2}} \sqrt{E - E_C}\,. \tag{4.27}$$

Im Fall von Silizium enthält das Leitungsband sechs äquivalente Rotationsellipsoide (Abb. 4.1-b). Die Massenkomponenten der entlang der k_x-Achse orientierten Rotationsellipsoide lauten $m_{11} = m_\mathrm{l}$ und $m_{22} = m_{33} = m_\mathrm{t}$; analoges gilt für die entlang der k_y- bzw. entlang der k_z-Achse orientierten Rotationsellipsoide. Da sich die Zentren der sechs äquivalenten Ellipsoide vollständig innerhalb der 1. Brillouinzone befinden, ergibt sich die Zustandsdichte der Elektronen im Leitungsband von Silizium zu

$$D_n(E) = 6\,\frac{V}{4\pi^2} \left[\frac{2(m_\mathrm{t}^2 m_\mathrm{l})^{\frac{1}{3}}}{\hbar^2} \right]^{\frac{3}{2}} \sqrt{E - E_C}\,. \tag{4.28}$$

Um die Zustandsdichtefunktion (4.28) in der Form (4.3) schreiben zu können, muß für die Zustandsdichtemasse der Elektronen in der Nähe der Leitungsbandunterkante von Silizium der Ausdruck

$$m_{zn} = (36\, m_\mathrm{t}^2 m_\mathrm{l})^{\frac{1}{3}} \tag{4.29}$$

verwendet werden. Mit $m_\mathrm{t} = 0.19\, m_\mathrm{e}$ und $m_\mathrm{l} = 0.98\, m_\mathrm{e}$ ergibt sich die Zustandsdichtemasse von Elektronen an der Leitungsbandunterkante von Silizium zu $m_{zn} = 1.08\, m_\mathrm{e}$.

Lösung von Aufgabe 4.1.3

a) Wegen

$$\frac{\mathrm{d}}{\mathrm{d}\alpha}\left[\frac{1}{\exp(x-\alpha)+1}\right] = -\frac{\mathrm{d}}{\mathrm{d}x}\left[\frac{1}{\exp(x-\alpha)+1}\right] \qquad (4.30)$$

folgt für den nach der unabhängigen Variablen α differenzierten Ausdruck (4.4) durch eine partielle Integration, sowie wegen der Funktionalgleichung (4.5) der Gammafunktion, die Beziehung

$$\frac{\mathrm{d}}{\mathrm{d}\alpha}\,\mathcal{F}_\nu(\alpha) = \frac{1}{\Gamma(\nu+1)}\int_0^\infty -x^\nu\,\frac{\mathrm{d}}{\mathrm{d}x}\left[\frac{1}{\exp(x-\alpha)+1}\right]\,\mathrm{d}x \qquad (4.31)$$

$$= \frac{1}{\Gamma(\nu+1)}\left[\left.\frac{-x^\nu}{\exp(x-\alpha)+1}\right|_0^\infty + \int_0^\infty \frac{\nu x^{\nu-1}}{\exp(x-\alpha)+1}\,\mathrm{d}x\right] (4.32)$$

$$= \frac{1}{\Gamma(\nu)}\int_0^\infty \frac{x^{\nu-1}}{\exp(x-\alpha)+1}\,\mathrm{d}x = \mathcal{F}_{\nu-1}(\alpha)\,. \qquad (4.33)$$

b) Die Konzentration der Elektronen im Leitungsband eines Halbleiters mit dem Volumen V berechnet sich unter Berücksichtigung der zwei möglichen Spinrichtungen aus der Zustandsdichtefunktion $D(E)$ und der Fermi-Dirac-Verteilungsfunktion $f(E,T)$ zu

$$n = \frac{1}{V}\int_{E_\mathrm{C}}^\infty 2\,D(E)\,f(E,T)\,\mathrm{d}E\,. \qquad (4.34)$$

Die Fermi-Dirac-Verteilungsfunktion

$$f(E,T) = \frac{1}{\exp\left(\frac{E-E_\mathrm{F}}{k_\mathrm{B}T}\right)+1} \qquad (4.35)$$

beschreibt dabei die energetische Verteilung der Elektronen in Abhängigkeit von der Temperatur. Unter Verwendung der Zustandsdichtefunktion (4.3) für parabolische Bänder ergibt sich

$$n = \frac{1}{2\pi^2}\left(\frac{2m_{\mathrm{z}n}}{\hbar^2}\right)^{\frac{3}{2}}\int_{E_\mathrm{C}}^\infty \frac{(E-E_\mathrm{C})^{\frac{1}{2}}}{\exp\left(\frac{E-E_\mathrm{F}}{k_\mathrm{B}T}\right)+1}\,\mathrm{d}E\,. \qquad (4.36)$$

Dieser Ausdruck geht durch die Substitution $x = (E - E_C)/k_B T$ sowie die Definition $\alpha = (E_F - E_C)/k_B T$ über in

$$n = 2 \left(\frac{m_{zn} k_B T}{2\pi\hbar^2} \right)^{\frac{3}{2}} \cdot \frac{2}{\sqrt{\pi}} \int_0^\infty \frac{x^{\frac{1}{2}}}{\exp(x - \alpha) + 1}\, dx\,. \qquad (4.37)$$

Gleichung (4.37) entspricht dem in (4.7) gegebenen Ausdruck, und beschreibt den allgemeinen Zusammenhang zwischen der Ladungsträgerkonzentration n, der Temperatur T und der Fermienergie E_F eines Halbleiters.

c) Die innere Energie U der Elektronen im Leitungsband eines Halbleiters wird gegeben durch

$$U - E_C = \int_{E_C}^\infty 2\, D(E)\, f(E, T)\, (E - E_C)\, dE\,. \qquad (4.38)$$

Verwendet man für die Zustandsdichte der Elektronen (4.3), so erhält man mit Hilfe der Substitution $x = (E - E_C)/k_B T$ und der Abkürzung $\alpha = (E_F - E_C)/k_B T$ den Ausdruck

$$U - E_C = \frac{3}{2} V k_B T \mathcal{N}_C \mathcal{F}_{3/2}(\alpha)\,, \qquad (4.39)$$

wobei die Größen $\mathcal{N}_C$ und $\mathcal{F}_{3/2}(\alpha)$ durch (4.8) bzw. (4.4) gegeben werden.

Aus $d\alpha/dT = -\alpha/T$ sowie der Ableitungsregel (4.6) für Fermi-Integrale folgt

$$\frac{d}{dT}\left[T^{\frac{5}{2}} \mathcal{F}_{3/2}(\alpha) \right] = T^{\frac{3}{2}} \left[\tfrac{5}{2}\, \mathcal{F}_{3/2}(\alpha) - \alpha\, \mathcal{F}_{1/2}(\alpha) \right]\,, \qquad (4.40)$$

womit sich die Wärmekapazität der Elektronen bei konstantem Volumen zu

$$C_V = \left(\frac{dU}{dT} \right)_V \qquad (4.41)$$

$$= \frac{3}{2} V k_B \mathcal{N}_C \left[\frac{5}{2}\, \mathcal{F}_{3/2}(\alpha) - \alpha\, \mathcal{F}_{1/2}(\alpha) \right] \qquad (4.42)$$

berechnet. Mit Hilfe der aus (4.7) folgenden Beziehung

$$V = \frac{N}{\mathcal{N}_{\mathrm{C}} \mathcal{F}_{1/2}(\alpha)} \tag{4.43}$$

läßt sich die Wärmekapazität (4.42) auf die Zahl der Elektronen beziehen. Speziell für die Avogadrosche Zahl $N = N_{\mathrm{A}}$ erhält man dabei die molare Wärmekapazität $C_{V,\mathrm{mol}}$ der Elektronen bei konstantem Volumen. Mit der molaren Gaskonstante $N_{\mathrm{A}} k_{\mathrm{B}} = R$ folgt hierfür der in (4.10) angegebene Ausdruck.

Lösungen zu Abschnitt 4.2

Lösung von Aufgabe 4.2.1

a) Die Konzentration der Löcher im Valenzband eines Halbleiters mit dem Volumen V besitzt bei der Temperatur T den Wert

$$p(T) = \frac{1}{V} \int_{-\infty}^{E_{\mathrm{V}}} 2\, D_p(E)\, [1 - f(E,T)]\, \mathrm{d}E\,. \tag{4.44}$$

Die Zustandsdichte der Löcher wird dabei gegeben durch

$$D_p(E) = \frac{V}{4\pi^2} \left(\frac{2 m_{zp}}{\hbar^2} \right)^{\frac{3}{2}} \sqrt{E_{\mathrm{V}} - E}\,. \tag{4.45}$$

Die Information über die energetische Verteilung der Elektronen in Abhängigkeit von der Temperatur liefert die Fermi-Dirac-Verteilungsfunktion (4.35). Da Löcher im Valenzband fehlenden Elektronen entsprechen, muß für die energetische Verteilung dieser Quasiteilchen anstelle der Verteilungsfunktion $f(E,T)$ die Funktion

$$1 - f(E,T) = \frac{1}{\exp\left(\frac{E_{\mathrm{F}} - E}{k_{\mathrm{B}} T} \right) + 1} \tag{4.46}$$

verwendet werden. Das Integral (4.44) läßt sich unter Verwendung der Substitution $x = (E_V - E)/k_B T$ und mit $\alpha = (E_V - E_F)/k_B T$ umformen zu

$$p(T) = \frac{1}{2\pi^2} \left(\frac{2m_{zp}}{\hbar^2} \right)^{\frac{3}{2}} \int_{-\infty}^{E_V} \frac{(E_V - E)^{\frac{1}{2}}}{\exp\left(\frac{E_F - E}{k_B T} \right) + 1} \, dE \qquad (4.47)$$

$$= 2 \left(\frac{m_{zp} k_B T}{2\pi\hbar^2} \right)^{\frac{3}{2}} \cdot \frac{2}{\sqrt{\pi}} \int_0^\infty \frac{x^{\frac{1}{2}}}{\exp(x - \alpha) + 1} \, dx \qquad (4.48)$$

$$= \mathcal{N}_V \cdot \mathcal{F}_{1/2}(\alpha) \,. \qquad (4.49)$$

Die Größe $\mathcal{N}_V = 2(m_{zp} k_B T / 2\pi\hbar^2)^{3/2}$ wird als "effektive Zustandsdichte" der Löcher im Valenzband bezeichnet.

Unter der Annahme, daß der Halbleiter eine Bandlücke von etwa 1 eV besitzt, d.h. daß $k_B T \ll E_g$ stets erfüllt ist, und daß sich die Fermienergie in deutlichem Abstand von Valenzbandoberkante und Leitungsbandunterkante in der Bandlücke befindet, besitzt der Parameter $\alpha = (E_V - E_F)/k_B T$ einen betraglich großen negativen Wert $\alpha \ll -1$; d.h. es liegt ein nichtentarteter Halbleiter vor. Für diesen Fall lassen sich Fermi-Integrale wie folgt berechnen:

$$\mathcal{F}_\nu(\alpha \ll -1) = \frac{1}{\Gamma(\nu + 1)} \int_0^\infty \frac{x^\nu}{\exp(x - \alpha) + 1} \, dx \qquad (4.50)$$

$$\approx \frac{1}{\Gamma(\nu + 1)} \int_0^\infty \frac{x^\nu}{\exp(x - \alpha)} \, dx \qquad (4.51)$$

$$= \exp(\alpha) \,. \qquad (4.52)$$

Die thermisch aktivierten Ladungsträger eines nichtentarteten Halbleiters lassen sich demnach mit Hilfe der klassischen Boltzmann-Statistik beschreiben. Anschaulich zu verstehen ist dies durch die große Zahl von unbesetzten Zuständen, die jedem aktivierten Ladungsträger eines nichtentarteten Halbleiters zur Verfügung stehen. Die einschränkende Wirkung des Paulischen Ausschließungsprinzips, welches besagt, daß jeder Zustand nur von maximal zwei Elektronen besetzt werden kann, macht sich in diesem Fall nicht mehr bemerkbar. In Abb. 4.3 wird die Übereinstimmung der Fermi-Dirac-Verteilungsfunktion mit der Boltzmannschen Verteilungsfunktion von Elektronen im Leitungsband eines nichtentarteten Halbleiters graphisch veranschaulicht; für Löcher im Valenzband eines nichtentarteten Halbleiters gelten analoge Verhältnisse.

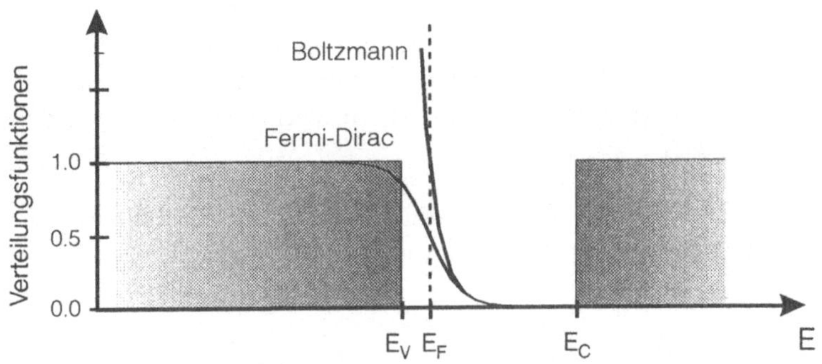

Abb. 4.3. Vergleich der Fermi-Dirac-Verteilungsfunktion der Elektronen eines nichtentarteten n-Typ-Halbleiters mit der Boltzmannschen Verteilungsfunktion.

Aus (4.49) und (4.52) resultiert für die Konzentration der Löcher im Valenzband eines nichtentarteten Halbleiters die Boltzmann-Näherung

$$p \approx \mathcal{N}_V \exp \left(\frac{E_V - E_F}{k_B T} \right). \tag{4.53}$$

Die Ladungsträgerkonzentration p wird dabei im wesentlichen durch die exponentielle Temperaturabhängigkeit dieser Funktion bestimmt; die Temperaturabhängigkeiten der effektiven Zustandsdichte $\mathcal{N}_V$ und der Fermienergie E_F spielen in diesem Zusammenhang eine weniger bedeutende Rolle.

b) Das Produkt $n \cdot p$ der Ladungsträgerkonzentrationen eines nichtentarteten Halbleiters ergibt sich nach (4.12) und (4.53) zu

$$n \cdot p = \mathcal{N}_{\mathrm{C}} \exp\left(\frac{E_{\mathrm{F}} - E_{\mathrm{C}}}{k_{\mathrm{B}}T}\right) \cdot \mathcal{N}_{\mathrm{V}} \exp\left(\frac{E_{\mathrm{V}} - E_{\mathrm{F}}}{k_{\mathrm{B}}T}\right) \tag{4.54}$$

$$= \mathcal{N}_{\mathrm{C}} \mathcal{N}_{\mathrm{V}} \exp\left(\frac{E_{\mathrm{V}} - E_{\mathrm{C}}}{k_{\mathrm{B}}T}\right) \tag{4.55}$$

$$= 4\,(m_{zn}\,m_{zp})^{\frac{3}{2}} \left(\frac{k_{\mathrm{B}}T}{2\pi\hbar^2}\right)^3 \exp\left(-\frac{E_{\mathrm{g}}}{k_{\mathrm{B}}T}\right). \tag{4.56}$$

Die Beziehung (4.56) gilt sowohl für intrinsische als auch für dotierte Halbleiter, sofern die Bedingung erfüllt ist, daß der Abstand der Fermienergie von der Valenzbandoberkante und der Leitungsbandunterkante groß ist im Vergleich zur thermischen Energie $k_{\mathrm{B}}T$.

c) Die Ladungsträgerkonzentration $n_i = n = p$ eines intrinsischen Halbleiters ergibt sich nach (4.56) zu

$$n_{\mathrm{i}} = \sqrt{np} \tag{4.57}$$

$$= 2\,(m_{zn}\,m_{zp})^{\frac{3}{4}} \left(\frac{k_{\mathrm{B}}T}{2\pi\hbar^2}\right)^{\frac{3}{2}} \exp\left(-\frac{E_{\mathrm{g}}}{2k_{\mathrm{B}}T}\right). \tag{4.58}$$

Gleichung (4.58) liefert für die intrinsische Ladungsträgerkonzentration von Silizium bei $T = 200$ K, 300 K bzw. 400 K die Werte $n_{\mathrm{i}} = 3.00 \cdot 10^4$ cm^{-3}, $6.64 \cdot 10^9$ cm^{-3} bzw. $3.07 \cdot 10^{12}$ cm^{-3}. Es ist zu erkennen, daß die intrinsische Ladungsträgerkonzentration n_{i} mit zunehmender Temperatur rasch anwächst; eine Temperaturerhöhung um 100 K hat eine Zunahme der intrinsischen Ladungsträgerkonzentration um mehrere Größenordnungen zur Folge.

d) Die intrinsische Ladungsträgerkonzentration von Ge, Si und GaAs bei Raumtemperatur ergibt sich nach (4.58) und den in Tabelle 4.2 angegebenen Daten zu $n_{\mathrm{i}} = 1.84 \cdot 10^{13}$ cm^{-3}, $6.64 \cdot 10^9$ cm^{-3} bzw. $2.22 \cdot 10^6$ cm^{-3}. Anhand dieser Werte ist der Einfluß der Bandlücke auf die intrinsische Ladungsträgerkonzentration zu erkennen: Bei vorgegebener Temperatur ist die intrinsische Ladungsträgerkonzentration n_{i} umso höher, je kleiner die Bandlücke E_{g} des Halbleiters ist.

Die höchste technologisch erzielbare Reinheit von Germanium und Silizium liegt in der Größenordnung von 10^{12} elektrisch aktiven Fremdatomen pro cm^3. Demnach liegt in Germanium bei Raumtemperatur im wesentlichen eine intrinsische Leitfähigkeit vor. Im Gegensatz dazu wird die elektrische Leitfähigkeit von Silizium bei Raumtemperatur hauptsächlich durch elektrisch aktive Verunreinigungen verursacht. Für GaAs trifft letzteres wegen der vergleichsweise niedrigen intrinsischen Ladungsträgerkonzentration bei Raumtemperatur in besonderem Maße zu.

Lösung von Aufgabe 4.2.2

Für intrinsische Halbleiter liefert der Ansatz $n(T) = p(T)$ mit (4.12) und (4.53)

$$\frac{\mathcal{N}_V}{\mathcal{N}_C} = \exp\left(\frac{2\,E_F - E_V - E_C}{k_B T}\right). \tag{4.59}$$

Wegen $\mathcal{N}_V/\mathcal{N}_C = (m_{zp}/m_{zn})^{3/2}$ folgt aus (4.59) unmittelbar die Temperaturabhängigkeit (4.14) der Fermienergie eines intrinsischen Halbleiters. Mit den Zustandsdichtemassen $m_{zp} = 0.55\,m_e$ und $m_{zn} = 1.08\,m_e$ der Ladungsträger in intrinsischem Silizium geht (4.14) über in

$$E_F(T) = \frac{E_V + E_C}{2} - 43.6\ \mu eV \cdot \frac{T}{K}. \tag{4.60}$$

Bei $T = 0$ liegt die Fermienergie von intrinsischem Silizium in der Mitte der Bandlücke, bei Raumtemperatur um 13 meV darunter (Abb. 4.4).

Bei Raumtemperatur besitzt Silizium eine Bandlücke von $E_g(300\ K) = 1.12$ eV. Sowohl bei $T = 0$ als auch bei Raumtemperatur befindet sich die Fermienergie von intrinsischem Silizium in vergleichsweise großem Abstand sowohl zur Valenzbandoberkante E_V als auch zur Leitungsbandunterkante E_C, d.h. es gilt

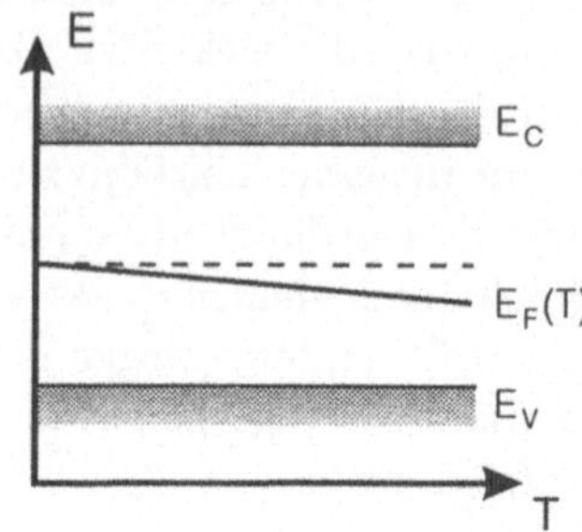

Abb. 4.4. Verlauf der Fermienergie eines intrinsischen Halbleiters in Abhängigkeit von der Temperatur, dargestellt für $m_{zp} < m_{zn}$. Die Temperaturabhängigkeit der Bandlücke wird vernachlässigt.

$E_F - E_V \ll k_B T$ und $E_C - E_F \ll k_B T$. Für beide Temperaturen liegt damit ein nichtentarteter Halbleiter vor, dessen Ladungsträger sich mit Hilfe der Boltzmann-Statistik beschreiben lassen.

Lösung von Aufgabe 4.2.3

a) Die Beziehung (4.15) beruht auf der experimentellen Erfahrung, daß die Bandlücke der meisten Halbleiter bei tiefer Temperatur quadratisch, bei hoher Temperatur dagegen linear mit der Temperatur abnimmt.

Die Temperaturabhängigkeit der Bandlücke wird im wesentlichen durch zwei Prozesse verursacht: Temperaturerhöhung bewirkt einerseits eine Aufweitung des Kristallgitters und andererseits eine Zunahme der Oszillation von Atomen um ihre Gleichgewichtslage. Die Gitterausdehnung bewirkt eine Verschiebung der Bandkanten, während die verstärkte Oszillation zu einer Verbreiterung der Energiezustände und somit der Energiebänder führt. Dabei bleibt die Ionisationsenergie eventuell vorhandener Störstellen (Akzeptoren bzw. Donatoren) relativ zu den entsprechenden Bandkanten unverändert.

Eine Abnahme der Bandlücke mit steigender Temperatur kann auch von der Zunahme der freien Ladungsträgerkonzentration herrühren, da die Bandkanten aufgrund der Coulomb-Wechselwirkung zwischen den Ladungsträgern gestört werden und so Ausläufer in die verbotene Zone entstehen [4.6]. Dieser Effekt wurde bei Ge und GaAs nachgewiesen.

In Abb. 4.5 ist die Temperaturabhängigkeit der Bandlücke für die in Tabelle 4.3 aufgeführten Halbleiter graphisch dargestellt. Bei Raumtemperatur ergeben sich die Werte $E_\mathrm{g}(300\,\mathrm{K}) = 0.66\,\mathrm{eV}$ für Ge, 1.12 eV für Si und 1.42 eV für GaAs.

Nur bei wenigen Halbleitern nimmt die Bandlücke mit steigender Temperatur zu. Als Beispiele hierfür sind die Bleiverbindungen PbS, PbSe und PbTe zu nennen.

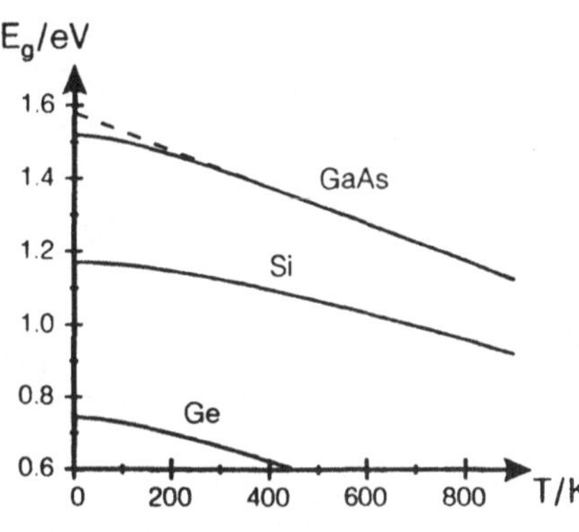

Abb. 4.5. Bandlücken verschiedener Halbleiter in Abhängigkeit von der Temperatur. Für GaAs ist zusätzlich die lineare Näherung gemäß (4.61) eingezeichnet.

b) Bei hinreichend hoher Temperatur $(T \gg \Theta_\mathrm{D})$ läßt sich die Temperaturabhängigkeit der Bandlücke durch eine lineare Beziehung

$$E_\mathrm{g}(T) = E'_\mathrm{g}(0) - \alpha T \tag{4.61}$$

beschreiben, wobei der auf $T = 0$ extrapolierte Wert $E'_\mathrm{g}(0)$ nicht mit der tatsächlichen Bandlücke $E_\mathrm{g}(0)$ übereinstimmt (Abb. 4.5).

Einsetzen von (4.61) in (4.16) liefert für die intrinsische Ladungsträgerkonzentration des Halbleiters den Ausdruck

$$n_\mathrm{i}(T) = \sqrt{\mathcal{N}_\mathrm{C}\mathcal{N}_\mathrm{V}} \, \exp\left(\frac{\alpha}{2k_\mathrm{B}}\right) \exp\left(-\frac{E'_\mathrm{g}(0)}{2k_\mathrm{B}T}\right). \tag{4.62}$$

Wird die vergleichsweise schwache Temperaturabhängigkeit der effektiven Zustandsdichten $\mathcal{N}_{\mathrm{C}}$ und $\mathcal{N}_{\mathrm{V}}$ vernachlässigt, so liefert die Auftragung $\ln n_{\mathrm{i}}$ über $1/T$ wegen

$$\ln n_{\mathrm{i}}(T) = \frac{1}{2}\ln\mathcal{N}_{\mathrm{C}}\mathcal{N}_{\mathrm{V}} + \frac{\alpha}{2k_{\mathrm{B}}} - \frac{E'_{\mathrm{g}}(0)}{2k_{\mathrm{B}}T} \tag{4.63}$$

eine Gerade, aus deren Steigung sich der Wert $E'_{\mathrm{g}}(0)$ berechnen läßt. Eine Arrhenius-Auftragung von (4.62) liefert also nicht etwa die Bandlücke des Halbleiters bei hoher Temperatur, wie man zunächst vermuten könnte.

Lösungen zu Abschnitt 4.3

Lösung von Aufgabe 4.3.1

a) Ein Maximum der Funktion (4.17) muß die für Extrema notwendige Bedingung $\mathrm{d}E_{\mathrm{F}}/\mathrm{d}T = 0$ erfüllen. Eine hierzu äquivalente Forderung lautet

$$\frac{\mathrm{d}}{\mathrm{d}T}\left\{T\ln(AT)\right\} = 0\,, \tag{4.64}$$

wobei alle temperaturunabhängigen Parameter in der Konstante

$$A = \left(\frac{4}{N_{\mathrm{D}}}\right)^{\frac{2}{3}}\frac{m_{zn}\,k_{\mathrm{B}}}{2\pi\hbar^2} \tag{4.65}$$

zusammengefaßt werden. Gleichung (4.64) besitzt die Lösung $T_{\mathrm{m}} = \exp(-1)/A$, wonach sich das Maximum der Fermienergie im Bereich der Störstellenreserve bei der Temperatur

$$T_{\mathrm{m}} = \exp(-1)\left(\frac{N_{\mathrm{D}}}{4}\right)^{\frac{2}{3}}\frac{2\pi\hbar^2}{m_{zn}\,k_{\mathrm{B}}} \tag{4.66}$$

einstellt. Für Silizium mit $m_{zn} = 1.08\,m_{\mathrm{e}}$ und einer Donatorendichte von $N_{\mathrm{D}} = 10^{16}\,\mathrm{cm}^{-3}$ liefert (4.66) den Wert $T_{\mathrm{m}} = 0.35\,\mathrm{K}$.

b) Im Bereich der Störstellenerschöpfung sind alle Donatoren eines n-Typ-Halbleiters ionisiert, so daß die freie oder Nettoladungsträgerkonzentration n in guter Näherung mit der Donatorenkonzentration N_D übereinstimmt. Aus der Konzentration der Elektronen im Leitungsband eines nichtentarteten Halbleiters

$$n = \mathcal{N}_C \exp\left(\frac{E_F - E_C}{k_B T}\right) \tag{4.67}$$

folgt die Temperaturabhängigkeit der Fermienergie im Bereich der Störstellenerschöpfung mit $n \approx N_D$ zu

$$E_F(T) \approx E_C - k_B T \ln\left(\frac{\mathcal{N}_C}{N_D}\right) \tag{4.68}$$

$$= E_C - \frac{3}{2} k_B T \ln\left[\left(\frac{2}{N_D}\right)^{\frac{2}{3}} \frac{m_{zn} k_B T}{2\pi\hbar^2}\right]. \tag{4.69}$$

Die Fermienergie eines dotierten Halbleiters zeigt also im Bereich der Störstellenerschöpfung eine Temperaturabhängigkeit, die im wesentlichen durch den linearen Term vor der sich nur langsam ändernden Logarithmusfunktion bestimmt wird.

Bei sehr hoher Temperatur erreichen die thermisch aus dem Valenzband ins Leitungsband angeregten Elektronen eine so hohe Konzentration, daß die Eigenleitung des Halbleiters zu dominieren beginnt. Hinsichtlich des Verhaltens eines nichtentarteten n-Typ-Halbleiters sind also drei verschiedene Temperaturbereiche zu unterscheiden, wie dies in Abb. 4.6 schematisch dargestellt ist.

Die Temperaturabhängigkeit der Fermienergie eines nichtentarteten p-Typ-Halbleiters besitzt einen völlig analogen Verlauf. Ausgehend von $E_F(T = 0) = (E_V + E_A)/2$ durchläuft diese zunächst ein Minimum; sie nähert sich im Bereich der Störstellenerschöpfung der Bandlückenmitte, und folgt bei hoher Temperatur schließlich dem eigenleitenden Verhalten des Halbleiters.

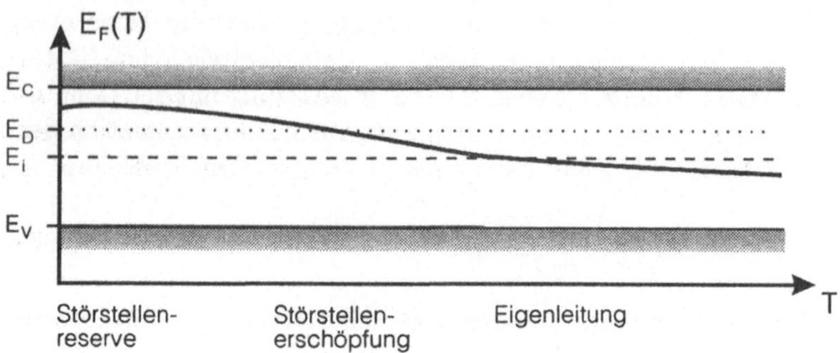

Abb. 4.6. Fermienergie eines n-Typ-Halbleiters mit $m_{zp} < m_{zn}$ in Abhängigkeit von der Temperatur.

Lösung von Aufgabe 4.3.2

a) Der Grenzfall zur Entartung eines n-Typ-Halbleiters wird durch die Bedingung $E_F = E_C$ gegeben, entsprechend einem Parameter $\alpha = (E_F - E_C)/k_B T = 0$. Mit $\mathcal{F}_{1/2}(0) \approx 0.765$ (vgl. Tabelle 4.1) berechnet sich die kritische Elektronenkonzentration

$$n_k = \mathcal{N}_C \cdot \mathcal{F}_{1/2}(0) \tag{4.70}$$

für ZnO mit $m_{zn} = 0.27 \, m_e$ und $T = 300$ K zu $n_k = 2.69 \cdot 10^{18}$ cm^{-3}. Eine ZnO-Probe mit $n = 10^{20}$ cm^{-3} ist demnach bei Raumtemperatur stark entartet.

Ob und in welchem Temperaturbereich das Ladungsträgergas eines Halbleiters entartet ist, hängt von der effektiven Masse der Ladungsträger und von der Temperaturabhängigkeit der Ladungsträgerkonzentration ab. Falls eine Entartung des Ladungsträgergases auftritt, beschränkt sich diese auf ein Temperaturintervall im mittleren Temperaturbereich. Bei abnehmender Temperatur sinkt die freie Ladungsträgerkonzentration n eines Halbleiters schneller ab als die kritische Konzentration n_k, wodurch die Entartung unterhalb einer bestimmten Temperatur aufgehoben wird. Mit zunehmender Temperatur verschwindet die Entartung ebenfalls, da die von den Störstellen verursachte freie Ladungsträgerkonzentration sättigt (Bereich der Störstellenerschöpfung), während die kritische Konzentration n_k weiterhin ansteigt. Zwar tritt bei hoher Temperatur eine merkliche Zunahme der intrinsischen Ladungsträgerkonzentration n_i auf, doch wird die kritische Entartungskonzentration hierdurch normalerweise nicht erreicht, bevor eine Phasenumwandlung des Halbleiters stattfindet.

b) Die Fermienergie eines entarteten n-Typ-Halbleiters, dessen Flächen konstanter Elektronenenergie im Leitungsband Kugelflächen um den Wert $k = 0$ darstellen, läßt sich mittels

$$E_F = E_C + \frac{\hbar^2}{2m_n}\, k_F^2 \qquad \text{und} \qquad k_F = (3\pi^2 n)^{\frac{1}{3}} \qquad (4.71)$$

aus dessen Ladungsträgerkonzentration n berechnen. Für die betrachtete ZnO-Probe ergibt sich die Fermienergie der Elektronen zu $E_F = E_C + 4.66 \cdot 10^{-20}$ J; die Fermikante der Elektronen befindet sich also 0.29 eV oberhalb der Leitungsbandunterkante des Halbleiters.

c) Die in Teilaufgabe b) berechnete Fermienergie der ZnO-Probe liefert für den Parameter $\alpha = (E_F - E_C)/k_B T$ bei Raumtemperatur einen Wert von $\alpha \approx 11.25$. Die dazugehörigen Funktionswerte $\mathcal{F}_{1/2}(\alpha)$ und $\mathcal{F}_{3/2}(\alpha)$ lassen sich durch lineare Interpolation der in Tabelle 4.1 angegebenen Werte ermitteln. Alternativ dazu lassen sich Funktionswerte der Fermi-Integrale für $\alpha \gg 1$, also für Metalle und stark entartete Halbleiter, auch unter Verwendung entsprechender Potenzreihenentwicklungen berechnen. Reihenentwicklungen der hier benötigten Fermi-Integrale lauten

$$\mathcal{F}_{1/2}(\alpha \gg 1) = \frac{4}{3\sqrt{\pi}}\, \alpha^{\frac{3}{2}} \left[1 + \frac{1}{8}\left(\frac{\pi}{\alpha}\right)^2 + \frac{7}{640}\left(\frac{\pi}{\alpha}\right)^4 + \ldots\right] \qquad (4.72)$$

und

$$\mathcal{F}_{3/2}(\alpha \gg 1) = \frac{8}{15\sqrt{\pi}}\, \alpha^{\frac{5}{2}} \left[1 + \frac{5}{8}\left(\frac{\pi}{\alpha}\right)^2 - \frac{7}{384}\left(\frac{\pi}{\alpha}\right)^4 \pm \ldots\right], \qquad (4.73)$$

womit sich die gesuchten Funktionswerte zu $\mathcal{F}_{1/2}(\alpha) \approx 28.7$ bzw. $\mathcal{F}_{3/2}(\alpha) \approx 134$ ergeben. Unter Verwendung dieser Werte liefert (4.10) für die molare Wärmekapazität der Elektronen in der betrachteten ZnO-Probe bei Raumtemperatur den Wert $C_{V,\mathrm{mol}}^{(\mathrm{el})}(300\ \mathrm{K}) = 0.65\ R$.

Gemäß der Neumann-Koppschen Regel setzt sich die molare Wärmekapazität des Kristallgitters bei einer chemischen Verbindung additiv aus den Beiträgen der einzelnen Elemente zusammen. Unter zusätzlicher Berücksichtigung des Dulong-Petitschen Gesetzes ergibt sich damit für die molare Wärmekapazität des Kristallgitters von ZnO der Wert $C_{V,\mathrm{mol}}^{(\mathrm{G})}(300\ \mathrm{K}) \approx 2 \cdot 3\ R = 6\ R$.

Die Ionenpaardichte n_{ion} in ZnO folgt aus der Massendichte $\rho = 5.61\ \mathrm{g/cm}^3$ und der molaren Masse $m_{\mathrm{mol}} = 81.38\ \mathrm{g/mol}$ der Verbindung zu $n_{\mathrm{ion}} = N_{\mathrm{A}} \cdot (\rho/m_{\mathrm{mol}}) = 4.15 \cdot 10^{22}\ \mathrm{cm}^{-3}$. Das Verhältnis der Wärmekapazitätsbeiträge bei gleichem Volumen, willkürlich wird hier $V = 1\ \mathrm{cm}^3$ gewählt, ergibt sich damit zu

$$\frac{C_V^{(\mathrm{el})}(300\ \mathrm{K})}{C_V^{(\mathrm{G})}(300\ \mathrm{K})} \approx \frac{0.65\ R}{6\ R} \cdot \frac{10^{20}}{4.15 \cdot 10^{22}} \approx 2.4 \cdot 10^{-4}\,.$$

Bei Raumtemperatur ist also der elektronische Beitrag zur Wärmekapazität der Probe gegenüber dem Beitrag des Kristallgitters vernachlässigbar.

Lösung von Aufgabe 4.3.3

a) Unter Verwendung der aus (4.20) und (4.18) folgenden Beziehungen $p = n_{\mathrm{i}}x$ und $n = n_{\mathrm{i}}/x$ läßt sich die elektrische Leitfähigkeit (4.19) eines Halbleiters in Abhängigkeit von der Variable $x = p/n_{\mathrm{i}}$ darstellen als

$$\sigma = en_{\mathrm{i}}\left(\frac{\mu_n}{x} + \mu_p x\right), \tag{4.74}$$

was mit dem Verhältnis der Beweglichkeiten von Elektronen und Löchern $b = \mu_n/\mu_p$ übergeht in

$$\sigma = en_{\mathrm{i}}\mu_p\left(\frac{b}{x} + x\right). \tag{4.75}$$

In den Grenzfällen $x \ll b$ bzw. $x \gg b$ wird der Verlauf der Funktion (4.75) durch die Proportionalitäten $\sigma \propto b/x$ bzw. $\sigma \propto x$ beschrieben. Die Funktion (4.75) durchläuft in Abhängigkeit von x ein Minimum, dessen Abszisse sich aus der für ein Extremum notwendingen Bedingung $d\sigma/dx = 0$ ergibt zu

$$x_{\min} = \sqrt{b}\,. \tag{4.76}$$

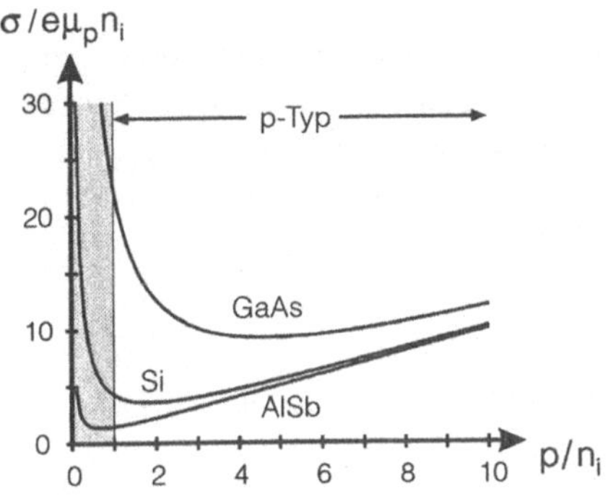

Abb. 4.7. Leitfähigkeit nichtentarteter Halbleiter in Abhängigkeit von der Größe $x = p/n_i$.

Abbildung 4.7 zeigt die elektrische Leitfähigkeit σ der Halbleiter Si ($b = 3.33$), GaAs ($b = 21.25$) und AlSb ($b = 0.48$) in Abhängigkeit von der Variable $x = p/n_i$. Für die meisten Halbleiter gilt, daß die Beweglichkeit der Elektronen größer ist als die der Löcher, entsprechend einem Quotienten $b = \mu_n/\mu_p > 1$. Minimale elektrische Leitfähigkeit stellt sich in diesen Fällen für p-leitendes Material ein.

b) Mit $p = n_i x$ und $n = n_i/x$ sowie dem Quotienten der Ladungsträgerbeweglichkeiten $b = \mu_n/\mu_p$ läßt sich der Hall-Koeffizient (4.21) eines nichtentarteten Halbleiters darstellen als

$$R_{\mathrm{H}} = \frac{r_{\mathrm{H}}}{en_i} \frac{\mu_p^2 x - \dfrac{\mu_n^2}{x}}{\left(\mu_p x + \dfrac{\mu_n}{x}\right)^2} \tag{4.77}$$

bzw.

$$
R_{\mathrm{H}} = \frac{r_{\mathrm{H}}}{en_{\mathrm{i}}} \frac{x - \dfrac{b^2}{x}}{\left(x + \dfrac{b}{x}\right)^2} \, .
\tag{4.78}
$$

In den Grenzfällen $x \ll b$ bzw. $x \gg b$ wird der Verlauf der Funktion (4.78) durch die Proportionalitäten $R_{\mathrm{H}} \propto -x$ bzw. $R_{\mathrm{H}} \propto 1/x$ beschrieben.

Gemäß (4.78) verschwindet der Hall-Koeffizient eines nichtentarteten Halbleiters bei $x_0 = b$. Die für Extrema der Funktion (4.78) notwendige Bedingung $\mathrm{d}R_{\mathrm{H}}/\mathrm{d}x = 0$ lautet

$$
\left(1 + \frac{b^2}{x^2}\right)\left(x + \frac{b}{x}\right) - 2\left(x - \frac{b^2}{x}\right)\left(1 - \frac{b}{x^2}\right) = 0 \, .
\tag{4.79}
$$

Dieser Ausdruck läßt sich in eine Gleichung vierten Grades in x umformen, welche durch die Substitution $x^2 = u$ übergeht in die quadratische Gleichung

$$
u^2 - 3b(b + 1)\,u + b^3 = 0 \, .
\tag{4.80}
$$

Die Nullstellen von (4.80) lassen sich mit Hilfe gängiger Lösungsformeln ermitteln und liefern die Extrema der Funktion (4.78).

In Abb. 4.8 ist der Verlauf des Hall-Koeffizienten (4.78) der Halbleiter Si, GaAs und AlSb in Abhängigkeit von $x = p/n_{\mathrm{i}}$ dargestellt; die Abszissen des Minimums $x_{\min}$, der Nullstelle x_0 und des Maximums $x_{\max}$ der entsprechenden Funktionen sind in Tabelle 4.6 zusammengestellt.

c) Zunächst soll der typische Fall $\mu_n > \mu_p$ bzw. $b > 1$ betrachtet werden, der unter anderem bei den Halbleitern Ge, Si und GaAs vorliegt. Wie Abb. 4.8 entnommen werden kann, läßt ein positives Vorzeichen des Hall-Koeffizienten in diesem Fall mit Sicherheit auf einen p-Typ-Halbleiter schließen. Einem negativen Hall-Koeffizienten kann das Vorzeichen der Majoritätsladungsträger dagegen nicht eindeutig entnommen werden; in diesem Fall

Tabelle 4.6. Verhältnis der Ladungsträgerbeweglichkeiten $b = \mu_n/\mu_p$ und Abszissen des Minimums x_{min} bzw. des Maximums x_{max} des Hall-Koeffizienten von Halbleitern bei Raumtemperatur.

Halbleiter	b	x_{min}	x_{max}
Si	3.33	0.93	6.52
GaAs	21.25	2.61	37.57
AlSb	0.48	0.23	1.43

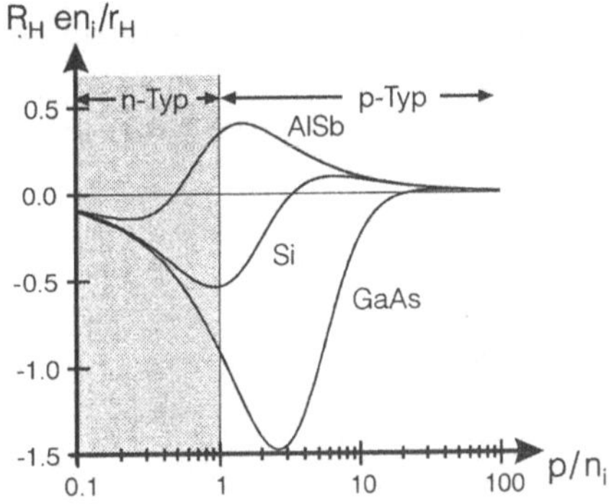

Abb. 4.8. Hall-Koeffizient nichtentarteter Halbleiter in Abhängigkeit von der Größe $x = p/n_i$. Die Abszisse besitzt eine logarithmische Skala.

kann sowohl ein n-Typ-Halbleiter vorliegen als auch ein p-Typ-Halbleiter mit $1 \leqslant x < b$, wobei $x = p/n_i$.

Der Fall $\mu_n < \mu_p$ bzw. $b < 1$ tritt in der Praxis nur selten auf, beispielsweise bei den Halbleitern AlSb und PbS. Ein negatives Vorzeichen des Hall-Koeffizienten weist in diesem Fall mit Sicherheit auf eine n-leitende Probe hin, während positive Hall-Koeffizienten nicht nur bei p-leitenden Proben auftreten, sondern auch bei n-leitenden Proben mit $b < x \leqslant 1$.

Das Vorzeichen des Hall-Koeffizienten liefert also erst dann eine zuverlässige Aussage über die Majoritätsladungsträger eines Halbleiters, wenn deren Konzentration deutlich über der intrinsischen Ladungsträgerkonzentration des Halbleiters liegt.

d) Elektronen und Löcher werden im Magnetfeld stets in dieselbe Richtung abgelenkt, da nicht nur die Ladung, sondern auch die mittlere Geschwindigkeitskomponente in Richtung des Primärfeldes für Elektronen und Löcher entgegengesetztes Vorzeichen besitzt. Der Ladungstransport in Richtung der Lorentzkraft wird durch das resultierende Hall-Feld unterbunden, welches die Geschwindigkeitskomponenten beider Ladungsträgertypen senkrecht zum Primärfeld so einstellt, daß sich die Ströme von Elektronen und Löchern gegenseitig kompensieren. Gemeinsam gelangen dann Elektronen und Löcher an die Halbleiteroberfläche, wo sie rekombinieren, während auf der gegenüberliegenden Oberfläche des Halbleiters neue Elektron-Loch-Paare erzeugt werden, welche die Ladungsträgerkonzentration im Halbleiter aufrechterhalten. Ist der Hall-Koeffizient $R_\mathrm{H} = 0$, so wird von den durch die Lorentz-Kraft abgelenkten Ladungsträgern keine Ladung senkrecht zum Primärfeld transportiert.

Lösungen zu Abschnitt 4.4

Lösung von Aufgabe 4.4.1

a) Im folgenden sollen die verschiedenen Größen der beiden am Übergang beteiligten Halbleiter durch die Indizes $i = 1$ für GaAs bzw. $i = 2$ für ZnSe unterschieden werden.

Wird der Abstand der Fermienergie von der Leitungsbandunterkante eines n-Typ-Halbleiters i als $\delta_{ni} = E_{\mathrm{C}i} - E_{\mathrm{F}i}$ bezeichnet, so resultiert nach Abb. 4.2 eine Austrittsarbeit ϕ_{ni} von

$$\phi_{ni} = \chi_i + \delta_{ni} \,. \tag{4.81}$$

Für einen p-Typ-Halbleiter i, dessen Abstand der Fermienergie von der Valenzbandoberkante als $\delta_{pi} = E_{\mathrm{F}i} - E_{\mathrm{V}i}$ bezeichnet wird, gilt analog

$$\phi_{pi} = \chi_i + E_{\mathrm{g}i} - \delta_{pi} \,. \tag{4.82}$$

Mit $\delta_{ni} = \delta_{pi} = 0.4$ eV ergeben sich für die n- bzw. p-leitenden Halbleiter die in Tabelle 4.7 angegebenen Austrittsarbeiten.

Tabelle 4.7. Bandlücke E_{gi}, Elektronenaffinität χ_i und Austrittsarbeiten ϕ_{ni} bzw. ϕ_{pi} für n- bzw. p-Typ-Material mit $\delta_{ni} = \delta_{pi} = 0.4\,\mathrm{eV}$.

Halbleiter	i	$\dfrac{E_{gi}}{\mathrm{eV}}$	$\dfrac{\chi_i}{\mathrm{eV}}$	$\dfrac{\delta_{ni}}{\mathrm{eV}}$	$\dfrac{\phi_{ni}}{\mathrm{eV}}$	$\dfrac{\delta_{pi}}{\mathrm{eV}}$	$\dfrac{\phi_{pi}}{\mathrm{eV}}$
GaAs	1	1.42	4.07	0.4	4.47	0.4	5.09
ZnSe	2	2.67	4.09	0.4	4.49	0.4	6.36

Nach dem Anderson-Modell konstruierte Bandschemata für die Übergänge n-GaAs/n-ZnSe, p-GaAs/p-ZnSe, p-GaAs/n-ZnSe und n-GaAs/p-ZnSe sind in Abb. 4.9 dargestellt. Die entsprechenden Diffusionsspannungen V_D berechnen sich nach (4.24) zu

$$(\phi_{n2} - \phi_{n1})/e = +0.02\ \mathrm{V} \quad \text{für n-GaAs/n-ZnSe,}$$
$$(\phi_{p2} - \phi_{p1})/e = +1.27\ \mathrm{V} \quad \text{für p-GaAs/p-ZnSe,}$$
$$(\phi_{n2} - \phi_{p1})/e = -0.60\ \mathrm{V} \quad \text{für p-GaAs/n-ZnSe und}$$
$$(\phi_{p2} - \phi_{n1})/e = +1.89\ \mathrm{V} \quad \text{für n-GaAs/p-ZnSe.}$$

Aufgrund der annähernd übereinstimmenden Elektronenaffinitäten von GaAs und ZnSe ergibt sich für das Leitungsband am Übergang eine vernachlässigbar geringe Banddiskontinuität $\Delta E_\mathrm{C} = -0.02\,\mathrm{eV}$. Die Banddiskontinuität des Valenzbandes am Halbleiterübergang besitzt nach (4.23) den Wert $\Delta E_\mathrm{V} = 1.27\,\mathrm{eV}$.

b) Die in Abb. 4.9 dargestellten Bandschemata ohne Vorspannung können zur Abschätzung des Stromtransportes bei einem Diodenbetrieb in Durchlaßrichtung herangezogen werden.

Die isotypen Kombinationen n-GaAs/n-ZnSe und p-GaAs/p-ZnSe lassen nur geringe Lumineszenz erwarten, da zu beiden Seiten des Heteroübergangs Majoritätsladungsträger derselben Sorte vorliegen. Für eine Elektron-Loch-Rekombination notwendige Partner sind deshalb nur als Minoritätsladungsträger in geringer Konzentration vorhanden, was die Wahrscheinlichkeit für strahlende Rekombination limitiert.

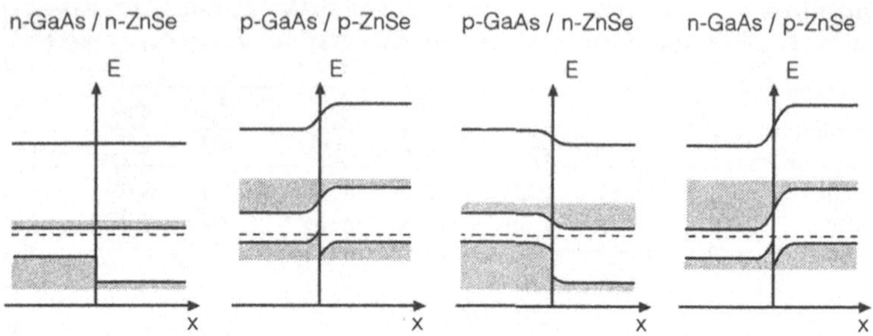

Abb. 4.9. Bandschemata von GaAs/ZnSe-Heteroübergängen.

In p-GaAs/n-ZnSe-Dioden dominiert in Vorwärtsrichtung der Elektronenstrom, da die Löcher an der Grenzfläche einer relativ großen Potentialbarriere gegenüberstehen. Aus diesem Grund findet eine Rekombination von Ladungsträgern bevorzugt in GaAs statt, was die Lumineszenz von GaAs im Infrarotbereich fördert.

Als günstigste Kombination für eine blaue LED erweist sich der Übergang n-GaAs/p-ZnSe. Wie Abb. 4.10 zeigt, dominiert bei positiver Vorspannung der Diode in ZnSe der Löcherstrom in Richtung der Grenzfläche. Zugleich gelangen Elektronen aus GaAs ins ZnSe und ermöglichen in diesem Halbleiter die blaue Lumineszenz.

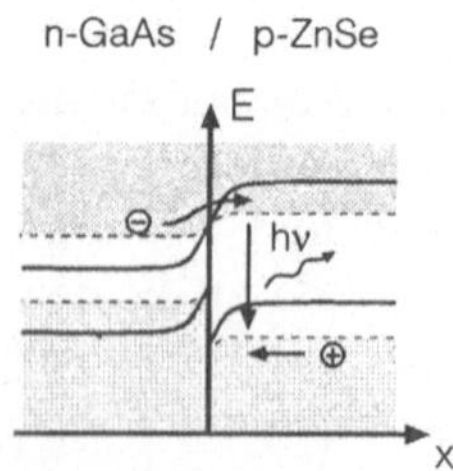

Abb. 4.10. Bandschema einer n-GaAs/ p-ZnSe-Heterodiode ohne Vorspannung (durchgezogene Linien) und mit positiver Vorspannung (gestrichelte Linien).

5. Dielektrika

5.1 Dielektrika im elektrischen Feld

5.1.1 Entelektrisierungsfaktor

Bringt man einen dielektrischen Körper mit der Form eines Ellipsoids in ein elektrisches Feld $\boldsymbol{E}$, so wird die Probe homogen polarisiert. Aufgrund der Polarisation $\boldsymbol{P}$ entsteht in der Probe ein dem externen Feld entgegenwirkendes homogenes "Entelektrisierungsfeld"

$$\boldsymbol{E}_N = -N\boldsymbol{P}/\epsilon_0 . \tag{5.1}$$

Die Größe N wird als "Entelektrisierungsfaktor" der Probe bezeichnet, und stellt im allgemeinen Fall einen Tensor 2. Stufe dar. Zwischen den Hauptkomponenten dieses Tensors existiert dabei die Beziehung

$$N_{xx} + N_{yy} + N_{zz} = 1 . \tag{5.2}$$

Körper mit der Geometrie eines langen Stabes, einer Kugel oder einer flachen Scheibe können als Sonderfälle eines Ellipsoids angesehen werden. Welche Werte müssen die Komponenten N_{xx}, N_{yy} und N_{zz} des Entelektrisierungsfaktors bei den drei genannten Geometrien aufweisen?

5.1.2 Makroskopisches elektrisches Feld

Wirkt ein elektrisches Feld E_{ext} auf einen ellipsoidförmigen dielektrischen Körper ein, so wird dieser homogen polarisiert, und im Innern der Probe resultiert ein "makroskopisches elektrisches Feld" der Stärke

$$E = E_{\text{ext}} + E_N \,, \tag{5.3}$$

mit einem "Entelektrisierungsfeld" der Größe

$$E_N = -N P / \epsilon_0 \,. \tag{5.4}$$

N ist der Entelektrisierungsfaktor des Körpers, und P die in der Probe vorliegende Polarisation.

a) Leiten Sie für den Fall einer linearen Beziehung zwischen Polarisation und makroskopischem elektrischem Feld

$$P = \chi \epsilon_0 E \tag{5.5}$$

einen Ausdruck für das in der Probe herrschende makroskopische elektrische Feld E in Abhängigkeit von der Stärke des extern angelegten elektrischen Feldes E_{ext} her. Die Proportionalitätskonstante χ wird als "elektrische Suszeptibilität" bezeichnet.

b) Welcher Zusammenhang besteht in diesem Fall zwischen der elektrischen Verschiebungsdichte D und dem extern angelegten Feld E_{ext}?

c) Berechnen Sie das Verhältnis E/E_{ext} für einen Körper aus Polyäthylen ($\epsilon = 2.3$), wenn dieser die Form eines langen Stabes, einer Kugel oder einer dünnen Scheibe besitzt. Das extern angelegte elektrische Feld soll dabei in Richtung des Stabes bzw. senkrecht zur Oberfläche der Scheibe orientiert sein.

5.1.3 Clausius-Mossotti-Gleichung

Natriumchlorid besitzt die Dichte $\rho = 2.17$ g/cm^3, und eine statische Dielektrizitätszahl von $\epsilon(0) = 5.9$.

a) Aus welchen Beiträgen setzt sich die statische Dielektrizitätszahl $\epsilon(0)$ bzw. die statische Polarisierbarkeit $\alpha(0)$ von NaCl zusammen?

Berechnen Sie mit Hilfe der Clausius-Mossotti-Gleichung

$$\frac{\epsilon - 1}{\epsilon + 2} = \frac{1}{3} N_V \alpha \qquad (5.6)$$

die statische Polarisierbarkeit pro Formeleinheit NaCl. Die Größe $N_V = N/V$ gibt dabei die Moleküldichte in der Substanz an, d.h. die Zahl der Formeleinheiten pro Volumen.

b) Im sichtbaren Frequenzbereich des Lichts besitzt NaCl den Brechungsindex $n = 1.54$. Berechnen Sie die elektronische Polarisierbarkeit $\alpha_{el}(\omega)$ von Natriumchlorid in diesem Frequenzbereich.

c) Welches Dipolmoment p wird in ein NaCl-Ionenpaar induziert, wenn sich der Natriumchlorid-Kristall in einem statischen elektrischen Feld der Stärke $E_{ext} = 10^6$ V/m befindet? Um welchen Abstand d verschieben sich die Ladungsschwerpunkte von Anionen und Kationen dabei gegeneinander?

Hinweis: Das elektrische Feld soll entlang der Längsachse eines stabförmigen Kristalls orientiert sein, so daß $E \approx E_{ext}$ gesetzt werden kann.

d) Im Strahlungsfeld eines gepulsten Lasers kann die elektrische Feldstärke in der Größenordnung von 10^9 V/m liegen. Berechnen Sie p und d auch für diesen Fall.

e) Weshalb ist eine Anwendung der Clausius-Mossotti-Gleichung im Fall von NaCl zulässig? Wäre eine Anwendung dieser Gleichung auf Substanzen mit Perovskitstruktur (Abb. 1.3) ebenfalls zulässig?

5.2 Optische Eigenschaften isotroper Festkörper

5.2.1 Elektromagnetische Wellen in Materie

a) Zeigen Sie mit Hilfe der Maxwellschen Gleichungen

$$\operatorname{div} \boldsymbol{B} = 0 \tag{5.7}$$

$$\operatorname{div} \boldsymbol{D} = \rho \tag{5.8}$$

$$\operatorname{rot} \boldsymbol{H} = \dot{\boldsymbol{D}} + \boldsymbol{j} \tag{5.9}$$

$$\operatorname{rot} \boldsymbol{E} = -\dot{\boldsymbol{B}} , \tag{5.10}$$

daß die Ausbreitung elektromagnetischer Wellen in einem elektrisch nichtleitenden Medium ($\sigma = 0$) mit normaler elektrischer sowie magnetischer Polarisierbarkeit durch die Wellengleichung

$$\Delta \boldsymbol{E} - \left(\frac{n}{c}\right)^2 \ddot{\boldsymbol{E}} = 0 \tag{5.11}$$

beschrieben wird, wobei $c = 1/\sqrt{\epsilon_0 \mu_0}$ die Ausbreitungsgeschwindigkeit der Wellen im Vakuum darstellt, und die Größe $n = \sqrt{\epsilon \mu}$ als Brechungsindex des Mediums bezeichnet wird.

b) Zeigen Sie, daß ebene elektromagnetische Wellen, deren elektrische Komponente sich in komplexer Schreibweise als

$$\boldsymbol{E}(\boldsymbol{r}, t) = \boldsymbol{E}_0 \exp[\mathrm{i}(\boldsymbol{k}\boldsymbol{r} - \omega t)] \tag{5.12}$$

darstellen läßt, Lösungen dieser Wellengleichung bilden. Die Richtung des Wellenvektors $\boldsymbol{k}$ gibt dabei die Ausbreitungsrichtung der ebenen Welle wieder. Welche Beziehung besteht zwischen dem Betrag k des Wellenvektors und der Kreisfrequenz ω der Welle?

c) Verwenden Sie die komplexe Darstellung (5.12) für ebene elektromagnetische Wellen, und zeigen Sie mit Hilfe der Maxwellschen Gleichungen, daß sich der Brechungsindex eines elektrischen Leiters ($\sigma \neq 0$) als komplexe Größe $\tilde{n} = \sqrt{\tilde{\epsilon}\mu}$ ergibt, wobei

$$\tilde{\epsilon} = \epsilon + \mathrm{i}\,\frac{\sigma}{\epsilon_0 \omega} \qquad\qquad (5.13)$$

als komplexe Dielektrizitätszahl des elektrischen Leiters aufzufassen ist.

d) Der dynamische Wert der elektrischen Leitfähigkeit lautet

$$\sigma = \frac{\sigma_0}{1 - \mathrm{i}\omega\tau}\,. \qquad\qquad (5.14)$$

Dabei stellt $\sigma_0 = n_e e^2 \tau/m$ die für Gleichstromfelder gültige statische elektrische Leitfähigkeit eines Metalles mit der Ladungsträgerdichte n_e dar, während die Größe τ die Bedeutung einer mittleren Stoßzeit zwischen den Elektronen besitzt.

Berechnen Sie mit Hilfe von (5.13) und (5.14) den komplexen Brechungsindex $\tilde{n} = n + \mathrm{i}\kappa$ eines elektrischen Leiters in den Grenzfällen $\omega\tau \ll 1$ und $\omega\tau \gg 1$. Unterscheiden Sie im letztgenannten Fall zusätzlich die Bereiche $\tau^{-1} \ll \omega \ll \omega_P$ und $\omega \gg \omega_P$, wobei $\omega_P = \sqrt{\sigma_0/\epsilon\epsilon_0\tau}$ die Plasmafrequenz des Leiters darstellt. Diskutieren Sie jeweils das Verhalten von n und κ in Abhängigkeit von der Kreisfrequenz ω.

5.2.2 Reflexionsvermögen bei senkrechter Inzidenz

Als "Reflexionsvermögen" R einer Substanz bezeichnet man das Verhältnis von reflektierter zu einfallender Intensität einer elektromagnetischen Welle, welche auf dieses Medium trifft. Da die Intensität elektromagnetischer Wellen proportional zum Quadrat der elektrischen Feldstärke ist, gilt

$$R = \left|\frac{I_{\mathrm{ref}}}{I_{\mathrm{ein}}}\right| = \left|\frac{E_{\mathrm{ref}}}{E_{\mathrm{ein}}}\right|^2\,. \qquad\qquad (5.15)$$

Betrachten Sie eine sich in z-Richtung ausbreitende elektromagnetische Welle, welche bei $z = 0$ auf die Oberfläche eines Mediums mit dem komplexen Brechungsindex $\tilde{n} = n + \mathrm{i}\kappa$ trifft.

Bei der Größe n handelt es sich um den reellen Brechungsindex der Substanz, während der Absorptionsindex κ ein Maß für die Dämpfung elektromagnetischer Wellen im Medium darstellt. Leiten Sie unter Verwendung der Tatsache, daß die tangentiale Komponente des elektrischen Feldes an der Grenzfläche $z = 0$ zwischen Vakuum und Medium stetig übergeht und dasselbe für die Ableitung dieser Größe nach der Ortskoordinate z gilt, den Ausdruck

$$R = \frac{(n-1)^2 + \kappa^2}{(n+1)^2 + \kappa^2} \tag{5.16}$$

für das Reflexionsvermögen eines Materials her. Skizzieren Sie den Verlauf des Reflexionsvermögens in Abhängigkeit von κ für $n = 1, 2$ und 3.

5.2.3 Hagen-Rubens-Gesetz

Bei Frequenzen im langwelligen Infrarot ($\lambda \gtrsim 25$ μm) erfüllen Metalle die Bedingung $\omega\tau \ll 1$ und $1 \ll \sigma_0/\epsilon_0\omega$, so daß sich ihre komplexe Dielektrizitätszahl nach (5.13) und (5.14) als

$$\tilde{\epsilon} \approx i\,\frac{\sigma_0}{\epsilon_0\omega} \tag{5.17}$$

darstellen läßt. Dabei ist $\sigma_0 = n_e e^2 \tau / m$ die statische elektrische Leitfähigkeit eines Metalles, dessen Ladungsträgerdichte durch n_e gegeben wird. τ ist die Relaxationszeit der Elektronen, welche als mittlere freie Flugzeit eines Elektrons an der Fermifläche zwischen zwei Streuprozessen aufgefaßt werden kann.

a) Berechnen Sie den komplexen Brechungsindex $\tilde{n} = n + i\kappa$ eines Metalles, welcher sich aus (5.17) ergibt, und zeigen Sie, daß sich das Reflexionsvermögen von Metallen im langwelligen Infrarot durch das "Hagen-Rubens-Gesetz" beschreiben läßt

$$R \approx 1 - \sqrt{\frac{8\epsilon_0\omega}{\sigma_0}}. \tag{5.18}$$

b) Mit einem spezifischen Widerstand von $\rho = 1.62\ \mu\Omega\,\mathrm{cm}$ bei Raumtemperatur ist Silber der beste elektrische Leiter unter den metallischen Elementen, während Quecksilber mit $\rho = 96\ \mu\Omega\,\mathrm{cm}$ ein relativ schlechtes Leitvermögen besitzt.

Vergleichen Sie das Reflexionsvermögen der beiden Metalle für eine Wellenlänge von $\lambda = 50\ \mu\mathrm{m}$, und überprüfen Sie, ob die Annahmen $\omega\tau \ll 1$ sowie $1 \ll \sigma_0/\epsilon_0\omega$, unter denen das Hagen-Rubens-Gesetz hergeleitet wurde, jeweils in ausreichendem Maße erfüllt werden. Die entsprechenden Ladungsträgerdichten betragen $n_{\mathrm{Ag}} = 5.86 \cdot 10^{22}\ \mathrm{cm}^{-3}$ und $n_{\mathrm{Hg}} = 8.14 \cdot 10^{22}\ \mathrm{cm}^{-3}$.

5.3 Plasmaschwingungen

5.3.1 Einfaches Modell für Plasmaschwingungen

Gehen Sie von einem einfachen Metallmodell aus, bei dem sich ein bewegliches Elektronengas der Ladungsträgerdichte n_{e} in einem ortsfesten Hintergrund positiv geladener Ionenrümpfe befindet.

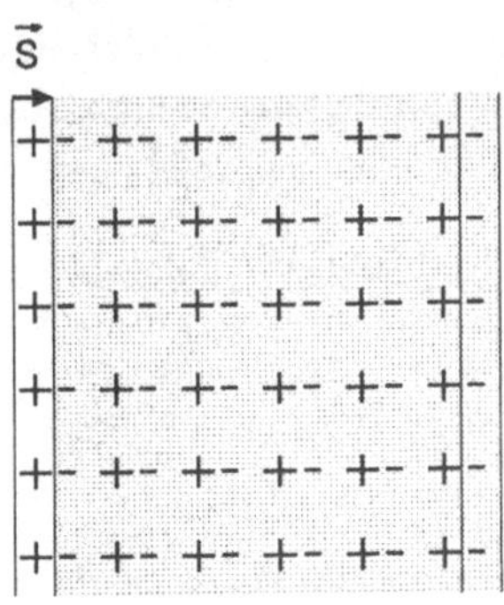

Abb. 5.1. Einfaches Modell zur Herleitung der Plasmafrequenz von Metallen.

Betrachten Sie den in Abb. 5.1 dargestellten Fall, daß das Elektronengas gegenüber dem Metallgitter um eine Strecke s verschoben ist. Dies entspricht einer longitudinalen Schwingung des Elektronengases mit der Wellenlänge $\lambda = \infty$, d.h. der Wellenzahl $k = 2\pi/\lambda = 0$. Aus der rücktreibenden Kraft, welche die

Verschiebung des Elektronengases aus der Gleichgewichtslage bewirkt, und der Newtonschen Bewegungsgleichung $\boldsymbol{F} = m\ddot{s}$, läßt sich die Eigenfrequenz ω_P von Volumen-Plasmaschwingungen in Metallen herleiten. Welcher Wert ergibt sich für diese Plasmafrequenz? Die gebundenen Elektronen der Ionenrümpfe sollen dabei als nicht polarisierbar angesehen werden, so daß $\epsilon = 1$ gesetzt werden kann.

5.3.2 Energieverlustfunktion

a) Zeigen Sie mit Hilfe von (5.13) und (5.14), daß sich Real- und Imaginärteil der komplexen Dielektrizitätszahl $\tilde{\epsilon} = \epsilon_1 + i\epsilon_2$ im hochfrequenten Grenzfall $\omega\tau \gg 1$ zu

$$\epsilon_1 = 1 - \frac{\omega_P^2}{\omega^2} \qquad \text{und} \qquad \epsilon_2 = \frac{\omega_P^2}{\omega^3\tau} \tag{5.19}$$

ergeben, mit der Plasmafrequenz $\omega_P = \sqrt{n_e e^2 / m\epsilon_0}$.

Gehen Sie dabei von der Annahme aus, daß die an die Ionenrümpfe gebundenen Elektronen in diesem Frequenzbereich keine nennenswerte Polarisierbarkeit mehr aufweisen. Interpretieren Sie die Bedeutung der Größen ϵ_1 und ϵ_2 in Hinblick auf die Untersuchung von Plasmaoszillationen, und skizzieren Sie die Frequenzabhängigkeit von ϵ_1 und ϵ_2.

b) Ist die Frequenzabhängigkeit der komplexen Dielektrizitätszahl $\tilde{\epsilon}$ bekannt, so läßt sich die Lage der Plasmafrequenz von Metallen mit Hilfe der "Energieverlustfunktion" $-\text{Im}(1/\tilde{\epsilon})$ ausfindig machen. Begründen Sie diesen Sachverhalt.

c) Zur Bestimmung der optischen Konstanten n und κ in Abhängigkeit von der Frequenz stehen verschiedene Methoden zur Verfügung, beispielsweise die Auswertung von Reflexionsmessungen mit Hilfe der Kramers-Kronig-Relation. Weshalb läßt sich damit auch die Energieverlustfunktion einer Substanz bestimmen?

5.3.3 Plasmafrequenz verschiedener Metalle

Berechnen Sie für die Metalle Aluminium, Silber, Kupfer und Zink jeweils die Eigenfrequenz ω_P von Plasmaschwingungen, die dazugehörige Plasmonenenergie $\hbar\omega_P$ (in eV), sowie die Vakuumwellenlänge λ_P von Licht der Frequenz ω_P. Gehen Sie dabei von dem Modell freier Leitungselektronen aus, d.h. der Einfluß gebundener Elektronen auf die Plasmaschwingung soll vernachlässigt werden.

Die Teilchendichte n_G der Gitteratome kann Tabelle 5.1 entnommen werden, ebenso die optische effektive Masse m_a (average optical mass) der an der Schwingung beteiligten Ladungsträger. Vergleichen Sie Ihre Ergebnisse mit den ebenfalls in der Tabelle aufgeführten experimentellen Meßwerten für die Plasmonenenergie. Bei welchen Metallen scheint eine erhebliche Beeinflussung der Plasmaschwingung durch gebundene Elektronen vorzuliegen?

Tabelle 5.1. Dichte n_G der Gitteratome, optische effektive Masse m_a der Ladungsträger, sowie experimentell bestimmte Anregungsenergie $\hbar\omega_P^{(\text{exp})}$ von Plasmaschwingungen verschiedener Metalle [5.1-3].

Metall	$\dfrac{n_G}{10^{22}\,\mathrm{cm}^{-3}}$	$\dfrac{m_a}{m_e}$	$\dfrac{\hbar\omega_P^{(\text{exp})}}{\mathrm{eV}}$
Ag	5.86	1.03	3.9
Al	6.02	1.50	15.2
Cu	8.46	1.42	7.5
Zn	6.57	2.04	10.1

Lösungen zu Abschnitt 5.1

Lösung von Aufgabe 5.1.1

Kugel: Aus Symmetriegründen müssen die drei Hauptkomponenten des Entelektrisierungstensors einer homogenen, kugelförmigen Probe einen übereinstimmenden Wert besitzen. Aus (5.2) folgt damit $N_{xx} = N_{yy} = N_{zz} = 1/3$.

Langer Stab: Wenn der Stab als unendlich lang angenommen wird, tritt in dessen Längsrichtung keine Entelektrisierung auf: $N_{zz} = 0$. Aufgrund der Zylindersymmetrie des Objektes und wegen (5.2) müssen die beiden verbleibenden Komponenten somit den Wert $N_{xx} = N_{yy} = 1/2$ besitzen.

Dünne Scheibe: Eine in der xy-Ebene unendlich ausgedehnte Scheibe erlaubt keine Entelektrisierung innerhalb der Ebene, weshalb $N_{xx} = N_{yy} = 0$ sein muß. Nach (5.2) folgt die dritte Hauptkomponente zu $N_{zz} = 1$.

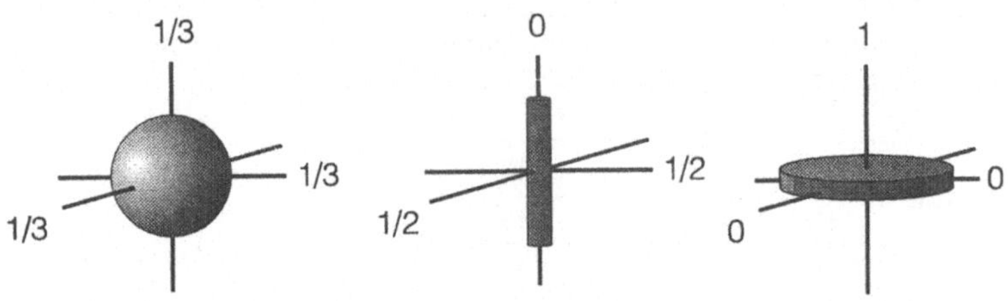

Abb. 5.2. Hauptkomponenten des Entelektrisierungstensors einer Kugel, eines langen Stabes sowie einer flachen Scheibe.

Reale Proben besitzen immer endliche Dimensionen, weshalb die in den letzten beiden Fällen ermittelten Werte nur als Grenzfälle aufgefaßt werden dürfen. Analytische Ausdrücke zur Berechnung des Entelektrisierungsfaktors eines beliebigen Rotationsellipsoids können [6.3,4] entnommen werden.

Lösung von Aufgabe 5.1.2

a) Im Fall einer linearen Abhängigkeit $P = \chi \epsilon_0 E$ der elektrischen Polarisation vom makroskopischen elektrischen Feld gilt

$$E = E_{\text{ext}} + E_N \tag{5.20}$$

$$= E_{\text{ext}} - N P / \epsilon_0 \tag{5.21}$$

$$= E_{\text{ext}} - N \chi E . \tag{5.22}$$

Auflösen von (5.22) nach E liefert

$$E = \frac{1}{1 + N\chi}\, E_{\text{ext}} , \tag{5.23}$$

wonach das makroskopische elektrische Feld E im Innern eines Dielektrikums linear von der Stärke des extern angelegten elektrischen Feldes E_{ext} abhängt. Da der Entelektrisierungsfaktor N eines Körpers im Bereich $0 \leqslant N \leqslant 1$ liegt, und die statische elektrische Suszeptibilität χ eines Dielektrikums stets einen positiven Wert besitzt, folgt daraus, daß die Stärke des elektrischen Feldes im Dielektrikum stets kleiner oder gleich der Stärke des externen Feldes ist.

b) Der allgemeine Zusammenhang zwischen der dielektrischen Verschiebungsdichte D eines Dielektrikums und dem makroskopischen elektrischen Feld E lautet

$$D = \epsilon_0 E + P . \tag{5.24}$$

Für ein Dielektrikum mit linearer Abhängigkeit der Polarisation vom makroskopischen elektrischen Feld folgt aus (5.24) und (5.5)

$$D = \epsilon_0 E + P \tag{5.25}$$

$$= \epsilon_0 E + \chi \epsilon_0 E \tag{5.26}$$

$$= (1 + \chi)\, \epsilon_0 E . \tag{5.27}$$

Die Proportionalitätskonstante in dieser linearen Beziehung zwischen D und E wird als "Dielektrizitätszahl" $\epsilon = 1 + \chi$ des Dielektrikums bezeichnet.

Die Abhängigkeit der elektrischen Verschiebungsdichte vom extern angelegten elektrischen Feld ergibt sich aus (5.27) und (5.23) zu

$$D = \frac{1+\chi}{1+N\chi}\,\epsilon_0 \boldsymbol{E}_{\text{ext}}\,. \tag{5.28}$$

c) Die elektrische Suszeptibilität von Polyäthylen in einem statischen elektrischen Feld beträgt $\chi = \epsilon - 1 = 1.3$.

Ein im Verhältnis zu seinem Durchmesser sehr langer Stab weist entlang seiner Längsachse eine vernachlässigbar geringe Entelektrisierung auf, was sich in idealisierter Form durch $N = 0$ ausdrücken läßt. Nach (5.23) folgt daraus $\boldsymbol{E} = \boldsymbol{E}_{\text{ext}}$, das elektrische Feld im Innern des stabförmigen Dielektrikums stimmt also mit dem extern angelegten Feld überein.

Bei einer senkrecht zum elektrischen Feld orientierten scheibenförmigen Probe dagegen stellt sich wegen $N = 1$ maximale Entelektrisierung ein. Das elektrische Feld im Innern des Dielektrikums wird dabei auf den Wert $\boldsymbol{E} = (1/\epsilon)\,\boldsymbol{E}_{\text{ext}}$ abgeschwächt. Für eine dünne Scheibe aus Polyäthylen entspricht dies einer Absenkung der elektrischen Feldstärke um den Faktor $E/E_{\text{ext}} = 0.43$.

Eine kugelförmige Probe liegt mit $N = 1/3$ zwischen diesen beiden Extremfällen; im Fall von Polyäthylen beträgt das entsprechende Feldstärkeverhältnis $E/E_{\text{ext}} = 0.70$.

Lösung von Aufgabe 5.1.3

a) Die Polarisierbarkeit α einer Substanz gibt Auskunft über die Größe des elektrischen Dipolmoments $\boldsymbol{p}$, welches ein am Ort der Gitterbausteine herrschendes elektrisches Feld $\boldsymbol{E}_{\text{lokal}}$ induziert:

$$\boldsymbol{p} = \alpha\epsilon_0 \boldsymbol{E}_{\text{lokal}}\,. \tag{5.29}$$

Dabei tragen im allgemeinen mehrere Effekte zur Polarisation der Substanz bei. Die Frequenzabhängigkeit der einzelnen Beiträge

zur Polarisierbarkeit eines Festkörpers ist in Abb. 5.3 schematisch
dargestellt.

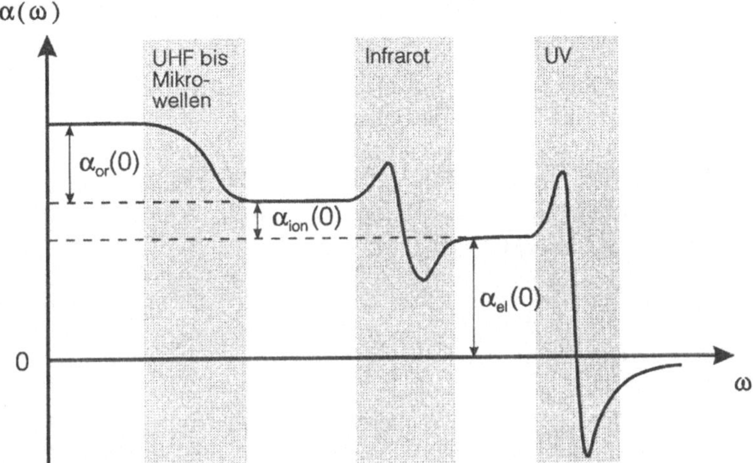

Abb. 5.3. Schematische Darstellung der Frequenzabhängigkeit der Polarisierbarkeit eines paraelektrischen Festkörpers.

- Ein elektronischer Beitrag α_{el} zur Polarisation rührt von der
  Verschiebung der Elektronenhülle eines Atoms gegenüber dem
  Kern im elektrischen Feld her, und ist bis zu Frequenzen im
  UV-Bereich zu erwarten.

- In ionischen Kristallen verschiebt das elektrische Feld zusätzlich den Schwerpunkt positiver Ionen gegenüber dem Schwerpunkt negativer Ionen, was für Frequenzen bis zum Infrarotbereich einen ionischen Beitrag α_{ion} zur Polarisation liefert.

- In paraelektrischen Festkörpern und in Kristallen von Molekülen, welche einen asymmetrischen Molekülbau besitzen,
  sind Bausteine mit einem permanenten elektrischen Dipolmoment vorhanden. Die Orientierung dieser Dipolmomente
  ändert sich im elektrischen Feld, was für Frequenzen bis zum

Mikrowellenbereich einen Beitrag α_{or} zur Polarisation der Substanz bewirkt.

Da bei NaCl keine Orientierungspolarisation auftritt, setzt sich die statische Dielektrizitätszahl dieser Substanz nur aus den Anteilen

$$\epsilon(0) = 1 + \chi_{\mathrm{ion}}(0) + \chi_{\mathrm{el}}^{+}(0) + \chi_{\mathrm{el}}^{-}(0) \tag{5.30}$$

ionischer und elektronischer Polarisation zusammen.

Die Moleküldichte N_V in NaCl läßt sich aus der Massendichte $\rho = 2.17\ \mathrm{g/cm^3}$ und der molaren Masse $m_{\mathrm{mol}} = 58.4\ \mathrm{g/mol}$ berechnen, und beträgt

$$N_V = N_{\mathrm{A}}\,\frac{\rho}{m_{\mathrm{mol}}} \tag{5.31}$$

$$= 2.24 \cdot 10^{28}\ \mathrm{m^{-3}}\,.$$

Unter Verwendung der Clausius-Mossotti-Gleichung (5.6) ergibt sich die statische Polarisierbarkeit $\alpha(0) = \alpha_{\mathrm{ion}}(0) + \alpha_{\mathrm{el}}^{+}(0) + \alpha_{\mathrm{el}}^{-}(0)$ eines $\mathrm{Na^{+}Cl^{-}}$-Ionenpaares somit zu

$$\alpha(0) = \frac{3}{N_V}\,\frac{\epsilon(0) - 1}{\epsilon(0) + 2} \tag{5.32}$$

$$= 8.32 \cdot 10^{-29}\ \mathrm{m^3}\,.$$

b) Im Bereich optischer Frequenzen wird die Dielektrizitätszahl

$$\epsilon(\omega) = 1 + \chi_{\mathrm{el}}^{+}(\omega) + \chi_{\mathrm{el}}^{-}(\omega) \tag{5.33}$$

von Natriumchlorid nur noch durch elektronische Beiträge der positiven bzw. negativen Ionen zur Polarisierbarkeit bestimmt. Da der Brechungsindex und die Dielektrizitätszahl eines optischen Mediums gemäß $n^2 = \epsilon$ miteinander verknüpft sind, läßt sich die gesamte elektronische Polarisierbarkeit eines Ionenpaares $\alpha_{\mathrm{el}}(\omega) = \alpha_{\mathrm{el}}^{+}(\omega) + \alpha_{\mathrm{el}}^{-}(\omega)$ im optischen Bereich wieder unter Verwendung der Clausius-Mossotti-Gleichung (5.6) berechnen:

$$\alpha_{el}(\omega) = \frac{3}{N_V} \frac{n^2 - 1}{n^2 + 2} \tag{5.34}$$

$$= 4.21 \cdot 10^{-29} \ \mathrm{m}^3 .$$

c) Um das elektrische Dipolmoment p eines Ionenpaares berechnen zu können, muß zunächst die elektrische Polarisation P der Probe ermittelt werden. Im Fall eines statischen elektrischen Feldes geschieht dies unter Verwendung der statischen Dielektrizitätszahl $\epsilon(0)$ der Substanz:

$$P = \chi(0)\,\epsilon_0 E \tag{5.35}$$

$$= (\epsilon(0) - 1)\,\epsilon_0 E \tag{5.36}$$

$$= 4.34 \cdot 10^{-5} \ \mathrm{C/m}^2 .$$

Das elektrische Dipolmoment eines Ionenpaares beträgt damit $p = P/N_V = 1.94 \cdot 10^{-33}$ Cm, was einer Verschiebung der Ladungsschwerpunkte um $d = p/e = 1.21 \cdot 10^{-14}$ m entspricht. Die Verschiebung von Ladungsschwerpunkten, welche bei der Polarisation eines Dielektrikums auftritt, liegt also um Größenordnungen unterhalb der Teilchenabmessungen.

d) Das Strahlungsfeld eines Lasers stellt ein elektrisches Wechselfeld im Bereich optischer Frequenzen dar, weshalb die elektrische Polarisation in diesem Fall unter Verwendung des Brechungsindex n der Substanz berechnet werden muß:

$$P = \chi(\omega)\,\epsilon_0 E \tag{5.37}$$

$$= (n^2 - 1)\,\epsilon_0 E \tag{5.38}$$

$$= 1.21 \cdot 10^{-2} \ \mathrm{C/m}^2 .$$

Das elektrische Dipolmoment pro Ionenpaar beträgt demnach $p = 5.43 \cdot 10^{-31}$ Cm, was einer Verschiebung der Ladungsschwerpunkte um $d = 3.39 \cdot 10^{-12}$ m entspricht. Auch dieser Wert ist im Vergleich zu den Teilchenabmessungen sehr klein.

e) Die Clausius-Mossotti-Gleichung beschreibt den Zusammenhang zwischen der Polarisierbarkeit α und der elektrischen Suszeptibilität χ bzw. der Dielektrizitätszahl $\epsilon = 1 + \chi$ einer Substanz. Ausgangspunkt dieser Gleichung ist die Beziehung (5.29) für das induzierte elektrische Dipolmoment eines Teilchens im elektrischen Feld. Unter Verwendung von (5.29) folgt für die elektrische Polarisation $\boldsymbol{P} = N_V \boldsymbol{p}$ in der Probe

$$\boldsymbol{P} = N_V \alpha \epsilon_0 \boldsymbol{E}_{\text{lokal}} \, . \tag{5.39}$$

Da die elektrische Polarisation außerdem über

$$\boldsymbol{P} = \chi \epsilon_0 \boldsymbol{E} \tag{5.40}$$

mit der Stärke des makroskopischen elektrischen Feldes verknüpft ist, läßt sich der Zusammenhang zwischen χ und α berechnen, wenn der Zusammenhang zwischen dem lokalen elektrischen Feld $\boldsymbol{E}_{\text{lokal}}$ am Ort eines Gitterbausteins und dem makroskopischen elektrischen Feld $\boldsymbol{E}$, welches den über eine Einheitszelle gemittelten Durchschnittswert des elektrischen Feldes wiedergibt, bekannt ist.

Das lokale elektrische Feld $\boldsymbol{E}_{\text{lokal}}$ am Ort eines Gitterbausteins setzt sich zusammen aus dem extern angelegten elektrischen Feld $\boldsymbol{E}_{\text{ext}}$, und aus dem Anteil, welcher von den elektrischen Dipolmomenten der restlichen Atome der Probe verursacht wird. Zur Berechnung des lokalen elektrischen Feldes erweist es sich als zweckmäßig, das Feld der Dipole gemäß

$$\boldsymbol{E}_{\text{lokal}} = \boldsymbol{E}_{\text{ext}} + \boldsymbol{E}_N + \boldsymbol{E}_L + \boldsymbol{E}_I \tag{5.41}$$

in drei verschiedene Anteile $\boldsymbol{E}_N$, $\boldsymbol{E}_L$ und $\boldsymbol{E}_I$ aufzuspalten, deren Bedeutung im folgenden erklärt wird (Abb. 5.4).

Das "Entelektrisierungsfeld" $\boldsymbol{E}_N$ beschreibt den Beitrag zum lokalen elektrischen Feld, welcher von Dipolen auf der Oberfläche der betrachteten Probe herrührt.

Zur Berechnung der Feldbeiträge von Dipolen im Innern der Probe wird um das Bezugsatom herum eine fiktive Kugel herausgeschnitten, welche so groß bemessen ist, daß das Dielektrikum außerhalb dieser Kugel als homogen angesehen und infolgedessen mittels einer Dielektrizitätszahl ϵ charakterisiert werden kann. Eine Kugel, deren Radius etwa das zehnfache der Gitterkonstante beträgt, kann diesen Anspruch beispielsweise erfüllen.

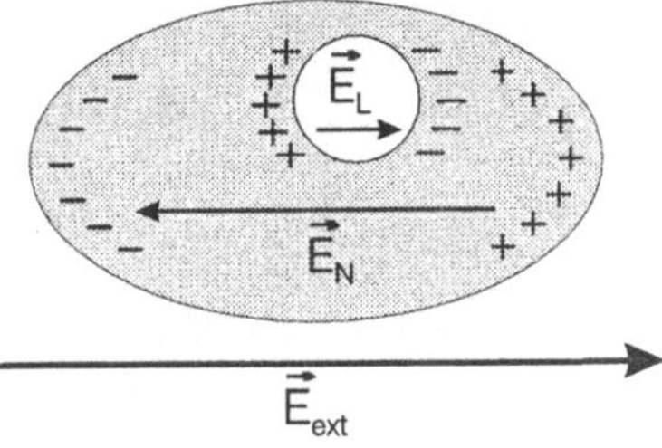

Abb. 5.4. Beiträge zum lokalen elektrischen Feld am Ort eines Gitterbausteins.

Der Feldbeitrag von Polarisationsladungen auf der Innenseite des verbleibenden kugelförmigen Hohlraums wird als "Lorentz-Feld" E_L bezeichnet. Nach Aufgabe 5.1.1 wird das Entelektrisierungsfeld einer kugelförmigen, homogen polarisierten Probe durch $E_N = -P/3\epsilon_0$ gegeben. Für das Lorentz-Feld im Innern des kugelförmigen Hohlraums folgt damit der Wert

$$E_{\mathrm{L}} = \frac{1}{3\epsilon_0}\, P\,. \tag{5.42}$$

Das von den Dipolen innerhalb der fiktiven herausgegriffenen Kugel erzeugte "Dipolfeld"

$$E_{\mathrm{I}} = \frac{1}{4\pi\epsilon_0} \sum_{\text{(Kugel)}} \frac{3(\boldsymbol{p}_i \cdot \boldsymbol{r}_i)\boldsymbol{r}_i - r_i^2 \boldsymbol{p}_i}{r_i^5} \tag{5.43}$$

stellt somit den einzigen Beitrag zum lokalen elektrischen Feld dar, welcher von der Kristallstruktur der Probe abhängt. Für den Fall, daß sich das zentral gelegene Gitteratom auf einem Punkt mit kubischer Symmetrie befindet, daß also die Umgebung des Atoms in x-, y- und z-Richtung vollkommen übereinstimmt, verschwindet das Dipolfeld E_{I} aus Symmetriegründen. Dies läßt sich einsehen, wenn die einzelnen Komponenten der vektoriellen Gleichung (5.43) betrachtet werden.

Mit $E = E_{\mathrm{ext}} + E_N$ und (5.42) wird das lokale elektrische Feld (5.41) am Ort eines Gitteratoms für $E_{\mathrm{I}} = 0$ gegeben durch

$$E_{\mathrm{lokal}} = E + \frac{1}{3\epsilon_0}\, P\,. \tag{5.44}$$

Durch Einsetzen von (5.44) in (5.39) und anschließenden Vergleich mit (5.40) folgt auf diese Weise die "Clausius-Mossotti-Gleichung"

$$\frac{\chi}{\chi + 3} = \frac{1}{3} N_V \alpha. \tag{5.45}$$

Mit $\chi = \epsilon - 1$ läßt sich diese Gleichung auch in der Form (5.6) schreiben.

Wie sich einfach bestätigen läßt, besitzen nicht nur die Gitterpositionen von Substanzen mit primitiv kubischem, innenzentriert kubischem und flächenzentriert kubischem Gitter kubische Symmetrie, sondern auch die Gitterpositionen von Substanzen, welche in der Natriumchlorid- oder in der Caesiumchloridstruktur kristallisieren.

Eine kubische Einheitszelle gewährleistet allerdings nicht, daß sich sämtliche Gitteratome auf Plätzen mit kubischer Symmetrie befinden. Im kubischen Perovskit (Abb. 1.3) beispielsweise ist nur die Umgebung von metallischen Kationen in x-, y- und z-Richtung äquivalent; die Umgebung der Anionen in z-Richtung dagegen unterscheidet sich von derjenigen, welche in x- und y-Richtung vorliegt. Aufgrund des Dipolfeldes $\boldsymbol{E}_I \neq 0$, welches auf diesen Gitterpositionen resultiert, darf die Clausius-Mossotti-Gleichung in diesem Fall nicht angewandt werden.

Lösungen zu Abschnitt 5.2

Lösung von Aufgabe 5.2.1

Die Betrachtungen zur Ausbreitung elektromagnetischer Wellen in dieser Aufgabe beschränken sich auf homogene, isotrope Medien mit linearer elektrischer bzw. magnetischer Polarisierbarkeit. Zusätzlich zu den Maxwellschen Gleichungen (5.7) – (5.10) stehen damit noch die beiden Materialgleichungen

$$B = \mu\mu_0 H \tag{5.46}$$

$$D = \epsilon\epsilon_0 E \tag{5.47}$$

zur Verfügung. In elektrisch leitenden Medien ($\sigma \neq 0$) tritt zu diesen beiden Materialgleichungen noch das verallgemeinerte Ohmsche Gesetz

$$j = \sigma E \tag{5.48}$$

hinzu. Die Materialgrößen μ, ϵ und σ müssen dabei als dynamische Größen angesehen werden, deren Werte von der Frequenz ω des elektromagnetischen Wechselfeldes abhängen. Die Frequenzabhängigkeit der Permeabilitätszahl μ kann allerdings aufgrund der kleinen magnetischen Suszeptibilität dia- und paramagnetischer Substanzen vernachlässigt werden; diese Größe stimmt für alle Frequenzen in guter Näherung mit dem statischen Wert $\mu(0) \approx 1$ überein.

a) In einem nichtleitenden Medium gilt $\sigma = 0$. Da makroskopisch gemittelt keine freien Ladungen vorhanden sind, also $\rho = 0$ gesetzt werden kann, vereinfachen sich die Maxwellschen Gleichungen (5.7) – (5.10) zu

$$\operatorname{div} B = 0 \tag{5.49}$$

$$\operatorname{div} E = 0 \tag{5.50}$$

$$\operatorname{rot} B = \mu\mu_0\epsilon\epsilon_0 \dot{E} \tag{5.51}$$

$$\operatorname{rot} E = -\dot{B}\,. \tag{5.52}$$

Die Hilfsgrößen D und H werden dabei mit Hilfe von (5.46) und (5.47) eliminiert. Bildet man die Rotation zu beiden Seiten der Gleichung (5.52), so folgt mit (5.51)

$$\operatorname{rot}\operatorname{rot} E = -\mu\mu_0\epsilon\epsilon_0 \ddot{E}\,, \tag{5.53}$$

was unter Verwendung der Operatorenbeziehung

$$\operatorname{rot}\operatorname{rot} = \operatorname{grad}\operatorname{div} - \Delta \tag{5.54}$$

und (5.50) übergeht in die Wellengleichung

$$\Delta \boldsymbol{E} - \mu\mu_0\epsilon\epsilon_0\ddot{\boldsymbol{E}} = 0\,. \tag{5.55}$$

Im Vakuum ergibt sich die Ausbreitungsgeschwindigkeit der elektromagnetischen Welle wegen $\epsilon = 0$ und $\mu = 0$ zu $c = 1/\sqrt{\epsilon_0\mu_0}$. Die Phasengeschwindigkeit in einem Medium besitzt den Wert $v_\mathrm{P} = c/n$, wobei $n = \sqrt{\epsilon\mu}$ den aus der Optik bekannten Brechungsindex des Mediums darstellt. Mit Hilfe der Größen n und c läßt sich die Wellengleichung (5.55) schreiben als

$$\Delta \boldsymbol{E} - \left(\frac{n}{c}\right)^2 \ddot{\boldsymbol{E}} = 0\,. \tag{5.56}$$

b) Wird die elektrische Feldkomponente der elektromagnetischen Welle in komplexer Form

$$\boldsymbol{E}(\boldsymbol{r},t) = \boldsymbol{E}_0\,\exp[\mathrm{i}(\boldsymbol{k}\boldsymbol{r} - \omega t)] \tag{5.57}$$

dargestellt, so bewirkt partielles Ableiten dieser Funktion nach der Zeit t eine Multiplikation mit dem Faktor $-\mathrm{i}\omega$. Analog läßt sich die Bildung der Divergenz von (5.57) durch eine Multiplikation mit dem Faktor $\mathrm{i}\boldsymbol{k}$ ausdrücken:

$$\partial \boldsymbol{E}/\partial t = -\mathrm{i}\omega\,\boldsymbol{E} \tag{5.58}$$

$$\nabla \boldsymbol{E} = \mathrm{i}\boldsymbol{k}\,\boldsymbol{E}\,. \tag{5.59}$$

Unter Beachtung von (5.58) und (5.59) liefert Einsetzen der Funktion (5.57) in die Wellengleichung (5.56) die Beziehung

$$k^2\boldsymbol{E} - \left(\frac{n}{c}\right)^2 \omega^2\boldsymbol{E} = 0\,. \tag{5.60}$$

Diese Gleichung läßt sich für beliebige Werte des Ortsvektors $\boldsymbol{r}$ und der Zeit t nur dann erfüllen, wenn zwischen dem Betrag k des Wellenvektors und der Kreisfrequenz ω der elektromagnetischen Welle eine lineare Dispersionsrelation besteht

$$k = \frac{n}{c}\,\omega\,. \tag{5.61}$$

c) Die Beschreibung elektromagnetischer Wellen in einem elektrisch leitenden Medium erfolgt zweckmäßigerweise in komplexer

Darstellung. In Analogie zu (5.57) wird die magnetische Komponente der Welle durch $B(r,t) = B_0 \exp[\mathrm{i}(kr - \omega t)]$ gegeben, so daß die Regeln (5.58) und (5.59) zur Bildung partieller Ableitungen auch auf B angewandt werden können.

Durch Elimination der in den Maxwellschen Gleichungen auftretenden Größen D, H und j mit Hilfe der Materialgleichungen (5.46) – (5.48) und anschließende Substitution

$$\partial/\partial t \longrightarrow -\mathrm{i}\omega \qquad \text{und} \qquad \nabla \longrightarrow \mathrm{i}k \tag{5.62}$$

gehen die Maxwellschen Gleichungen (5.7) – (5.10) über in

$$k \cdot B = 0 \tag{5.63}$$

$$k \cdot E = 0 \tag{5.64}$$

$$k \times B = -\mu\mu_0(\omega\epsilon\epsilon_0 + \mathrm{i}\sigma)\, E \tag{5.65}$$

$$k \times E = \omega\, B \,. \tag{5.66}$$

Da sich die elektrischen Ladungen des Elektronengases und der Ionenrümpfe bei Mittelung über mehrere Elementarzellen kompensieren, wird für die makroskopisch gemittelte Ladungsdichte in (5.64) der Wert $\rho = 0$ eingesetzt.

Den Gleichungen (5.63) und (5.64) kann entnommen werden, daß sowohl B als auch E stets senkrecht zur Ausbreitungsrichtung k der elektromagnetischen Wellen orientiert sind. Man spricht in diesem Fall von transversalen ebenen Wellen. Aus (5.66) folgt zudem, daß B und E ebenfalls orthogonal zueinander sind, wobei die Vektoren k, E und B ein kartesisches Rechtssystems bilden.

Nach (5.65) und (5.66) folgt für transversale elektromagnetische Wellen in einem elektrischen Leiter

$$k \times (k \times E) = -\omega^2\mu\mu_0\tilde{\epsilon}\epsilon_0\, E \,. \tag{5.67}$$

Dabei wird zur Abkürzung die Größe

$$\tilde{\epsilon} = \epsilon + \mathrm{i}\,\frac{\sigma}{\epsilon_0\omega} \tag{5.68}$$

eingeführt, welche als komplexe Dielektrizitätszahl des elektrisch leitenden Mediums anzusehen ist.

Unter Verwendung der Substitutionsregel $\nabla \to \mathrm{i}\boldsymbol{k}$ geht die Operatorenbeziehung (5.54) über in

$$\boldsymbol{k} \times (\boldsymbol{k} \times \boldsymbol{E}) = \boldsymbol{k}\,(\boldsymbol{k} \cdot \boldsymbol{E}) - k^2 \boldsymbol{E}\,, \tag{5.69}$$

was mit (5.64) und (5.67) die Beziehung

$$k^2 \boldsymbol{E} - \left(\frac{\tilde{n}}{c}\right)^2 \omega^2 \boldsymbol{E} = 0 \tag{5.70}$$

liefert. Aus der Forderung, daß (5.70) für beliebige Werte des Ortsvektors $\boldsymbol{r}$ und der Zeit t erfüllt sein muß, folgt für elektromagnetische Wellen in einem elektrisch leitenden Medium die lineare Dispersionsrelation

$$k = \frac{\tilde{n}}{c}\,\omega\,. \tag{5.71}$$

Die Größe

$$\tilde{n} = \sqrt{\tilde{\epsilon}\mu} \tag{5.72}$$

ist dabei als komplexer Brechungsindex eines Mediums mit nicht vernachlässigbarer Absorption anzusehen. Als komplexe Größe kann $\tilde{n}$ auch in der Form

$$\tilde{n} = n + \mathrm{i}\kappa \tag{5.73}$$

geschrieben werden. Dabei entspricht der Realteil von $\tilde{n}$ dem optischen Brechungsindex n eines Mediums, welcher die Ausbreitungsgeschwindigkeit elektromagnetischer Wellen bestimmt. Um eine Aussage über die Bedeutung des Imaginärteils κ machen zu können, soll eine sich in z-Richtung ausbreitende ebene elektromagnetische Welle betrachtet werden. Nach (5.57), (5.71) und (5.73) lautet die Darstellung einer solchen Welle

$$\boldsymbol{E} = \boldsymbol{E}_0\,\exp[\mathrm{i}(kz - \omega t)] \tag{5.74}$$

$$= \boldsymbol{E}_0\,\exp\!\left(-\tfrac{\omega}{c}\,\kappa z\right)\exp[\mathrm{i}(\tfrac{\omega}{c}\,nz - \omega t)]\,. \tag{5.75}$$

Es ist zu erkennen, daß die Welle in einem Medium mit $\kappa \neq 0$ eine exponentielle Dämpfung erfährt, und die Amplitude der Welle nach der Strecke

$$\delta = \frac{c}{\omega\kappa} \tag{5.76}$$

auf den e-ten Teil abklingt. Der als "Absorptionsindex" bzw. "Extinktionskoeffizient" bezeichnete Imaginärteil κ des komplexen Brechungsindex stellt folglich ein Maß für die Dämpfung elektromagnetischer Wellen in einem Medium dar.

d) Unter Verwendung von (5.13) und (5.14) wird die Frequenzabhängigkeit des komplexen Brechungsindex $\tilde{n} = \sqrt{\tilde{\epsilon}\mu}$ eines elektrisch leitenden Mediums gegeben durch

$$\tilde{n} = \sqrt{\left(\epsilon + \mathrm{i}\,\frac{\sigma_0}{(1 - \mathrm{i}\omega\tau)\,\epsilon_0\omega}\right)\mu}\,. \tag{5.77}$$

Das Verhalten dieser Größe soll in drei verschiedenen Frequenzbereichen diskutiert werden:

1. Bereich mit $\omega\tau \ll 1$: In diesem Frequenzbereich kann der Term $\mathrm{i}\omega\tau$ im Nenner von (5.77) vernachlässigt werden, die dynamische Leitfähigkeit stimmt also in guter Näherung mit der statischen überein. Da bei Metallen außerdem stets $\sigma_0/\epsilon_0 \gg 1/\tau$ ist, kann der Realteil ϵ der komplexen Dielektrizitätszahl im Vergleich zu deren Imaginärteil ebenfalls vernachlässigt werden, und es folgt

$$\tilde{n} \approx \sqrt{\mathrm{i}\,\frac{\sigma_0\mu}{\epsilon_0\omega}}\,. \tag{5.78}$$

Wegen $\sqrt{\mathrm{i}} = (1 + \mathrm{i})/\sqrt{2}$ werden Real- und Imaginärteil des komplexen Brechungsindex durch $n \approx \kappa \approx \sqrt{\sigma_0\mu/2\epsilon_0\omega}$ gegeben, womit sich für die Eindringtiefe elektromagnetischer Wellen in einen elektrischen Leiter nach (5.76) die "Skintiefe"

$$\delta = \sqrt{\frac{2}{\mu\mu_0\sigma_0\omega}} \tag{5.79}$$

ergibt. Dieses Verhalten, welches sich für metallische Leiter bis hin zum langwelligen Infrarot erstreckt, wird als "normaler Skineffekt" bezeichnet.

2. Bereich mit $\omega\tau \gg 1$: In diesem Bereich läßt sich der komplexe Brechungsindex (5.77) nähern durch

$$\tilde{n} \approx \sqrt{\epsilon\mu \left(1 - \frac{\sigma_0}{\tau\epsilon\epsilon_0\omega^2}\right)} \,. \tag{5.80}$$

Mit der Abkürzung

$$\omega_{\mathrm{P}}^2 = \frac{\sigma_0}{\epsilon\epsilon_0\tau} = \frac{n_e e^2}{\epsilon\epsilon_0 m} \tag{5.81}$$

läßt sich dieses Ergebnis in der Form

$$\tilde{n} \approx \sqrt{\epsilon\mu \left(1 - \frac{\omega_{\mathrm{P}}^2}{\omega^2}\right)} \tag{5.82}$$

schreiben. Die Größe ω_{P} wird als "Plasmafrequenz" des elektrischen Leiters bezeichnet, und liegt bei Metallen im ultravioletten Spektralbereich des Lichts.

2a) Bereich mit $\tau^{-1} \ll \omega \ll \omega_{\mathrm{P}}$: In diesem Frequenzbereich vereinfacht sich (5.82) zu

$$\tilde{n} \approx \mathrm{i}\,\sqrt{\epsilon\mu}\,\frac{\omega_{\mathrm{P}}}{\omega} \,. \tag{5.83}$$

Der Absorptionsindex des Leiters ergibt sich damit zu $\kappa \approx \sqrt{\epsilon\mu}\,\omega_{\mathrm{P}}/\omega$, während der Brechungsindex einen vergleichsweise kleinen Wert $n \ll \kappa$ besitzt.

Setzt man den erhaltenen Ausdruck für κ in (5.76) ein, so folgt für die Eindringtiefe der elektromagnetischen Wellen der frequenzunabhängige Wert $\delta = c/\sqrt{\epsilon\mu}\,\omega_{\mathrm{P}}$. Das Eindringen elektromagnetischer Wellen in einen elektrischen Leiter mit einer von der Frequenz unabhängigen Eindringtiefe δ wird als "anormaler Skineffekt" bezeichnet. Bei Metallen tritt dies im kurzwelligen Infrarot und im sichtbaren Bereich des Lichts auf.

2b) Bereich mit $\omega \gg \omega_P$: Für Frequenzen deutlich oberhalb der Plasmafrequenz vereinfacht sich (5.82) zu

$$\tilde{n} \approx \sqrt{\epsilon\mu}\,. \tag{5.84}$$

Für den Brechungsindex und den Absorptionsindex des Leiters folgen damit die Werte $n \approx \sqrt{\epsilon\mu}$ und $\kappa \approx 0$.

Oberhalb der Plasmafrequenz verliert ein elektrischer Leiter offensichtlich sein Absorptionsvermögen für elektromagnetische Wellen; er ist in diesem Frequenzbereich optisch transparent wie ein Isolator. Die Ursache für dieses Verhalten liegt darin, daß die Elektronen den hochfrequenten Schwingungen des elektromagnetischen Feldes nicht mehr zu folgen vermögen. Dadurch nimmt die elektrische Leitfähigkeit immer mehr ab, während sich der Realteil der komplexen Dielektrizitätszahl dem Wert $\epsilon = 1$ nähert.

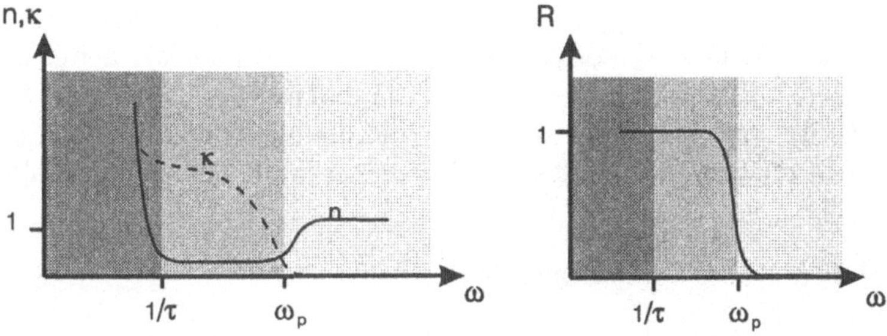

Abb. 5.5. Frequenzabhängigkeit des Brechungsindex n, des Absorptionsindex κ sowie des Reflexionsvermögens R eines Metalles.

Abbildung 5.5 zeigt schematisch das Verhalten des Brechungs- und des Absorptionsindex eines Metalles in Abhängigkeit von der Kreisfrequenz ω elektromagnetischer Wellen. In dieser Grafik ist auch der Verlauf des Reflexionsvermögens R dargestellt, welcher gemäß (5.16) aus diesen beiden Funktionen folgt.

Lösung von Aufgabe 5.2.2

Das elektromagnetische Feld im materiefreien Raum ($z < 0$) vor der Probe setzt sich zusammen aus der einfallenden Welle

$$E(z,t) = E_0 \, \exp[\mathrm{i}(kz - \omega t)] \tag{5.85}$$

sowie der reflektierten Welle

$$E'(z,t) = E_0' \, \exp[\mathrm{i}(-kz - \omega t)] \,, \tag{5.86}$$

während für die ins Medium ($z > 0$) eindringende Welle der Ausdruck

$$E''(z,t) = E_0'' \, \exp[\mathrm{i}(\tilde{k}z - \omega t)] \tag{5.87}$$

zu verwenden ist. Die entsprechenden Wellenzahlen werden gemäß der Dispersionsrelation elektromagnetischer Wellen durch $k = \omega/c$ bzw. $\tilde{k} = \tilde{n}\omega/c$ gegeben. Da elektromagnetische Wellen transversaler Natur sind, stimmt die tangentiale Komponente der elektrischen Feldstärke bei senkrechtem Einfall mit den Größen E, E' bzw. E'' überein. Die Forderung, daß die elektrische Feldstärke an der Grenzfläche $z = 0$ stetig übergehen muß, läßt sich deshalb durch

$$E(0,t) + E'(0,t) = E''(0,t) \tag{5.88}$$

ausdrücken, woraus nach Kürzen gemeinsamer Faktoren die Gleichung

$$E_0 + E_0' = E_0'' \tag{5.89}$$

folgt. Die zusätzliche Forderung, daß auch die Ableitung der elektrischen Feldstärke nach der Ortskoordinate z an der Grenzfläche stetig übergehen muß, liefert analog

$$E_0 - E_0' = \tilde{n}E_0'' \,. \tag{5.90}$$

Wird die Größe E_0'' durch Vergleich von (5.89) und (5.90) eliminiert, so ergibt sich

$$(1 - \tilde{n})\, \boldsymbol{E}_0 = (1 + \tilde{n})\, \boldsymbol{E}_0' \,. \tag{5.91}$$

Aus dieser Gleichung folgt das Reflexionsvermögen R des absorbierenden Mediums zu

$$R = \left| \frac{E_0'}{E_0} \right|^2 = \left| \frac{1 - \tilde{n}}{1 + \tilde{n}} \right|^2 . \tag{5.92}$$

Wird der komplexe Brechungsindex $\tilde{n} = n + i\kappa$ durch seinen Real- und Imaginärteil ausgedrückt, so läßt sich der Reflexionskoeffizient R darstellen als

$$R = \frac{|(1 - n) - i\kappa|^2}{|(1 + n) + i\kappa|^2} = \frac{(1 - n)^2 + \kappa^2}{(1 + n)^2 + \kappa^2} . \tag{5.93}$$

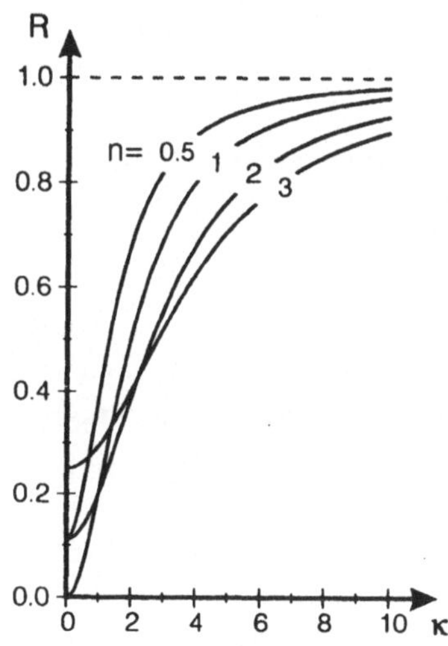

Abb. 5.6. Reflexionsvermögen R einer Substanz in Abhängigkeit vom Absorptionsindex κ, dargestellt für verschiedene Werte des Brechungsindex n.

Wie Abb. 5.6 entnommen werden kann, steigt das Reflexionsvermögen einer Substanz für festes n mit wachsendem Absorptionsindex an, wobei sich dieser Zuwachs im Reflexionsvermögen für $n = 1$ am stärksten bemerkbar macht. Aus (5.93) läßt sich folgern, daß in Frequenzbereichen mit hoher Absorption stets auch starke Reflexion stattfindet. Im reflektierten Licht erscheinen deshalb Stoffe in der Farbe, welche auch bevorzugt absorbiert wird, während das transmittierte Licht die dazugehörige Komplementärfarbe aufweist.

Lösung von Aufgabe 5.2.3

a) Bei hinreichend niedriger Frequenz $\omega\tau \ll 1$ stimmt der dynamische Wert der elektrischen Leitfähigkeit (5.14) in guter Näherung mit der Gleichstromleitfähigkeit σ_0 überein. Da bei Metallen außerdem stets $\sigma_0\tau/\epsilon_0 \gg 1$ ist, kann der Realteil der komplexen Dielektrizitätszahl (7.13) im Vergleich zu deren Imaginärteil vernachlässigt werden, so daß

$$\tilde\epsilon = \epsilon + i\,\frac{\sigma}{\epsilon_0\omega} \approx i\,\frac{\sigma_0}{\epsilon_0\omega}\ . \tag{5.94}$$

Die Permeabilitätszahl μ para- und diamagnetischer Materialien besitzt in guter Näherung den Wert $\mu \approx 1$, womit sich der komplexe Brechungsindex zu

$$\tilde n \approx \sqrt{\tilde\epsilon} = \frac{1+i}{\sqrt 2}\,\sqrt{\frac{\sigma_0}{\epsilon_0\omega}} \tag{5.95}$$

ergibt. Brechungsindex n und Absorptionsindex κ eines Metalles stimmen also bei nicht zu hoher Frequenz $\omega\tau \ll 1$ überein, mit

$$n \approx \kappa \approx \sqrt{\frac{\sigma_0}{2\epsilon_0\omega}}\ . \tag{5.96}$$

Das Reflexionsvermögen eines absorbierenden Mediums an der Grenzfläche zum Vakuum (vgl. Aufgabe 5.2.2) beträgt

$$R = \frac{(n-1)^2 + \kappa^2}{(n+1)^2 + \kappa^2}\ . \tag{5.97}$$

Da Metalle im infraroten und sichtbaren Spektralbereich des Lichts ein sehr hohes Reflexionsvermögen $R \lesssim 1$ besitzen, erweist es sich als vorteilhaft, dieses in der Form

$$R = 1 - \frac{4n}{(n+1)^2 + \kappa^2} \tag{5.98}$$

darzustellen.

Für $n = \kappa \gg 1$ vereinfacht sich (5.98) zu

$$R \approx 1 - \frac{2}{n} \tag{5.99}$$

$$= 1 - \sqrt{\frac{8\epsilon_0\omega}{\sigma_0}}\,. \tag{5.100}$$

Diese Beziehung wurde von HAGEN und RUBENS an verschiedenen Metallen im Wellenlängenbereich $\lambda \gtrsim 10$ μm überprüft und bestätigt [5.4].

b) Infrarotes Licht der Wellenlänge $\lambda = 50$ μm besitzt die Kreisfrequenz $\omega = 2\pi c/\lambda = 3.77 \cdot 10^{13}$ s^{-1}. Mit einem spezifischen elektrischen Widerstand von $\rho = \sigma_0^{-1} = 1.62 \cdot 10^{-8}$ Ωm besitzt Silber nach der Hagen-Rubens-Beziehung (5.100) das Reflexionsvermögen $R(50\ \mu\text{m}) = 1 - 6.58 \cdot 10^{-3} = 99.3$ %. Der wesentlich höhere spezifische Widerstand $\rho = 9.6 \cdot 10^{-7}$ Ωm von Quecksilber äußert sich in einem niedrigeren Reflexionsvermögen von lediglich $R(50\ \mu\text{m}) = 1 - 5.06 \cdot 10^{-2} = 94.9$ %.

Abschließend soll geprüft werden, ob die Voraussetzungen der Hagen-Rubens-Beziehung von Silber bzw. Quecksilber bei der Wellenlänge $\lambda = 50$ μm in ausreichendem Maße erfüllt werden. Für die entsprechende Kreisfrequenz $\omega = 3.77 \cdot 10^{13}$ s^{-1} berechnet sich die Größe $\sigma_0/\epsilon_0\omega$ zu $1.85 \cdot 10^5$ (Silber) bzw. $3.12 \cdot 10^3$ (Quecksilber). Diese Werte sind wesentlich größer als zu erwartende Werte für die Dielektrizitätszahl ϵ eines Metalles, welche in der Größenordnung von 1 liegen, so daß die Vernachlässigung des Realteils der komplexen Dielektrizitätszahl $\tilde{\epsilon}$ in beiden Fällen gerechtfertigt ist.

Eine weitere Näherung der Hagens-Rubens-Beziehung besteht darin, daß die dynamische elektrische Leitfähigkeit σ durch die Gleichstromleitfähigkeit σ_0 ersetzt wird, was unter der Voraussetzung $\omega \ll \tau^{-1}$ zulässig ist. Die Relaxationszeit τ der Elektronen läßt sich dabei mittels

$$\tau = \frac{\sigma_0 m}{n_e e^2} \approx \frac{\sigma_0 m_e}{n_e e^2} \tag{5.101}$$

aus der Gleichstromleitfähigkeit σ_0 und der Ladungsträgerdichte n_e der Metalle berechnen.

Für Quecksilber ergibt sich mit $n_{Hg} = 8.14 \cdot 10^{28}$ m^{-3} eine Relaxationszeit von $\tau \approx 4.5 \cdot 10^{-16}$ s. Die Näherung $\sigma \approx \sigma_0$ für (5.14) ist mit $\omega\tau \approx 1.7 \cdot 10^{-2}$ gut erfüllt. Der Grenzfall $\omega\tau = 1$ wird bei Quecksilber erst bei einer erheblich kürzeren Wellenlänge

$$\lambda_\tau = 2\pi\tau c \tag{5.102}$$
$$= 0.86\ \mu m$$

erreicht, so daß die Hagens-Rubens-Beziehung für Quecksilber bis in den kurzwelligen Infrarotbereich verwendet werden darf.

Die gute elektrische Leitfähigkeit von Silber ist verbunden mit einer entsprechend hohen Relaxationszeit von $\tau \approx 3.7 \cdot 10^{-14}$ s. Bei Silber endet das Hagen-Rubens-Gebiet bei $\lambda_\tau = 70\ \mu$m, wonach man sich bei einer Wellenlänge von 50 μm bereits außerhalb des für (5.100) zulässigen Wellenlängenbereiches befindet.

Für $\omega\tau > 1$ können die Elektronen dem hochfrequenten Wechselfeld aufgrund ihrer Trägheit nicht mehr folgen, was eine Abnahme der dynamischen Leitfähigkeit gegenüber dem statischen Wert σ_0 zur Folge hat. Das Reflexionsvermögen eines Metalles ist in diesem Frequenzbereich geringer als nach (5.100) berechnet. Qualitativ bleibt jedoch bei den meisten Metallen weiterhin gültig, daß das Reflexionsvermögen mit zunehmender Frequenz nachläßt, rotes Licht also stärker reflektiert wird als blaues, und daß das Reflexionsvermögen eines Metalles umso höher ist, je höher dessen elektrische Leitfähigkeit ist. Damit wird verständlich, weshalb die Herstellung qualitativ hochwertiger Spiegel nur unter Verwendung hervorragender elektrischer Leiter, wie Silber oder Aluminium, möglich ist.

Lösungen zu Abschnitt 5.3

Lösung von Aufgabe 5.3.1

Bei einer Verschiebung des Elektronengases gegenüber dem Gitter der Ionenrümpfe um die Strecke s (Abb. 5.1) entsteht auf der Oberfläche des Körpers die Flächenladungsdichte $\sigma_e = n_e e s$. Da die Flächenladungsdichte σ_e mit dem Betrag der dielektrischen Verschiebungsdichte D übereinstimmt, wird diese Beziehung in vektorieller Form gegeben durch

$$D = n_e e\, s\,. \tag{5.103}$$

In linear polarisierbaren Medien ist der Vektor der dielektrischen Verschiebungsdichte mit der elektrischen Feldstärke über die Beziehung $D = \epsilon\epsilon_0 E$ verknüpft. Die Dielektrizitätszahl ϵ berücksichtigt dabei die Polarisation der an die Ionenrümpfe gebundenen Elektronen im elektrischen Wechselfeld des schwingenden Elektronengases. Unter Verwendung der Newtonschen Gleichung folgt damit

$$m\,\ddot{s} = -e\,E \tag{5.104}$$

$$= -\frac{e}{\epsilon\epsilon_0}\,D \tag{5.105}$$

$$= -\frac{n_e e^2}{\epsilon\epsilon_0}\,s\,. \tag{5.106}$$

Dies entspricht der Bewegungsgleichung eines harmonischen Oszillators $\ddot{s} + \omega_P^2\,s = 0$ mit der Eigenfrequenz

$$\omega_P = \sqrt{\frac{n_e e^2}{m\epsilon\epsilon_0}}\,. \tag{5.107}$$

Als Lösung des in Abb. 5.1 dargestellten Problems ergeben sich also harmonische Schwingungen $s(t) = s_0\,\cos(\omega_P t + \varphi)$ des Elektronengases mit der "Plasmafrequenz" ω_P.

Eine Abschätzung zeigt, daß die Anregungsenergie von Plasmaschwingungen in der Größenordnung von 10 eV liegt, was tief im UV-Gebiet liegenden Schwingungsfrequenzen entspricht. Häufig ist die elektronische Polarisierbarkeit α_{el} der Ionenrümpfe in diesem Frequenzbereich bereits auf einen vernachlässigbar kleinen Wert abgesunken (Abb. 5.3), so daß für die Dielektrizitätszahl der Ionenrümpfe in der Nähe der Plasmafrequenz $\epsilon \approx 1$ gesetzt werden kann.

(5.107) gibt die Plasmafrequenz vieler Metalle in guter Näherung wieder. Der Tatsache, daß die Fermifläche realer Metalle mehr oder weniger stark von der idealen Kugelform abweicht, ist durch Verwendung einer "optischen effektiven Masse" m_a für die oszillierenden Ladungsträger Rechnung zu tragen. Diese Größe ist nicht identisch mit der effektiven Masse m^* der Ladungsträger bei niedriger Frequenz.

Lösung von Aufgabe 5.3.2

Im folgenden wird die komplexe Dielektrizitätszahl $\tilde{\epsilon}$ eines Metalles betrachtet, dessen Leitungselektronen sich in guter Näherung durch ein freies Elektronengas beschreiben lassen. Die Polarisierbarkeit der Ionenrümpfe soll dabei als vernachlässigbar klein angenommen werden, so daß die Dielektrizitätszahl des Gitters durch $\epsilon \approx 1$ gegeben wird.

Durch Kombination von (5.13) und (5.14) folgt die Frequenzabhängigkeit der komplexen Dielektrizitätszahl eines elektrischen Leiters zu

$$\tilde{\epsilon} = 1 + i\,\frac{\sigma_0}{\epsilon_0\omega(1 - i\omega\tau)} \tag{5.108}$$

$$= 1 + i\,\frac{\sigma_0(1 + i\omega\tau)}{\epsilon_0\omega(1 + \omega^2\tau^2)} \tag{5.109}$$

$$= 1 + i\,\frac{\omega_P^2\tau(1 + i\omega\tau)}{\omega(1 + \omega^2\tau^2)}\,. \tag{5.110}$$

Hierbei wird zur Abkürzung die Größe $\omega_P = \sqrt{\sigma_0/\epsilon_0\tau}$ verwendet. Da die Gleichstromleitfähigkeit σ_0 eines Leiters gemäß

$\sigma_0 = n_e e^2 \tau / m$ von der Relaxationszeit τ der Ladungsträger abhängt, wird diese Plasmafrequenz auch gegeben durch

$$\omega_{\mathrm{P}} = \sqrt{\frac{n_e e^2}{m \epsilon_0}} \, . \tag{5.111}$$

Eine Separation von (5.110) in Real- und Imaginärteil liefert für den Realteil ϵ_1 und den Imaginärteil ϵ_2 der komplexen Dielektrizitätszahl $\tilde{\epsilon} = \epsilon_1 + i\epsilon_2$ die Werte

$$\epsilon_1 = 1 - \frac{\omega_{\mathrm{P}}^2 \tau^2}{(1 + \omega^2 \tau^2)} \quad \text{und} \quad \epsilon_2 = \frac{\omega_{\mathrm{P}}^2 \tau}{\omega(1 + \omega^2 \tau^2)} \, . \tag{5.112}$$

Speziell für das Verhalten von $\tilde{\epsilon}$ im Bereich hoher Frequenzen $\omega\tau \gg 1$ lassen sich diese Ausdrücke vereinfachen zu

$$\epsilon_1 \approx 1 - \frac{\omega_{\mathrm{P}}^2}{\omega^2} \quad \text{sowie} \quad \epsilon_2 \approx \frac{\omega_{\mathrm{P}}^2}{\omega^3 \tau} \, . \tag{5.113}$$

Die Frequenzabhängigkeit dieser Größen ist in Abb. 5.7 graphisch dargestellt.

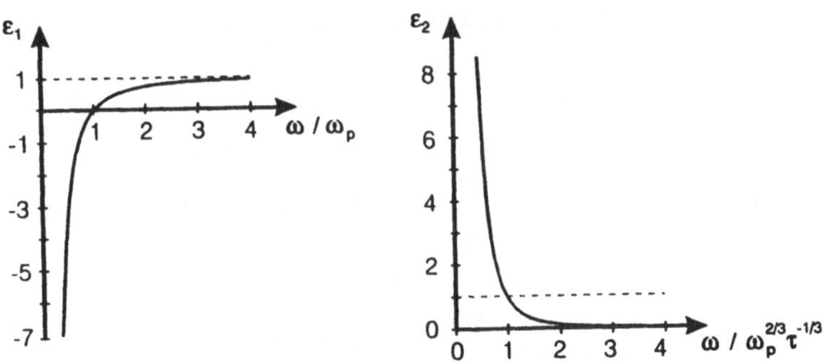

Abb. 5.7. Frequenzabhängigkeit des Realteils ϵ_1 und des Imaginärteils ϵ_2 der komplexen Dielektrizitätszahl $\tilde{\epsilon} = \epsilon_1 + i\epsilon_2$ eines Metalles unter Vernachlässigung der Beiträge gebundener Elektronen.

Von besonderem Interesse sind die in (5.113) angegebenen Ausdrücke hinsichtlich der Untersuchung von Plasmaschwingungen. Nach (5.113) kennzeichnet nämlich der Nulldurchgang von ϵ_1 gerade die Plasmafrequenz ω_P einer Substanz. Die Größe ϵ_2 dagegen kann, da sie proportional zu $1/\tau$ ist, als ein Maß für die Dämpfung der Plasmaschwingung angesehen werden.

Im Fall eines ungedämpften Elektronengases ($\tau = \infty$) wird die Bedingung für ein mögliches Auftreten von Plasmaschwingungen durch $\tilde{\epsilon}(\omega_P) = 0$ gegeben. Das Elektronengas realer Leiter weist eine endliche Relaxationszeit auf, weshalb diese Forderung in der Praxis durch

$$\epsilon_1(\omega_P) = 0 \qquad \text{und} \qquad \epsilon_2(\omega_P) \ll 1 \tag{5.114}$$

zu ersetzen ist.

b) Wird die komplexe Dielektrizitätszahl einer Substanz in der Form $\tilde{\epsilon} = \epsilon_1 + i\epsilon_2$ dargestellt, so ergibt sich der Kehrwert dieser Größe zu

$$\frac{1}{\tilde{\epsilon}} = \frac{\epsilon_1}{\epsilon_1^2 + \epsilon_2^2} - i\frac{\epsilon_2}{\epsilon_1^2 + \epsilon_2^2}. \tag{5.115}$$

Für $\epsilon_2 \ll 1$ nimmt die Energieverlustfunktion

$$-\mathrm{Im}\left(\frac{1}{\tilde{\epsilon}}\right) = \frac{\epsilon_2}{\epsilon_1^2 + \epsilon_2^2} \tag{5.116}$$

gerade dann ein Maximum an, wenn $\epsilon_1 \to 0$ geht. Das Maximum dieser Funktion identifiziert somit die Lage der Plasmafrequenz eines Leiters.

Abb. 5.8 zeigt die Energieverlustfunktion von Aluminium. Das charakteristische Maximum dieser Funktion deutet auf eine Plasmafrequenz von $\omega_P = 15.2$ eV$/\hbar$ hin. Die in Abb. 5.8 zusätzlich eingezeichnete Kurve mit $\tau < \tau_{\mathrm{Al}}$ zeigt den Einfluß der Relaxationszeit τ der Ladungsträger auf Höhe und Breite des Resonanzmaximums der Energieverlustfunktion.

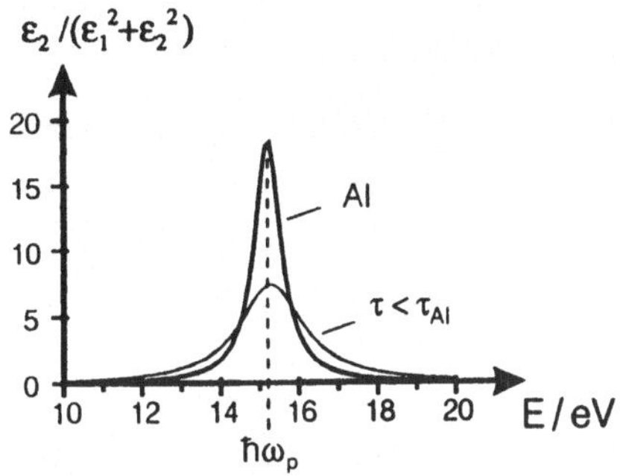

Abb. 5.8. Energieverlust-funktion von Aluminium, nach [5.1].

c) Der Zusammenhang zwischen dem komplexen Brechungsindex $\tilde{n} = n + i\kappa$ und der komplexen Dielektrizitätszahl $\tilde{\epsilon} = \epsilon_1 + i\epsilon_2$ einer Substanz wird gegeben durch

$$\tilde{n} = \sqrt{\tilde{\epsilon}\mu} \,. \tag{5.117}$$

Die Permeabilitätszahl para- und diamagnetischer Substanzen besitzt in guter Näherung den Wert $\mu = 1$. Aus $\tilde{\epsilon} = \tilde{n}^2 = (n^2 + \kappa^2) + i(2n\kappa)$ folgen Real- und Imaginärteil der komplexen Dielektrizitätszahl zu

$$\epsilon_1 = n^2 + \kappa^2 \qquad \text{und} \qquad \epsilon_2 = 2n\kappa \,, \tag{5.118}$$

und lassen sich somit aus den optischen Größe n und κ berechnen.

Reflexionsmessungen zur Bestimmung von n und κ können mit senkrecht einfallenden elektromagnetischen Wellen durchgeführt werden. Ein auf diese Weise ermitteltes Maximum in der Energieverlustfunktion besagt allerdings nicht, daß während der Messung wirklich eine Plasmaschwingung stattgefunden hat. Aufgrund ihres transversalen Charakters sind senkrecht einfallende elektromagnetische Wellen grundsätzlich nicht zum Anregen der longitudinalen Volumen-Plasmaschwingungen geeignet. Vielmehr wird während der Messung lediglich eine Frequenz ausfindig gemacht, bei der eine Plasmaschwingung stattfinden kann, sofern diese auf geeignete Weise angeregt wird. Am einfachsten läßt sich dies durch Beschießen der Probe mit Elektronen bewerkstelligen.

Lösung von Aufgabe 5.3.3

Die Plasmafrequenz eines Metalles ergibt sich nach dem Modell freier Leitungselektronen zu

$$\omega_P = \sqrt{\frac{n_e e^2}{m_a \epsilon_0}}. \tag{5.119}$$

Daß in diesem Zusammenhang von freien Elektronen gesprochen wird, soll entgegen der üblichen Bedeutung dieses Begriffs lediglich darauf hinweisen, daß ein möglicher Einfluß gebundener Elektronen auf die Plasmaschwingung vernachlässigt wird. Daß die Fermifläche der Leitungselektronen erhebliche Abweichungen von der Kugelform aufweisen kann, wird in Form einer "optischen effektiven Masse" m_a durchaus berücksichtigt. Diese Größe stimmt nicht mit der effektiven Masse m^* von Elektronen überein, welche sich aus dem Verhalten der Ladungsträger bei niedriger Frequenz ergibt. Um störende Interbandübergänge von Elektronen ausschließen zu können, erfolgt die Bestimmung der optischen effektiven Masse üblicherweise im langwelligen Spektrum des Lichts, also bei Photonenenergien $\hbar\omega \lesssim 1$ eV.

Wird davon ausgegangen, daß Silber und Kupfer jeweils ein freies Elektron pro Gitteratom ins Leitungsband abgeben, Zink dagegen zwei und Aluminium drei, so ergeben sich unter Verwendung der in Tabelle 5.1 angegebenen Daten Plasmafrequenzen, welche in Tabelle 5.2 zusammengestellt sind. In Tabelle 5.2 sind zudem entsprechende Plasmonenenergien $\hbar\omega_P$ angegeben, sowie die Wellenlängen $\lambda_P = 2\pi c/\omega_P$, welche Licht mit der Kreisfrequenz ω_P im Vakuum aufweist.

Wie der Vergleich mit den experimentellen Meßwerten zeigt, scheinen Beiträge gebundener Elektronen in jedem dieser Fälle eine gewisse Rolle zu spielen. Besonders auffällig ist dabei die starke Abweichung im Fall von Silber.

Der Einfluß gebundener Elektronen auf den Verlauf der komplexen Dielektrizitätszahl $\tilde{\epsilon} = \epsilon_1 + i\epsilon_2$ realer Metalle macht es erforderlich, diese Größe als Summe von Beiträgen freier und gebundener Elektronen darzustellen:

Tabelle 5.2. Plasmafrequenz ω_P, Plasmonenenergie $\hbar\omega_P$ und entsprechende Lichtwellenlänge λ_P für verschiedene Metalle, berechnet nach dem Modell freier Elektronen.

Metall	$\dfrac{n_e}{10^{22}\,\text{cm}^{-3}}$	$\dfrac{m_a}{m_e}$	$\dfrac{\omega_P}{10^{16}\,\text{s}^{-1}}$	$\dfrac{\hbar\omega_P}{\text{eV}}$	$\dfrac{\lambda_P}{\text{nm}}$
Ag	5.86	1.03	1.35	8.86	140
Al	6.02	1.50	1.96	12.88	96
Cu	8.46	1.42	1.38	9.06	137
Zn	6.57	2.04	1.43	9.42	132

$$\epsilon_1 = \epsilon_1^{(f)} + \delta\epsilon_1^{(b)} \tag{5.120}$$

$$\epsilon_2 = \epsilon_2^{(f)} + \delta\epsilon_2^{(b)} . \tag{5.121}$$

Die von freien Elektronen herrührenden Beiträge $\epsilon_1^{(f)}$ und $\epsilon_2^{(f)}$ werden dabei weiterhin durch die Gleichungen (5.111), (5.112) und (5.113) beschrieben.[9]

In Abb. 5.9 ist dargestellt, wie sich der Einfluß gebundener Elektronen auf die komplexe Dielektrizitätszahl im Fall von Kupfer auswirkt. Die Nullstelle der Funktion ϵ_1 wird durch den Beitrag gebundener Elektronen zu einer niedrigeren Frequenz hin verschoben, was den Unterschied zwischen der nach dem Modell freier Elektronen berechneten Plasmonenenergie $\hbar\omega_P^{(f)} = 9.06$ eV und dem experimentell bestimmten Wert $\hbar\omega_P = 7.5$ eV erklärt. Wie Abb. 5.9 ebenfalls zeigt, wird der Beitrag gebundener Elektronen zur komplexen Dielektrizitätszahl offenbar gerade dann besonders groß, wenn Interbandübergänge, also Übergänge von Elektronen zwischen verschiedenen Energiebändern, einsetzen.

Anhand der in Abb. 5.10 schematisch dargestellten Bandstruktur der Edelmetalle Kupfer, Silber und Gold ist zu erkennen, daß das von freien s-Elektronen gebildete Leitungsband die-

---

[9] Alternativ dazu läßt sich der Einfluß gebundener Elektronen auch in der Dielektrizitätszahl ϵ der Gitteratome erfassen, also $\epsilon = 1 + \delta\epsilon^{(b)}$, so daß $\epsilon_1 = \epsilon(1 - \omega_P^2/\omega^2)$ mit $\omega_P^2 = n_e e^2/m_a\epsilon\epsilon_0$.

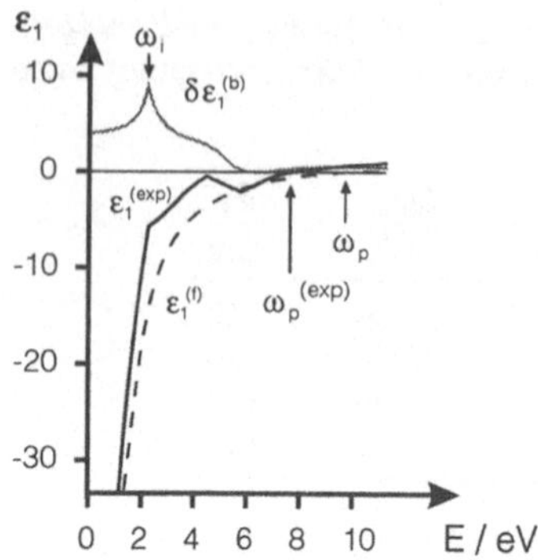

Abb. 5.9. Einfluß der Beiträge gebundener Elektronen auf die Lage der Plasmafrequenz von Kupfer, nach [5.2].

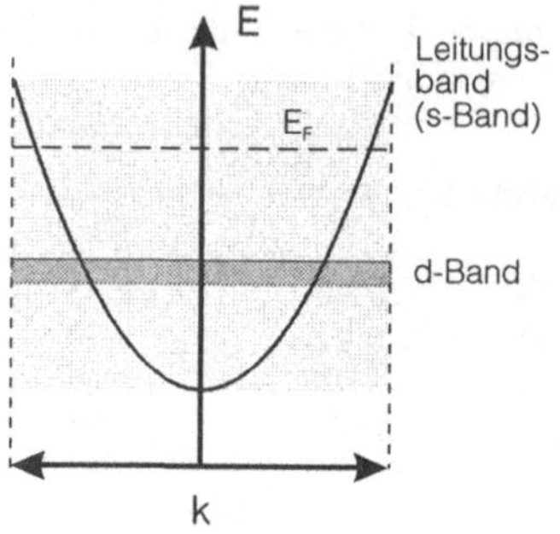

Abb. 5.10. Schematische Darstellung der Bandstruktur von Kupfer, Silber und Gold.

ser Metalle mit einem Band quasigebundener d-Elektronen überlappt. Es existiert also eine kritische Frequenz ω_i, ab der Elektronen des d-Bandes ins Leitungsband angeregt werden können.

Das Einsetzen von Interbandübergängen verursacht eine deutliche Strukturierung der komplexen Dielektrizitätszahl $\tilde{\epsilon}$, welche sich nach (5.118) und (5.16) auch im Reflexionsvermögen eines Metalles bemerkbar macht. Bei Kupfer und Gold liegt der Grenzwert für derartige Interbandübergänge bei $\hbar\omega_i \approx 2$ eV, also im sichtbaren Bereich des Spektrums, was sich in der charakteristischen Farbe dieser beiden Metalle äußert. Deutlich höher liegt der Schwellwert dagegen im Fall von Silber. Mit $\hbar\omega_i = 4$ eV tritt eine Beeinflussung des Reflexionsvermögens von Silber durch Interbandübergänge erst im ultravioletten Spektralbereich des Lichts auf, während das Reflexionsvermögen im Sichtbaren von diesen Effekten nicht beeinträchtigt wird.

6. Magnetismus

6.1 Diamagnetismus

6.1.1 Diamagnetismus ionischer Verbindungen

Zur Berechnung der diamagnetischen Suszeptibilität ionischer Verbindungen wurde von KLEMM eine empirische Methode vorgestellt. Nach dieser läßt sich jedem Ion ein vom jeweiligen Bindungspartner näherungsweise unabhängiger diamagnetischer Suszeptibilitätswert zuordnen, und der gesamte diamagnetische Beitrag zur Suszeptibilität der Verbindung ergibt sich als Summe dieser Einzelwerte.

In Tabelle 6.1 sind Werte für die magnetische Suszeptibilität verschiedener Ionen zusammengestellt, welche von KLEMM aus experimentellen Daten abgeleitet wurden. Die Werte sind in Einheiten des elektromagnetischen cgs-Systems angegeben und beziehen sich jeweils auf ein Mol der Teilchen.

a) Berechnen Sie mit Hilfe der Klemmschen Regel den diamagnetischen Anteil, welcher in die Gesamtsuszeptibilität der Verbindungen AgBr, $AgNO_3$, $Ca(OH)_2$, Cu_2O, CuO, $CuSO_4 \cdot 5\,H_2O$, NaCl und NH_4Cl eingeht. Die Ergebnisse sind ebenfalls in Einheiten des cgs-Systems anzugeben.

b) Zur Beschreibung magnetischer Phänomene wird auch heutzutage noch bevorzugt das elektromagnetische cgs-System verwendet. Den Zusammenhang zwischen cgs- und SI-System liefert die

Tabelle 6.1. Werte für die magnetische Suszeptibilität von Ionen, angegeben in Einheiten des elektromagnetischen cgs-Systems [6.1].

Kation	$\dfrac{\chi_{\text{mol}}^{(\text{cgs})}}{10^{-6}\ \text{cm}^3/\text{mol}}$	Anion	$\dfrac{\chi_{\text{mol}}^{(\text{cgs})}}{10^{-6}\ \text{cm}^3/\text{mol}}$
Ag^+	-24	Br^-	-36
Ca^{2+}	-8	Cl^-	-26
Cu^+	-12	O^{2-}	-12
Cu^{2+}	-11	$(OH)^-$	-12
Na^+	-5	$(NO_3)^-$	-20
$(NH_4)^+$	-13	$(SO_4)^{2-}$	-40

Permeabilitätszahl μ, welche in beiden Systemen denselben Wert besitzt.

Im Fall einer linearen Magnetisierungskurve gilt im cgs-System die Beziehung $B = \mu H$ mit $\mu = 1+4\pi\chi^{(\text{cgs})}$. Leiten Sie daraus den Zusammenhang zwischen Suszeptibilitätswerten im cgs-System und im SI-System her, und rechnen Sie die in Teilaufgabe a) erhaltenen Werte in entsprechende Werte des SI-Maßsystems um.

6.2 Paramagnetismus lokalisierter magnetischer Momente

6.2.1 Zweizustandssystem

Betrachten Sie ein System von Atomen mit der Gesamtdrehimpulsquantenzahl J, welches sich bei der Temperatur T in einem Magnetfeld der Stärke B_0 befindet.[10] Unter der Voraussetzung,

---

[10] $B_0 = \mu_0 H$, wobei das "makroskopische magnetische Feld" H bei nicht ferromagnetischen Substanzen in guter Näherung mit dem extern angelegten Magnetfeld H_{ext} übereinstimmt.

daß zwischen den magnetischen Momenten der Atome keine gegenseitige Wechselwirkung stattfindet, läßt sich das mittlere magnetische Moment $\langle \mu_z \rangle$ eines Atoms in z-Richtung unter Anwendung der Boltzmann-Statistik unterscheidbarer Teilchen berechnen:

$$\langle \mu_z \rangle = -g\mu_B \frac{\displaystyle\sum_{m_J=-J}^{+J} m_J \exp(-m_J \eta)}{\displaystyle\sum_{m_J=-J}^{+J} \exp(-m_J \eta)} \, . \tag{6.1}$$

Hierbei wird zur Abkürzung ein dimensionsloser Parameter

$$\eta = \frac{g\mu_B B_0}{k_B T} \tag{6.2}$$

eingeführt, welcher das Verhältnis von magnetischer zu thermischer Wechselwirkungsenergie angibt.

a) Betrachten Sie als einfachsten Fall ein "Zweizustandssystem", das wegen $J = 1/2$ nur die zwei Energieniveaus

$$E_n = \pm \frac{1}{2} g\mu_B B_0 \tag{6.3}$$

einnehmen kann. Ein Beispiel hierfür ist das paramagnetische Ion Cu^{2+}, welches im Grundzustand aufgrund eines durch das Kristallfeld gelöschten Bahndrehimpulses $L = 0$ den Gesamtdrehimpuls $J = S = 1/2$ besitzt. Berechnen Sie das mittlere magnetische Moment $\langle \mu_z \rangle$, welches in diesem Fall bei Anlegen eines magnetischen Feldes B_0 resultiert.

b) Die Magnetisierungskurve $M = N_V \langle \mu_z \rangle$ einer Substanz weist für $|\eta| \ll 1$ eine lineare Abhängigkeit von der Stärke des magnetischen Feldes auf, während sie sich für $|\eta| \gg 1$ asymptotisch einem maximalen Wert M_m nähert, der als "Sättigungsmagnetisierung" der Substanz bezeichnet wird.

Berechnen Sie für ein Zweizustandssystem das Verhältnis von B_0 zu T, bei welchem die Magnetisierungskurve vom linearen in den gesättigten Bereich übergeht. Welche magnetische Flußdichte B_0 kann demnach bei einer Temperatur von 4.2 K maximal an eine solche Probe angelegt werden, ohne daß sich eine Sättigung der Probenmagnetisierung bemerkbar macht? Sind derartige Betrachtungen auch noch notwendig, wenn sich die Probe bei Raumtemperatur befindet?

6.2.2 Brillouinfunktion

Eine allgemeine Auswertung von (6.1) liefert für die z-Komponente des mittleren magnetischen Moments eines Atoms im Quantenzustand L, S und J

$$\langle \mu_z \rangle = g\mu_B J \, \mathrm{B}_J(\eta) \, . \tag{6.4}$$

Die Abhängigkeit dieser Größe von der Temperatur sowie von der Stärke des angelegten Magnetfeldes wird durch die "Brillouinfunktion"

$$\mathrm{B}_J(\eta) = \tfrac{1}{J} \left[\tfrac{2J+1}{2} \coth\left(\tfrac{2J+1}{2}\eta \right) - \tfrac{1}{2} \coth\left(\tfrac{1}{2}\eta \right) \right] \tag{6.5}$$

beschrieben.

a) Zeigen Sie, daß die Brillouinfunktion im Grenzfall $\eta \ll 1$ einen linearen Verlauf

$$\mathrm{B}_J(\eta) \approx \frac{J+1}{3} \eta \tag{6.6}$$

aufweist, während sie sich für $\eta \gg 1$ gemäß

$$\mathrm{B}_J(\eta) \approx 1 - \frac{1}{J} \exp(-\eta) \tag{6.7}$$

asymptotisch dem Wert 1 nähert. Skizzieren Sie den Verlauf der Brillouinfunktion $\mathrm{B}_J(\eta)$ im Bereich $0 \leqslant \eta \leqslant 5$ für verschiedene Werte der Gesamtdrehimpulsquantenzahl J.

b) Nach einer von LANGEVIN im Jahr 1905 durchgeführten klassischen Rechnung besitzt ein System von Teilchen, von denen jedes ein magnetisches Moment der Größe μ besitzt, für $\mu B_0 \ll k_B T$ eine lineare Magnetisierungskurve $M = \chi H$, mit $\chi = C/T$ und $C = N_V \, \mu_0 \mu^2 / 3k_B$.

Untersuchen Sie die Magnetisierung $M = N_V \langle \mu_z \rangle$ eines Systems magnetischer Momente unter Verwendung des quantenmechanisch abgeleiteten Ausdrucks (6.4). Zeigen Sie, daß sich ein mit der Langevinschen Rechnung übereinstimmendes Resultat erzielen läßt, wenn die Größe $\mu_{\text{eff}} = g\sqrt{J(J+1)}\,\mu_B$ als Betrag des magnetischen Moments angesehen wird.

c) Im Gegensatz zur klassischen Rechnung von LANGEVIN stimmt der Sättigungswert μ_m des magnetischen Moments in z-Richtung bei der quantenmechanischen Behandlung des Problems nicht mit dem Betrag μ_{eff} des magnetischen Moments überein, welcher in die Curie-Konstante C eingeht. Geben Sie hierfür eine anschauliche Erklärung, und erläutern Sie, welche Information dem Quotienten μ_m / μ_{eff} entnommen werden kann.

6.2.3 Hundsche Regeln

Der energetische Grundzustand einer Elektronenkonfiguration läßt sich bei Vorliegen einer Russel-Saunders-Kopplung mittels der drei nachfolgenden Hundschen Regeln ermitteln:

1. Die Spins s_i orientieren sich so zueinander, daß sich unter Berücksichtigung des Pauliprinzips eine maximale Gesamtspinquantenzahl $S = \sum_i m_{s_i}$ ergibt.

2. Die Bahndrehimpulse ℓ_i orientieren sich so zueinander, daß sich unter Berücksichtigung der ersten Regel eine maximale Gesamtbahndrehimpulsquantenzahl $L = \sum_i m_{\ell_i}$ ergibt.

3. Die resultierende Gesamtdrehimpulsquantenzahl besitzt für eine weniger als halbvolle Schale den Wert $J = |L - S|$, für eine mehr als halbvolle Schale den Wert $J = L + S$.

Skizzieren Sie mit Hilfe eines symbolischen Kästchenschemas die Besetzung von 4f-Orbitalen im Grundzustand der Ionen La^{3+}, Pr^{3+}, Eu^{3+}, Tb^{3+}, Er^{3+} und Lu^{3+}. Wie lauten die entsprechenden Termbezeichnungen $^{2S+1}(L)_J$ des Grundzustands in spektroskopischer Notation?

Hinweis: Bahndrehimpulsquantenzahlen $L = 0, 1, 2, 3, 4, 5, 6 \ldots$ werden dabei in Form der Symbole $(L) =$ S, P, D, F, G, H, I $\ldots$ angegeben.

6.2.4 Magnetische Momente von 4f-Ionen

a) Berechnen Sie den Landéschen g-Faktor und das effektive magnetische Moment

$$\mu_{\text{eff}} = g \, \sqrt{J(J+1)} \, \mu_B \tag{6.8}$$

der 4f-Ionen La^{3+}, Pr^{3+} und Tb^{3+}. Vergleichen Sie die Ergebnisse mit den experimentell ermittelten Werten $\mu_{\text{exp}}(La^{3+}) = 0$, $\mu_{\text{exp}}(Pr^{3+}) = 3.6 \, \mu_B$ und $\mu_{\text{exp}}(Tb^{3+}) = 9.7 \, \mu_B$.

b) Weshalb liefern abgeschlossene Schalen eines Atoms grundsätzlich keinen Beitrag zum Langevin-Paramagnetismus einer Substanz? Welchen Beitrag zur magnetischen Suszeptibilität liefern sie dagegen in jedem Fall?

6.2.5 Spinmagnetismus von Übergangsmetallionen

a) Bestimmen Sie mit Hilfe der Hundschen Regeln die Termbezeichnungen für den Grundzustand der 3d-Ionen V^{4+}, Ti^{2+}, Cr^{3+}, Fe^{3+}, Ni^{3+}, Cu^{2+} und Cu^{+}.

b) Berechnen Sie den g-Faktor und das effektive magnetische Moment der Ionen Ti^{2+}, Cr^{3+} und Cu^{2+}. Vergleichen Sie die berechneten Werte mit den experimentellen Daten $\mu_{\text{exp}}(Ti^{2+}) = 2.8 \, \mu_B$,

$\mu_{exp}(Cr^{3+}) = 3.8\ \mu_B$ und $\mu_{exp}(Cu^{2+}) = 1.9\ \mu_B$. Ergibt sich eine bessere Übereinstimmung, wenn angenommen wird, daß der Bahndrehimpuls von Übergangsmetallionen im Kristallgitter "gelöscht" wird, d.h. $L = 0$ vorliegt?

6.2.6 Magnetische Suszeptibilität von Magnesiumtitanat

Die Mischkristallreihe $Mg_{2-x}Ti_{1+x}O_4$ ($0 \leqslant x \leqslant 1$) zeigt einen kontinuierlichen Übergang vom inversen Spinell Mg_2TiO_4 zum Normalspinell $MgTi_2O_4$. Die erstgenannte Verbindung stellt einen farblosen Isolator dar, während es sich bei der letzteren um einen schwarzen niederohmigen Halbleiter handelt.

a) Berechnen Sie mit Hilfe der in Tabelle 6.2 angegebenen Werte die molare magnetische Suszeptibilität, welche nach KLEMM für Mg_2TiO_4 zu erwarten ist (vgl. Aufgabe 6.1.1).

Tabelle 6.2. Werte für die magnetische Suszeptibilität von Ionen, angegeben in SI-Einheiten [6.1].

Ion	$\dfrac{\chi_{mol}}{10^{-5}\ cm^3/mol}$
Mg^{2+}	-3.1
Ti^{3+}	-11.6
Ti^{4+}	-6.3
O^{2-}	-15.1

Experimentell wird bei Mg_2TiO_4 eine temperaturunabhängige magnetische Suszeptibilität gefunden, allerdings ist deren Betrag wesentlich kleiner, als es die Werte von Tabelle 6.2 erwarten lassen. Der von abgeschlossenen Elektronenschalen verursachte Diamagnetismus der Ionen wird offenbar durch einen weiteren magnetischen Beitrag kompensiert. Welche Art von Magnetismus kommt für diesen Zusatzbeitrag in Frage?

b) Die molare Curie-Konstante einer Verbindung, welche z gleich-
artige magnetische Ionen pro Formeleinheit enthält, wird gegeben
durch

$$C_{\text{mol}} = z \cdot N_{\text{A}} \, \frac{\mu_0 \mu_{\text{eff}}^2}{3 k_{\text{B}}} \,. \tag{6.9}$$

Berechnen Sie die molare Curie-Konstante von $MgTi_2O_4$, und geben Sie die gesamte Molsuszeptibilität der Verbindung bei Raumtemperatur (20 °C) an. Beachten Sie dabei, daß Ti^{3+} als 3d-Ion
reinen Spinmagnetismus zeigt.

c) Als intensive Größe ist die magnetische Suszeptibilität einer
Substanz stets auf das Volumen V, die Masse m oder die Molzahl
$N_{\text{mol}} = N/N_{\text{A}}$ der Teilchen in einer Probe bezogen. Der Zusammenhang zwischen der Volumensuszeptibilität χ, der Grammsuszeptibilität χ_{g} und der Molsuszeptibilität χ_{mol} einer Substanz
lautet

$$\chi V = \chi_{\text{g}} m = \chi_{\text{mol}} N_{\text{mol}} \,. \tag{6.10}$$

Wie groß ist die Grammsuszeptibilität von $MgTi_2O_4$ bei Raumtemperatur?

6.3 Elektrisches Kristallfeld

6.3.1 Reellwertige Lösungen der Schrödingergleichung

Als Lösung der Schrödingergleichung für ein Elektron im zentral-
symmetrischen Coulombpotential ergeben sich Wellenfunktionen
der Form

$$\psi_{n\ell m}(r, \vartheta, \varphi) = R_{n\ell}(r) \, Y_{\ell m}(\vartheta, \varphi) \,, \tag{6.11}$$

welche sich gut zur Beschreibung der meisten physikalischen Pro-
bleme eignen. Die winkelabhängige chemische Bindung zwischen

Atomen dagegen läßt sich einfacher verstehen, wenn anstelle der für $m \neq 0$ komplexwertigen Funktionen rein reellwertige Lösungen der Schrödingergleichung verwendet werden. Diese können durch Bildung von Linearkombinationen der Form

$$\psi^{\pm}_{\ell|m|}(\vartheta, \varphi) \propto \{\psi_{n\ell m} \pm \psi_{n\ell -m}\} \qquad (6.12)$$

aus den Wellenfunktionen $\psi_{n\ell m}(r, \vartheta, \varphi)$ erzeugt werden.

Tabelle 6.3. Reelle orthonormierte Linearkombinationen der Kugelflächenfunktionen $Y_{\ell m}(\vartheta, \varphi)$ für $\ell = 0$ bis 2 [6.2].

ℓ	$|m|$	$Y^{\pm}_{\ell|m|}(\vartheta, \varphi)$	Orbital
0	0	$\sqrt{1/4\pi}$	s
1	0	$\sqrt{3/4\pi}\,\cos\vartheta$	p_z
1	1	$\sqrt{3/4\pi}\,\sin\vartheta\,\cos\varphi$	p_x
1	1	$\sqrt{3/4\pi}\,\sin\vartheta\,\sin\varphi$	p_y
2	0	$\sqrt{5/16\pi}\,(3\cos^2\vartheta - 1)$	$d_{3z^2-r^2}$
2	1	$\sqrt{15/4\pi}\,\cos\vartheta\,\sin\vartheta\,\cos\varphi$	d_{xz}
2	1	$\sqrt{15/4\pi}\,\cos\vartheta\,\sin\vartheta\,\sin\varphi$	d_{yz}
2	2	$\sqrt{15/16\pi}\,\sin^2\vartheta\,\cos 2\varphi$	$d_{x^2-y^2}$
2	2	$\sqrt{15/16\pi}\,\sin^2\vartheta\,\sin 2\varphi$	d_{xy}

Wegen $Y_{\ell m}(\vartheta, \varphi) \propto \exp(im\varphi)$ werden dabei jeweils zwei komplexwertige Wellenfunktionen $\psi_{n\ell \pm |m|}(\vartheta, \varphi) \propto \exp(\pm i|m|\varphi)$ durch ein dazu äquivalentes Paar reellwertiger Wellenfunktionen $\psi^{+}_{n\ell|m|}(\vartheta, \varphi) \propto \cos|m|\varphi$ und $\psi^{-}_{n\ell|m|}(\vartheta, \varphi) \propto \sin|m|\varphi$ ersetzt. Man erhält auf diese Weise für $\ell = 0$ ein s-Orbital, für $\ell = 1$ drei p-Orbitale, für $\ell = 2$ fünf d-Orbitale, für $\ell = 3$ sieben f-Orbitale, etc. In Tabelle 6.3 sind die reellen orthonormierten Linearkombinationen der Kugelflächenfunktionen für $\ell = 0$ bis 2 zusammengestellt; die gebräuchlichen Bezeichnungen für die entsprechenden Orbitale sind beigefügt.[11]

---

[11]Für das Orbital $d_{3z^2-r^2}$ wird häufig die Abkürzung d_{z^2} verwendet.

a) Die komplexwertigen Lösungen $\psi_{n\ell m}(r, \vartheta, \varphi)$ der Schrödingergleichung stellen Eigenfunktionen des Hamiltonoperators $\mathcal{H}$ und der Bahndrehimpulsoperatoren ℓ^2 und ℓ_z dar; außerdem weist der Betrag der Funktionen eine Rotationssymmetrie bezüglich der z-Achse auf. Welche der genannten Eigenschaften treffen auch auf die reellwertigen Linearkombinationen (6.12) dieser Wellenfunktionen zu?

b) Drücken Sie die unter Verwendung von Kugelkoordinaten angegebenen Linearkombinationen $Y^{\pm}_{\ell|m|}(\vartheta, \varphi)$ von Tabelle 6.3 durch kartesische Koordinaten aus, und erklären Sie damit die Bezeichnungen der entsprechenden Orbitale.

c) Skizzieren Sie dreidimensionale Polardiagramme der Funktionen $|Y^{\pm}_{\ell|m|}(\vartheta, \varphi)|^2$ für $\ell = 0$ bis 2. Es empfiehlt sich dabei, zunächst ebene Polardiagramme zu betrachten, welche Schnitte dieser Funktionen mit den Ebenen $x = 0$, $y = 0$ bzw. $z = 0$ darstellen.

6.3.2 Kristallfeldaufspaltung von Energieniveaus

Bei einem freien Ion sind sämtliche Zustände mit gleicher Bahndrehimpulsquantenzahl L energetisch entartet.[12] Befindet sich das Ion dagegen in einem elektrischen Feld, welches von Liganden in einer bestimmten geometrischen Anordnung erzeugt wird, so kann diese Entartung hinsichtlich der Bahndrehimpulsquantenzahl ganz oder teilweise aufgehoben werden. Aufgrund der abstoßenden Wechselwirkung zwischen den Elektronen liegt das Energieniveau eines Zustands umso niedriger, je weniger die dazugehörige Wellenfunktion mit den umgebenden Liganden überlappt.

---

[12] Der energetische Einfluß der Spin-Bahn-Wechselwirkung soll hier nicht betrachtet werden.

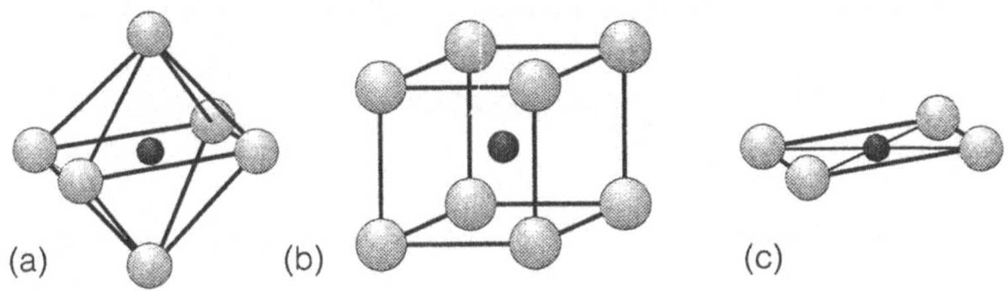

Abb. 6.1. Zentral gelegenes Ion im elektrischen Feld einer (a) oktaedrischen, (b) würfelförmigen und (c) quadratisch planaren Umgebung von Liganden.

a) In Abb. 6.1 sind Ionen dargestellt, welche von Liganden in oktaedrischer, würfelförmiger und quadratisch planarer Anordnung umgeben werden. Skizzieren Sie für jede der abgebildeten Konfigurationen die zu erwartende energetische Aufspaltung von d-Zuständen.

b) Sind Liganden in Form eines regulären Tetraeders angeordnet, so ergibt sich für die Energieniveaus des zentral gelegenen Ions qualitativ die gleiche Kristallfeldaufspaltung wie im Fall einer würfelförmigen Anordnung. Unterschiedlich ist mit $\Delta_t = \Delta_w/2$ lediglich die Stärke der Aufspaltung. Gibt es dafür eine einfache Erklärung?

c) Läßt es sich im Rahmen der Kristallfeldtheorie erklären, weshalb das Ion Co^{3+} in der Komplexverbindung $[Co(NH_3)_6]Cl_3$ kein magnetisches Moment besitzt, obwohl nach den Hundschen Regeln ein effektives magnetisches Moment von $\mu_{eff} = 4.90\ \mu_B$ zu erwarten ist?

6.4 Magnetismus delokalisierter Elektronen

6.4.1 Magnetische Suszeptibilität von Kupfer und Aluminium

Unter der Voraussetzung, daß das Elektronengas eines Metalles in guter Näherung einem freien Elektronengas entspricht, liefert dieses einen praktisch temperaturunabhängigen paramagnetischen Beitrag

$$\chi_{\text{mol}}^{\text{el}} = z \cdot N_{\text{A}} \frac{\mu_0 \mu_{\text{B}}^2}{E_{\text{F}}(0)} \tag{6.13}$$

zur gesamten Suszeptibilität des Festkörpers. Dabei stellt z die Zahl der Valenzelektronen des Metalles dar; $E_{\text{F}}(0)$ ist die Fermienergie des Elektronengases bei $T = 0$.

a) Beschreiben Sie qualitativ, aus welchen Anteilen sich die magnetische Suszeptibilität eines Elektronengases zusammensetzt.

b) Die Fermienergie von Kupfer beträgt $E_{\text{F}}(0) = 7.00$ eV. Berechnen Sie den Beitrag $\chi_{\text{mol}}^{\text{el}}$ des Elektronengases zur molaren magnetischen Suszeptibilität von Kupfer in der Näherung freier Elektronen.

c) Die magnetische Suszeptibilität eines Metalles enthält neben dem paramagnetischen Anteil $\chi_{\text{mol}}^{\text{el}}$ des Elektronengases auch noch einen diamagnetischen Anteil, welcher auf die abgeschlossenen Elektronenschalen der Ionenrümpfe zurückzuführen ist. Schätzen Sie die gesamte magnetische Suszeptibilität von Kupfer ab, indem Sie den Beitrag der Ionenrümpfe unter Verwendung des Klemmschen Wertes $\chi_{\text{mol}}^{\text{Rumpf}} \approx -15 \cdot 10^{-5}$ cm^3/mol für Cu$^+$ in ionischen Verbindungen berücksichtigen. Vergleichen Sie das Ergebnis mit dem experimentellen Meßwert $\chi_{\text{mol}} = -6.91 \cdot 10^{-5}$ cm^3/mol.

d) Kupfer besitzt eine Dichte von $\rho = 8.93 \text{ g/cm}^3$ und eine molare Masse von $m_{\text{mol}} = 63.5 \text{ g/mol}$. Berechnen Sie aus der in Teilaufgabe c) angegebenen experimentellen Molsuszeptibilität χ_{mol} von Kupfer die Grammsuszeptibilität χ_{g} und die Volumensuszeptibilität χ des Metalles.

e) Berechnen Sie zum Vergleich die molare magnetische Suszeptibilität von Aluminium, dessen Fermienergie bei $E_{\text{F}}(0) = 11.63 \text{ eV}$ liegt. Der diamagnetische Beitrag der Ionenrümpfe soll unter Verwendung des Klemmschen Wertes für Al^{3+} in ionischen Verbindungen ($\chi_{\text{mol}}^{\text{Rumpf}} \approx -2.5 \cdot 10^{-5} \text{ cm}^3/\text{mol}$) berücksichtigt werden. Im Experiment ergibt sich $\chi_{\text{mol}} = +20.5 \cdot 10^{-5} \text{ cm}^3/\text{mol}$. Wie gut ist die Übereinstimmung zwischen Theorie und Experiment in diesem Fall?

6.5 Kooperative magnetische Erscheinungen

6.5.1 Klassische Dipol-Dipol-Wechselwirkung

Ein magnetischer Dipol $\boldsymbol{\mu}$, der sich im Ursprung des Koordinatensystems befindet (Abb. 6.2), erzeugt in seiner Umgebung das Magnetfeld

$$\boldsymbol{B}(\boldsymbol{r}) = \frac{\mu_0}{4\pi} \frac{3(\boldsymbol{\mu} \cdot \boldsymbol{r})\boldsymbol{r} - r^2\boldsymbol{\mu}}{r^5} . \tag{6.14}$$

Berechnen Sie die Stärke des Magnetfeldes, welches ein Atom mit dem magnetischen Moment $\mu \approx 1 \, \mu_{\text{B}}$ am Ort eines Nachbaratoms maximal erzeugen kann. Ein für die Ferromagnete Eisen, Cobalt und Nickel typischer Abstand nächster Nachbarn r_0 kann aus den folgenden Angaben berechnet werden: Eisen besitzt bei Raumtemperatur ein bcc-Gitter mit $a = 2.866$ Å, Cobalt ein hcp-Gitter mit $a = 2.507$ Å und $c = 4.069$ Å, und Nickel ein fcc-Gitter mit $a = 3.524$ Å.

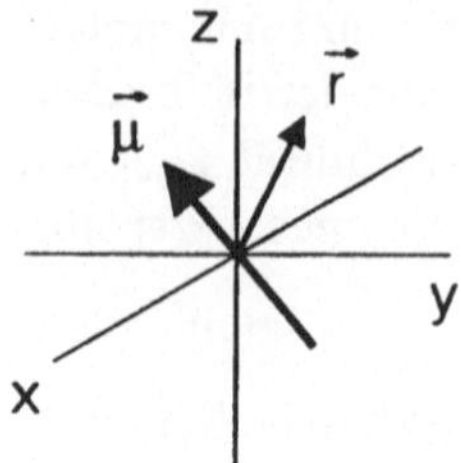

Abb. 6.2. Schematische Darstellung eines magnetischen Dipols im Ursprung des Koordinatensystems.

Vergleichen Sie die maximale Energie der magnetischen Dipol-Dipol-Wechselwirkung mit der thermischen Energie $k_B T$, welche die Dipole bei der Curie-Temperatur $T_C \approx 10^3$ K besitzen. Halten Sie es aufgrund dieses Vergleichs für möglich, daß die Kopplung magnetischer Momente in Ferromagneten durch eine klassische Dipol-Dipol-Wechselwirkung verursacht wird? Wie stark müßte das Feld am Ort eines Dipols sein, damit die magnetische Energie des Dipols bei 10^3 K mit der thermischen Energie in Konkurrenz treten könnte?

6.5.2 Curie-Weiss-Gesetz

Oberhalb der magnetischen Ordnungstemperatur läßt sich die magnetische Suszeptibilität einer ferro- bzw. antiferromagnetischen Substanz in Abhängigkeit von der Temperatur durch ein erweitertes Curie-Weiss-Gesetz

$$\chi = \chi_0 + \frac{C}{T - \theta} \tag{6.15}$$

beschreiben.

a) Erklären Sie die Bedeutung der Parameter χ_0, C und θ, welche in dieser Formel auftreten. Welches Vorzeichen besitzt die Größe θ, wenn zwischen den magnetischen Momenten der Substanz eine ferromagnetische bzw. eine antiferromagnetische Wechselwirkung herrscht? Skizzieren Sie entsprechende Graphen von χ in Abhängigkeit von der Temperatur T.

b) Weshalb kann das Curie-Gesetz der Magnetostatik als ein Analogon zum idealen Gasgesetz der Thermodynamik angesehen werden? Versuchen Sie, gemeinsame Merkmale dieser beiden Gesetze darzustellen, und erläutern Sie auch die Analogie zwischen dem Curie-Weiss-Gesetz und der van der Waals-Gleichung realer Gase.

6.5.3 Makroskopisches magnetisches Feld

Ellipsoidförmige Proben sind die einzigen Körper, welche in einem homogenen externen Magnetfeld H_{ext} eine ebenfalls homogene Magnetisierung M aufweisen. Als Folge dieser Magnetisierung resultiert im Probeninnern ein "makroskopisches magnetisches Feld" der Stärke

$$H = H_{ext} + H_N \,, \tag{6.16}$$

mit einem dem externen Feld entgegengerichteten "Entmagnetisierungsfeld"

$$H_N = -NM \,. \tag{6.17}$$

Die Größe N wird als "Entmagnetisierungsfaktor" des Körpers bezeichnet und hängt von der jeweiligen Probengeometrie ab.[13]

a) Berechnen Sie für den Fall einer linearen Magnetisierungskurve $M = \chi H$ die Stärke des makroskopischen magnetischen Feldes H sowie der magnetischen Flußdichte B im Probeninnern in Abhängigkeit von der Stärke des extern angelegten Feldes H_{ext}.

b) Bei einer experimentellen Bestimmung der Magnetisierungskurve oder der magnetischen Suszeptibilität einer Substanz kann nur die Stärke des extern angelegten Magnetfeldes H_{ext} direkt gemessen werden, beispielsweise mit Hilfe einer am Polschuh des

---

[13]Formeln zur Berechnung des Entmagnetisierungsfaktors von Rotationsellipsoiden können [6.3,4] entnommen werden.

Magnets befestigten Hallsonde. Man erhält aus diesem Grund anstelle der gewünschten Meßgrößen $M(H)$ und $\chi = M/H$ zunächst nur die auf das externe Feld bezogenen Größen $M(H_\text{ext})$ und $\bar\chi = M/H_\text{ext}$.

Geben Sie den Zusammenhang zwischen $\bar\chi$ und χ an. Ergibt sich bei der Untersuchung dia- und paramagnetischer Proben ein merklicher Fehler, wenn der Unterschied zwischen H_ext und H vernachlässigt wird? Wie sieht die Situation dagegen bei supraleitenden Proben aus?

c) Aus welchem Grund weisen ferromagnetische Substanzen nichtlineare Magnetisierungskurven auf? Welche Unterschiede bestehen zwischen der gemessenen Magnetisierungskurve $M(H_\text{ext})$ einer ferromagnetischen Probe und der auf das innere Magnetfeld bezogenen Magnetisierungskurve $M(H)$ dieser Substanz?

6.5.4 Molekularfeldnäherung des Ferromagnetismus

Im Jahr 1907 wurde von WEISS eine phänomenologische Theorie des Ferromagnetismus entwickelt, dessen Ausgangspunkt der Paramagnetismus lokalisierter magnetischer Momente darstellt.

Bekanntlich erfährt ein System magnetischer Dipolmomente, zwischen denen keine gegenseitige Wechselwirkung stattfindet, unter dem Einfluß eines Magnetfeldes $B_0 = \mu_0 H$ die Magnetisierung

$$M = N_V \cdot g\mu_\text{B} J\, \text{B}_J(\eta)\,, \tag{6.18}$$

wobei das Magnetfeld B_0 und die Temperatur T des Systems in den dimensionslosen Parameter

$$\eta = \frac{g\mu_\text{B} B_0}{k_\text{B} T} \tag{6.19}$$

eingehen, und die Brillouinfunktion gegeben wird durch

$$\text{B}_J(\eta) = \tfrac{1}{J}\left[\tfrac{2J+1}{2}\coth\left(\tfrac{2J+1}{2}\eta\right) - \tfrac{1}{2}\coth\left(\tfrac{1}{2}\eta\right)\right]. \tag{6.20}$$

Um eine Wechselwirkung zwischen den Dipolen zu berücksichtigen, nahm WEISS an, daß der Einfluß sämtlicher Dipole auf einen herausgegriffenen magnetischen Dipol äquivalent ist zu der Wirkung, die ein magnetisches Feld der Stärke $H_\mathrm{m} = \gamma M$ auf den Dipol ausüben würde. Gemäß dieser Annahme läßt sich also die Wechselwirkung zwischen magnetischen Momenten in Form eines "effektiven Magnetfeldes"

$$B_\mathrm{eff} = \mu_0(H + H_\mathrm{m}) = \mu_0(H + \gamma M) \qquad (6.21)$$

berücksichtigen. Die dimensionslose Proportionalitätskonstante γ wird als "Molekularfeldkonstante" bezeichnet.

a) Untersuchen Sie ein System wechselwirkender magnetischer Dipolmomente in Abwesenheit eines externen Magnetfeldes, d.h. für $H = 0$. Zeigen Sie, daß in diesem Fall eine spontane Magnetisierung des Systems auftreten kann, sofern eine bestimmte Maximaltemperatur, die "Curie-Temperatur" T_C, nicht überschritten wird. Berechnen Sie den Zusammenhang zwischen der Curie-Temperatur T_C und der Molekularfeldkonstante γ.

Hinweis: Formen Sie (6.18) so um, daß Sie einen Ausdruck für die relative Magnetisierung $M(T)/M(0)$ des Systems erhalten, und verfahren Sie genauso mit der aus (6.19) und (6.21) resultierenden Funktion $\eta(M)$. Ein für $|\eta| \ll 1$ gültiger Näherungsausdruck für die Brillouinfunktion lautet

$$B_J(\eta) \approx \frac{J+1}{3}\,\eta - \frac{J+1}{3}\,\frac{J^2 + (J+1)^2}{30}\,\eta^3\,. \qquad (6.22)$$

b) Unter Verwendung des in Teilaufgabe a) erhaltenen Ausdrucks für die Curie-Temperatur T_C läßt sich der Parameter η darstellen als

$$\eta = \frac{3}{J+1}\,\frac{T_\mathrm{C}}{T}\,\frac{M(T)}{M(0)}\,. \qquad (6.23)$$

Zeigen Sie mit Hilfe von (6.23), daß die Molekularfeldnäherung für die Temperaturabhängigkeit der spontanen Magnetisierung

einer ferromagnetischen Probe bei tiefer Temperatur ($T \ll T_{\mathrm{C}}$)
den Verlauf

$$\frac{M(T)}{M(0)} \approx 1 - \frac{1}{J} \exp\left(-\frac{3}{J+1}\frac{T_{\mathrm{C}}}{T}\right) \tag{6.24}$$

voraussagt, und nahe der Curie-Temperatur ($T \lesssim T_{\mathrm{C}}$) den Verlauf

$$\frac{M(T)}{M(0)} \approx \sqrt{\frac{10}{3}\frac{(J+1)^2}{J^2+(J+1)^2}\left(1-\frac{T}{T_{\mathrm{C}}}\right)} . \tag{6.25}$$

c) Untersuchen Sie abschließend, wie sich die Wechselwirkung
zwischen den magnetischen Dipolmomenten oberhalb der Curie-
Temperatur auswirkt. Zeigen Sie, daß das Curie-Gesetz $\chi = C/T$
nicht wechselwirkender magnetischer Dipolmomente infolge des
Ansatzes (6.21) übergeht in das Curie-Weiss-Gesetz

$$\chi = \frac{C}{T-\theta}, \tag{6.26}$$

und daß die "paramagnetische Curie-Temperatur" θ im Rahmen
dieser Näherung mit der Curie-Temperatur T_{C} des ferromagnetischen Phasenübergangs übereinstimmt.

6.5.5 Klassifizierung von Ferromagneten

In Tabelle 6.4 sind Kenndaten verschiedener Ferromagnete angegeben. Die Angaben zur Struktur beziehen sich dabei auf Raumtemperatur.

a) Berechnen Sie aus der im paramagnetischen Temperaturbereich ermittelten Curie-Konstante

$$C = N_V \frac{\mu_0 \mu_{\mathrm{eff}}^2}{3k_{\mathrm{B}}} \tag{6.27}$$

Tabelle 6.4. Struktur, Gitterkonstanten a und c, Curie-Temperatur T_C, paramagnetische Curie-Temperatur θ, Curie-Konstante C und Sättigungsmagnetisierung M_m für verschiedene Ferromagnete.

Substanz	Struktur	$\dfrac{a}{\text{Å}}$	$\dfrac{T_C}{\text{K}}$	$\dfrac{\theta}{\text{K}}$	$\dfrac{C}{\text{K}}$	$\dfrac{M_m}{10^6\,\text{A/m}}$
Fe	bcc	2.867	1043	1100	2.22	1.746
Co	hcp[a]	2.507	1395	1415	2.24	1.446
Ni	fcc	3.524	629	649	0.59	0.510
Gd	hcp[b]	3.636	289	302	5.00	2.060
EuO	NaCl	5.144	67	76	4.84	1.920
GdCl$_3$	Y(OH)$_3$[c]	7.363	2.2	2.6	1.72	0.672

[a] Gitterkonstante $c = 4.069$ Å; [b] Gitterkonstante $c = 5.783$ Å.
[c] Hexagonal mit zwei Formeleinheiten pro Einheitszelle, $c = 4.105$ Å.

das effektive magnetische Moment μ_{eff} pro Atom bzw. Molekül, und aus den Werten für die Sättigungsmagnetisierung

$$M_m = N_V\,\mu_m \tag{6.28}$$

das maximale magnetische Moment μ_m pro Atom bzw. Molekül in Magnetisierungsrichtung. Die Größe N_V gibt die Zahl der Atome bzw. Moleküle pro Volumeneinheit an und ist aus den Gitterparametern zu berechnen.

b) Berechnen Sie die bei freien Eu^{2+} bzw. Gd^{3+}-Ionen theoretisch erwarteten Momente μ_{eff} und μ_m. Zeigt der Vergleich mit den experimentellen Werten, daß die Annahme eines ausschließlich von 4f-Elektronen hervorgerufenen lokalisierten Ferromagnetismus bei Gd, EuO und GdCl$_3$ gerechtfertigt ist?

c) Gyromagnetische Experimente an Fe, Co und Ni zeigen, daß der g-Faktor dieser Substanzen einen Wert sehr nahe bei 2 besitzt, der Magnetismus also nur durch den Spin von Elektronen verursacht wird. Die Temperaturabhängigkeit der spontanen Magnetisierung $M_S(T)$ stimmt bei diesen Substanzen am besten mit dem von der Molekularfeldnäherung vorhergesagten Verlauf überein, wenn für die Gesamtdrehimpulsquantenzahl J der Wert $J = 1/2$ angenommen wird.

Welche Werte für μ_{eff} und μ_{m} sollten Fe, Co und Ni aufweisen, wenn angenommen wird, daß deren Ferromagnetismus durch lokalisierte magnetische Momente verursacht wird? Zeigen Sie, daß diese Werte deutlich von den experimentell ermittelten Werten abweichen. Welche Schlußfolgerung kann daraus gezogen werden?

Lösungen zu Abschnitt 6.1

Lösung von Aufgabe 6.1.1

a) Der diamagnetische Suszeptibilitätsbeitrag eines Atoms, welches insgesamt n Elektronen besitzt, läßt sich nach LANGEVIN durch den Ausdruck

$$\chi_{\text{mol}} = -N_{\text{A}} \frac{\mu_0 e^2}{6 m_e} \sum_{i=1}^{n} \langle r_i^2 \rangle \tag{6.29}$$

berechnen. Während LANGEVIN den Elektronen noch Bahnen mit festem Radius r_i zugeordnet hat, muß die Größe $\langle r_i^2 \rangle$ quantenmechanisch korrekt als Erwartungswert des Operators $\hat{r}_i^2$ angesehen werden. Dabei sind die Erwartungswerte von Bahnradien eines Ions in erster Näherung unabhängig vom jeweiligen Bindungspartner des Ions, was die Gültigkeit der Klemmschen Berechnungsmethode erklärt.

Eine Berechnung der diamagnetischen Suszeptibilitätsbeiträge für die in der Aufgabenstellung angegebenen Verbindungen erfordert lediglich eine Addition der in Tabelle 6.1 angegebenen Einzelbeiträge, womit sich die in Tabelle 6.5 zusammengestellten Werte ergeben.

Zur Berechnung der diamagnetischen Suszeptibilität des Kristallwassers in Kupfersulfat wird außer dem in Tabelle 6.1 angegebenen Wert für das Hydroxidanion $(OH)^-$ noch ein entsprechender Wert für das Wasserstoffkation H^+ benötigt. Ein Vergleich der

Tabelle 6.5. Diamagnetische Beiträge zur Suszeptibilität ionischer Verbindungen, berechnet aus den Werten von Tabelle 6.1.

Verbindung	$\dfrac{\chi_{mol}^{(cgs)}}{10^{-6}\ cm^3/mol}$	$\dfrac{\chi_{mol}^{(SI)}}{10^{-5}\ cm^3/mol}$
Ag^+Br^-	-60	-75.4
$Ag^+(NO_3)^-$	-44	-55.3
$Ca^{2+}(OH)_2^-$	-32	-40.2
$Cu_2^+O^{2-}$	-36	-45.2
$Cu^{2+}O^{2-}$	-23	-28.9
$Cu^{2+}(SO_4)^{2-}\cdot 5\,H^+(OH)^-$	-122	-153.3
Na^+Cl^-	-31	-39.0
$(NH_4)^+Cl^-$	-39	-49.0

diamagnetischen Beiträge, welche den Anionen O^{2-} und $(OH)^-$ zugeordnet wird, zeigt, daß das Kation H^+ keinen diamagnetischen Beitrag liefert. Dies läßt sich nach (6.29) einfach verstehen, da ein H^+-Ion keine Elektronen besitzt, und aus diesem Grund auch keinen Beitrag zum Langevinschen Diamagnetismus leisten kann.

b) Da die Permeabilitätszahl $\mu = 1 + \chi^{(SI)}$ des SI-Systems mit derjenigen des cgs-Systems übereinstimmt, wird der Zusammenhang zwischen den entsprechenden Suszeptibilitätswerten durch die Beziehung

$$\chi^{(SI)} = 4\pi\chi^{(cgs)} \tag{6.30}$$

gegeben. Dabei spielt es keine Rolle, ob die jeweiligen Suszeptibilitätswerte auf das Volumen, die Masse oder die Teilchenzahl der Probe bezogen werden. Ins SI-System umgerechnete Werte für den diamagnetischen Suszeptibilitätsbeitrag der in der Aufgabenstellung genannten Verbindungen sind ebenfalls in Tabelle 6.5 angegeben.

Aus der systemunabhängigen Beziehung $M = \chi H$, die den Zusammenhang zwischen Magnetisierung und magnetischer Feldstärke im Fall einer linearen Magnetisierungskurve beschreibt, folgt mit (6.30) außerdem der Zusammenhang

$$M^{(\mathrm{SI})} = 4\pi M^{(\mathrm{cgs})} \, . \tag{6.31}$$

Im cgs-System angegebene Magnetisierungswerte lassen sich demnach mittels der Formel

$$M^{(\mathrm{SI})} = \frac{M^{(\mathrm{cgs})}}{\mathrm{Oe}} \cdot 10^3 \, \frac{\mathrm{A}}{\mathrm{m}} \tag{6.32}$$

in entsprechende Werte des SI-Maßsystems umrechnen.

Lösungen zu Abschnitt 6.2

Lösung von Aufgabe 6.2.1

a) Für ein System, das wegen $J = 1/2$ nur die zwei Zustände $m_J = \pm 1/2$ einnehmen kann, berechnet sich die z-Komponente des magnetischen Moments nach (6.1) zu

$$\langle \mu_z \rangle = -g\mu_{\mathrm{B}} \frac{-\frac{1}{2}\exp\left(\frac{\eta}{2}\right) + \frac{1}{2}\exp\left(-\frac{\eta}{2}\right)}{\exp\left(\frac{\eta}{2}\right) + \exp\left(-\frac{\eta}{2}\right)} \tag{6.33}$$

$$= \frac{1}{2}g\mu_{\mathrm{B}} \frac{\sinh\left(\frac{\eta}{2}\right)}{\cosh\left(\frac{\eta}{2}\right)} \tag{6.34}$$

$$= \frac{1}{2}g\mu_{\mathrm{B}} \tanh\left(\frac{\eta}{2}\right) , \tag{6.35}$$

wobei der g-Faktor für ein reines Spinsystem den Wert $g_s = 2$ besitzt. Der Verlauf dieser Funktion ist in Abb. 6.3 dargestellt. Bei konstanter Temperatur werden die einzelnen magnetischen

Momente mit zunehmendem Magnetfeld immer stärker in Feldrichtung orientiert, wobei sich im Grenzfall $\eta \to \infty$ der Maximalwert $\langle \mu_z \rangle = \mu_B$ ergibt, der einer vollständigen Ausrichtung der magnetischen Momente in Feldrichtung entspricht.

Abbildung 6.4 zeigt die energetische Aufspaltung, welche die beiden Energieniveaus eines Zweizustandssystems in einem parallel zur z-Achse orientierten magnetischen Feld B_0 erfahren.

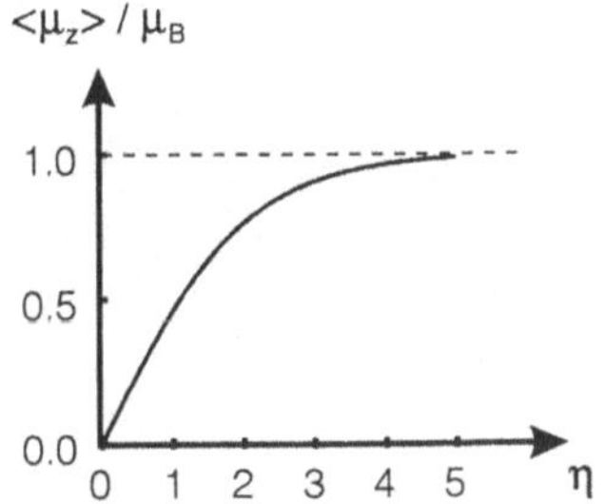

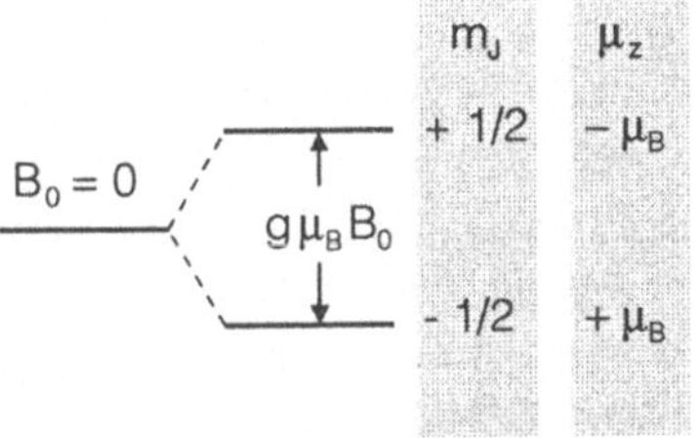

Abb. 6.3. Mittleres magnetisches Moment in Richtung des angelegten Feldes für ein Zweizustandssystem.

Abb. 6.4. Energetische Aufspaltung der Energieniveaus eines Zweizustandssystems im magnetischen Feld.

Während die beiden Energieniveaus für $B_0 = 0$ identische Besetzungszahlen aufweisen, was zu einem mittleren magnetischen Moment $\langle \mu_z \rangle = 0$ führt, bewirkt die energetische Absenkung des Niveaus $m_J = -1/2$ durch ein magnetisches Feld $B_0 \neq 0$ ein Anwachsen der Besetzungszahl dieses Zustands auf Kosten des anderen. Der hierdurch resultierende Überschuß an Atomen, deren magnetisches Moment parallel[14] zum magnetischen Feld orientiert sind, äußert sich in einem nichtverschwindenden magne-

---

[14]Bei Elektronen ist das mittlere magnetische Moment antiparallel zum Gesamtdrehimpuls orientiert, weshalb der Zustand $m_J = -1/2$ ein zum externen Feld paralleles magnetisches Moment $\mu_z = +\mu_B$ besitzt.

tischen Moment $\langle \mu_z \rangle > 0$. Im Grenzfall magnetischer Sättigung befindet sich die überwiegende Zahl der Atome im energetisch niedrigeren Zustand $m_J = -1/2$, während der energetisch höherliegende Zustand $m_J = +1/2$ praktisch unbesetzt bleibt.

b) Der Parameter $\eta = g\mu_B B_0/k_B T$ gibt das Verhältnis zwischen der magnetischen Wechselwirkungsenergie und der thermischen Energie von magnetischen Momenten an. Für $\eta \ll 1$ verhindert eine hohe thermische Energie eine nennenswerte Ausrichtung der magnetischen Momente in Richtung des magnetischen Feldes, während im Fall $\eta \gg 1$ der Einfluß des Feldes dominiert und eine weitgehende Ausrichtung erzwingt.

Als Grenze zwischen diesen beiden Extremfällen ist der Wert $\eta = 1$ anzusehen, bei dem die magnetische Wechselwirkungsenergie und die thermische Energie des Systems übereinstimmen. Im Fall eines reinen Spinsystems besitzt der Landésche g-Faktor den Wert $g_s = 2$, so daß sich als Formel zur Abschätzung dieses Grenzfalls die Beziehung $B_0/T = k_B/2\mu_B$ ergibt, bzw. die Zahlengleichung

$$\frac{B_0}{\text{Tesla}} = 0.74 \; \frac{T}{\text{Kelvin}} \; . \tag{6.36}$$

Bei der Temperatur $T = 4.2$ K erreicht eine paramagnetische Probe, welche sich durch ein Zweizustandssystem beschreiben läßt, den Wert $\eta = 1$ für eine magnetische Flußdichte von $B_0 = 3.1$ T. Bei Raumtemperatur (300 K) und einer im Labor typischen Flußdichte von $B_0 = 1$ T dagegen ergibt sich für das energetische Verhältnis lediglich ein Wert von $\eta \approx 5 \cdot 10^{-3}$. Dies bedeutet, daß eine beliebige paramagnetische Probe unter diesen Bedingungen noch um Größenordnungen von der magnetischen Sättigung entfernt ist, und folglich eine vollkommen lineare Magnetisierungskurve $M(H)$ aufweist.

Lösung von Aufgabe 6.2.2

a) Im Grenzfall hoher Temperatur und eines vergleichsweise schwachen magnetischen Feldes, also für $|\eta| \ll 1$, lassen sich die coth-Funktionen in (6.5) durch die Reihenentwicklung

$$\coth x \approx \frac{1}{x} + \frac{x}{3} \qquad (|x| \ll 1) \tag{6.37}$$

nähern. Dies liefert die Gleichung

$$J \cdot \mathrm{B}_J(\eta) \approx \frac{2J+1}{2}\left(\frac{2}{2J+1}\,\frac{1}{\eta} + \frac{2J+1}{6}\,\eta\right) - \frac{1}{2}\left(\frac{2}{\eta} + \frac{1}{6}\,\eta\right) \tag{6.38}$$

$$= \tfrac{1}{3}\,J(J+1)\,\eta\,, \tag{6.39}$$

womit die Brillouinfunktion (6.5) im Grenzfall $|\eta| \ll 1$ mit

$$\mathrm{B}_J(\eta) \approx \frac{J+1}{3}\,\eta \tag{6.40}$$

einen linearen Verlauf zeigt.

Im Grenzfall niedriger Temperatur und eines vergleichsweise starken magnetischen Feldes gilt $\eta \gg 1$, und für die coth-Funktionen ist ein anderer Näherungsausdruck zu verwenden:

$$\coth x = \frac{\exp(x) + \exp(-x)}{\exp(x) - \exp(-x)} \tag{6.41}$$

$$= \frac{1 + \exp(-2x)}{1 - \exp(-2x)} \tag{6.42}$$

$$\approx \left[1 + \exp(-2x)\right]^2 \tag{6.43}$$

$$\approx 1 + 2\exp(-2x)\,. \tag{6.44}$$

Unter Verwendung dieser Näherung ergibt sich

$$J \cdot \mathrm{B}_J(\eta) \approx J - \exp(-\eta)\left[1 - (2J+1)\exp(-2J\eta)\right] \tag{6.45}$$

$$\approx J - \exp(-\eta)\,. \tag{6.46}$$

Damit läßt sich die Brillouinfunktion (6.5) im Grenzfall $\eta \gg 1$, also im Bereich magnetischer Sättigung, durch die Funktion

$$B_J(\eta) \approx 1 - \frac{1}{J}\exp(-\eta) \tag{6.47}$$

beschreiben.

Der Verlauf der Brillouinfunktion (6.5) für verschiedene Werte der Gesamtdrehimpulsquantenzahl J ist in Abb. 6.5 graphisch dargestellt. Wie aus (6.40) folgt, verläuft die Brillouinfunktion nahe $\eta = 0$ umso steiler, je größer der Wert der Gesamtdrehimpulsquantenzahl J ist.[15] Paramagnetische Systeme mit hoher Gesamtdrehimpulsquantenzahl nähern sich der magnetischen Sättigung also schneller als solche mit niedrigem J.

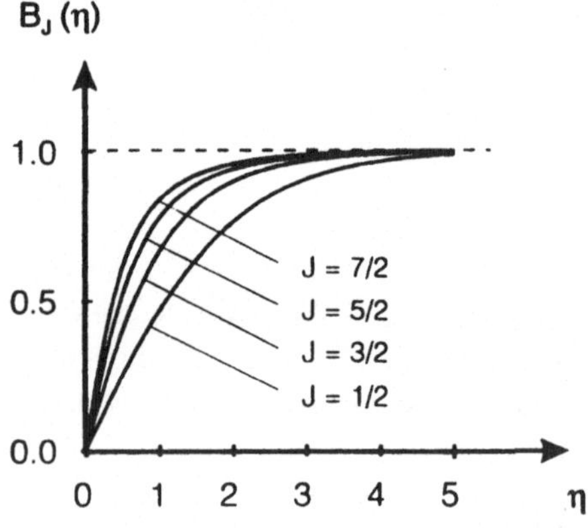

Abb. 6.5. Verlauf der Brillouinfunktion $B_J(\eta)$ für verschiedene Werte der Quantenzahl J.

b) Die Magnetisierung M einer Probe gibt das magnetische Dipolmoment pro Volumeneinheit an. Gibt $N_V = N/V$ die Anzahl der Dipolmomente pro Volumeneinheit an und $\langle \mu_z \rangle$ das mittlere magnetische Moment der Dipolmomente in Feldrichtung, so beträgt die Magnetisierung einer Probe $M = N_V \langle \mu_z \rangle$.

---

[15]In der Literatur wird das Verhältnis von magnetischer zu thermischer Energie häufiger in der Form $\bar{\eta} = g\mu_B B_0 J/k_B T = \eta J$ definiert. In diesem Fall wird die Brillouinfunktion durch den Ausdruck $\bar{B}_J(\bar{\eta}) = B_J(\bar{\eta}/J)$ gegeben. Im Gegensatz zur Funktion $B_J(\eta)$ verlaufen Graphen der Funktion $\bar{B}_J(\bar{\eta})$ nicht steiler, sondern flacher, wenn der Wert von J zunimmt.

Mit (6.4) ergibt sich für die Magnetisierung eines paramagnetischen Teilchensystems der Ausdruck

$$M = N_V \cdot g\mu_{\mathrm{B}} J\, \mathrm{B}_J(\eta)\,, \tag{6.48}$$

wobei die Brillouinfunktion $\mathrm{B}_J(\eta)$ durch (6.5) gegeben wird.

Betrachtet man speziell den Fall $|\eta| \ll 1$, der bei hoher Temperatur bzw. einem schwachen magnetischen Feld auftritt, so kann die Brillouinfunktion (6.5) durch den linearen Ausdruck (6.6) genähert werden, und es gilt

$$M \approx N_V\, g\mu_{\mathrm{B}} J \cdot \frac{1}{3}(J + 1)\eta \tag{6.49}$$

$$= N_V\, \frac{(g\,\sqrt{J(J+1)}\,\mu_{\mathrm{B}})^2}{3k_{\mathrm{B}}T}\,\mu_0 H\,. \tag{6.50}$$

Die Magnetisierungskurve $M(H)$ weist also im Bereich $|\eta| \ll 1$ ein lineares Verhalten $M = \chi H$ auf. Die temperaturabhängige Steigung χ dieser Kurve wird als "magnetische Suszeptibilität" bezeichnet, und läßt sich darstellen als

$$\chi = \frac{C}{T} \quad \text{mit} \quad C = N_V\, \frac{\mu_0\mu_{\mathrm{eff}}^2}{3k_B}\,, \tag{6.51}$$

falls die Größe

$$\mu_{\mathrm{eff}} = g\,\sqrt{J(J+1)}\,\mu_{\mathrm{B}} \tag{6.52}$$

als Betrag des magnetischen Moments angesehen wird.

Die Temperaturabhängigkeit $\chi = C/T$, die im Fall eines Systems nicht gegenseitig wechselwirkender paramagnetischer Teilchen auftritt, wird als "Curie-Gesetz" bezeichnet. C stellt die Curie-Konstante der jeweiligen Substanz dar, und μ_{eff} wird als "effektives magnetisches Moment" der Teilchen bezeichnet. Die Definition (6.52) bewirkt eine förmelle Übereinstimmung zwischen dem quantenmechanisch hergeleiteten Ausdruck (6.51) und dem Ergebnis, das LANGEVIN durch eine klassische Betrachtung erhalten hat.

c) Das Sättigungsmoment μ_m, also der Maximalwert des mittleren magnetischen Moments $\langle \mu_z \rangle$ in Feldrichtung, ergibt sich aus einer Betrachtung von (6.4) im Grenzfall $\eta \to \infty$ zu

$$\mu_m = g J \mu_B \, . \tag{6.53}$$

Diese Größe stimmt offenbar nicht mit dem Betrag des magnetischen Dipolmoments, dem effektiven magnetischen Moment $\mu_{eff} = g\sqrt{J(J+1)}\,\mu_B$, überein.

Dies läßt sich dadurch verstehen, daß sich der Vektor des Gesamtdrehimpulses $\boldsymbol{J}$ entsprechend den Regeln, welche in der Quantenmechanik für Drehimpulse gelten, nur unter bestimmten Winkeln zum magnetischen Feld orientieren kann. Der Vektor des magnetischen Moments $\boldsymbol{\mu}$ besitzt alle Eigenschaften eines Drehimpulses, und kann sich infolgedessen ebenfalls nur unter fest vorgegebenen Winkeln zur Richtung des Feldes einstellen. Dies ist in Abb. 6.6 dargestellt.

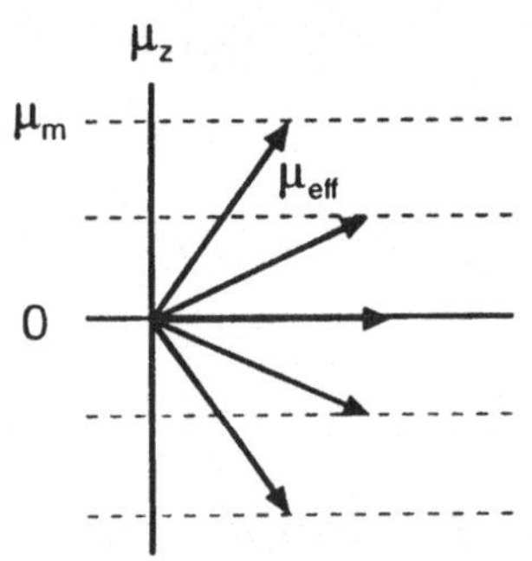

Abb. 6.6. Richtungsquantisierung des magnetischen Moments eines Atoms im Magnetfeld, dargestellt für $J = 2$.

Die z-Komponente des magnetischen Moments kann bei vorgegebener Gesamtdrehimpulsquantenzahl J nur die Werte

$$\mu_z = -g m_J \mu_B \quad \text{mit} \quad m_J = J, \, J - 1, \, \ldots, \, -J \tag{6.54}$$

annehmen. Im Grenzfall $\eta \to \infty$ gehen sämtliche Atome in den energetisch niedrigsten Zustand $m_J = -J$ über, wobei sich der in (6.53) angegebene Sättigungswert des magnetischen Moments einstellt.

Da sowohl μ_{eff} als auch μ_{m} experimentell bestimmt werden können (vgl. Aufgabe 6.5.5), läßt sich aus dem Quotienten

$$\frac{\mu_{\text{m}}}{\mu_{\text{eff}}} = \frac{J}{\sqrt{J(J+1)}} \tag{6.55}$$

die Gesamtdrehimpulsquantenzahl J des betrachteten Systems berechnen.

Lösung von Aufgabe 6.2.3

Die Bestimmung des Grundzustandterms gemäß der Hundschen Regeln soll am Beispiel des Ions Tb^{3+} vorgeführt werden.

Wie dem Periodensystem der Elemente entnommen werden kann, besitzt das Element Terbium die Elektronenkonfiguration [Xe] $4f^9\,6s^2$, also einen mit dem Edelgas Xenon übereinstimmenden Rumpf abgeschlossener Elektronenschalen, 9 weitere Elektronen in der 4f-Unterschale, sowie 2 Außenelektronen, welche die 6s-Schale besetzen.

Im dreiwertigen Oxidationszustand, in dem Lanthaniden in chemischen Verbindungen hauptsächlich auftreten, werden die beiden außenliegenden 6s-Elektronen abgegeben; sofern zudem ein 5d-Elektron vorhanden ist, wird dieses ebenfalls abgegeben, andernfalls wird ein Elektron der weiter innen liegenden 4f-Unterschale entnommen. Die Elektronenkonfiguration des Ions Tb^{3+} vereinfacht sich auf diese Weise zu [Xe] $4f^8$. Eine Verteilung dieser Elektronen auf die verschiedenen 4f-Orbitale erfolgt gemäß der Hundschen Regeln, und läßt sich am einfachsten mit Hilfe des in Abb. 6.7 dargestellten symbolischen Kästchenschemas ermitteln.

Die f-Orbitale eines Atoms repräsentieren Zustände mit der Bahndrehimpulsquantenzahl $\ell = 3$. Damit liegen sieben verschiedene Orbitale vor, welche sich im Wert der magnetischen Quantenzahl $m_\ell = 3,\ 2,\ 1,\ 0,\ -1,\ -2,\ -3$ unterscheiden. Jedes dieser Orbitale kann maximal zwei Elektronen aufnehmen, die sich in der Spinstellung unterscheiden müssen.

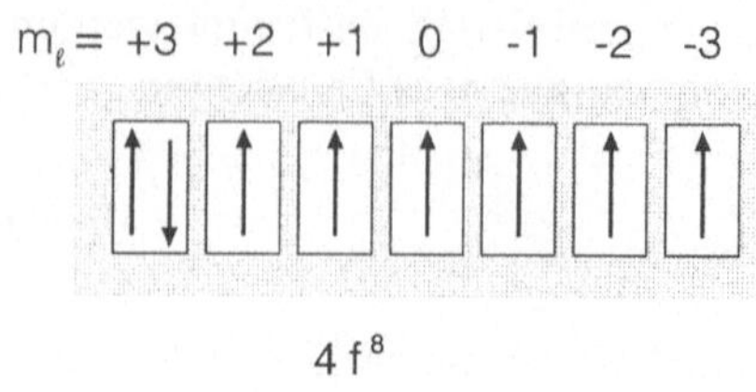

Abb. 6.7. Besetzung der 4f-Orbitale im Grundzustand des Ions Tb^{3+}.

Im Fall von Tb^{3+} wird zunächst jedes der Orbitale mit einem Elektron der Quantenzahl $m_s = +1/2$ besetzt, um gemäß der 1. Hundschen Regel einen möglichst großen Gesamtspin zu erhalten. Das verbleibende achte Elektron muß zwangsläufig in einem bereits einfach besetzten Orbital untergebracht werden, was nur für eine Spinquantenzahl $m_s = -1/2$ möglich ist. Die 2. Hundsche Regel fordert dabei, daß dieses Elektron in ein Orbital mit höchstmöglicher Quantenzahl m_ℓ eingebaut wird (Abb. 6.7).

Mit insgesamt 6 ungepaarten Elektronen erhält man somit einen Gesamtspin von $S = 6 \cdot 1/2 = 3$. Da sich die magnetischen Quantenzahlen m_ℓ einer halbvollen Unterschale stets kompensieren, wird der Gesamtdrehimpuls $L = 3$ in diesem Fall lediglich durch das achte Elektron im Zustand $m_\ell = +3$ verursacht. Da die 4f-Unterschale von Tb^{3+} mehr als halbvoll ist, ergibt sich die Gesamtdrehimpulsquantenzahl gemäß der 3. Hundschen Regel zu $J = L + S = 6$.

Als Ergebnis dieser Betrachtungen erhält man den Grundzustand des Ions Tb^{3+} in spektroskopischer Notation als $^{2S+1}(L)_J = {}^7F_6$. Die Besetzung der 4f-Orbitale und die entsprechenden Grundzustands-Termbezeichnungen für weitere dreiwertige Ionen der Seltenen Erden lassen sich analog ermitteln. Die Ergebnisse sind in Tabelle 6.6 zusammengefaßt.

Tabelle 6.6. Elektronenkonfiguration und Termbezeichnung von Ionen der Seltenen Erden im Grundzustand.

Ion	Konfiguration	Schema	S	L	J	Term
La^{3+}	[Xe] $4f^0$		0	0	0	$^1S_0$
Pr^{3+}	[Xe] $4f^2$	↑↑	1	5	4	$^3H_4$
Eu^{3+}	[Xe] $4f^6$	↑↑↑↑↑↑	3	3	0	$^7F_0$
Tb^{3+}	[Xe] $4f^8$	↓↑↑↑↑↑↑↑	3	3	6	$^7F_6$
Er^{3+}	[Xe] $4f^{11}$	↓↓↓↓↑↑↑	3/2	6	15/2	$^4I_{15/2}$
Lu^{3+}	[Xe] $4f^{14}$	↓↓↓↓↓↓↓	0	0	0	$^1S_0$

Lösung von Aufgabe 6.2.4

a) Liegt bei Elektronen eines Atoms eine starke Kopplung sowohl zwischen den einzelnen Bahndrehimpulsen ℓ_i als auch zwischen den einzelnen Spins s_i vor, so setzen sich die resultierenden Vektoren des Gesamtbahndrehimpulses $L = \sum \ell_i$ und des Gesamtspins $S = \sum s_i$ zu einem Gesamtdrehimpuls $J = L + S$ zusammen. Diese "Russel-Saunders-Kopplung" tritt vor allem bei leichteren Elementen auf und beschreibt unter anderem die Übergangsmetalle der 3d-Reihe. Sie ist ebenfalls geeignet zur Beschreibung der Kopplung von 4f-Elektronen der Seltenen Erden.

Bei der Berechnung des zum Vektor J gehörigen magnetischen Moments μ ist zu beachten, daß die beteiligten g-Faktoren der Bahn- und der Spinanteile verschieden groß sind. Für die z-Komponente des magnetischen Moments, die sich mittels der Formel

$$\mu_z = -gm_J\mu_B \tag{6.56}$$

berechnen läßt, ist deshalb eine von den Quantenzahlen L, S und J abhängige Größe

$$g = 1 + \frac{J(J+1) + S(S+1) - L(L+1)}{2J(J+1)} \tag{6.57}$$

zu verwenden, welche als "Landéscher g-Faktor" dieses Zustands bezeichnet wird.

Die Quantenzahlen L, S und J, welche den Grundzustand der Ionen La^{3+}, Pr^{3+} und Tb^{3+} beschreiben, lassen sich mit Hilfe der Hundschen Regeln bestimmen und sind in Tabelle 6.6 aufgeführt.

Der $^1S_0$-Zustand von La^{3+} liefert nach (6.8) kein effektives magnetisches Moment, das Ion ist also nicht paramagnetisch. Obwohl der Landésche g-Faktor (6.57) in diesem Fall eigentlich gar nicht definiert ist, wird er in der Literatur üblicherweise als $g = 0$ angegeben.

Im Fall von Pr^{3+} liegt ein $^3H_4$-Zustand vor, welcher $g = 4/5$ und $\mu_{eff} = 3.58\ \mu_B$ liefert, was in guter Übereinstimmung mit dem experimentell gefundenen Wert steht. Dasselbe gilt für das Ion Tb^{3+}, dessen g-Faktor bzw. effektives magnetisches Moment sich zu $g = 3/2$ bzw. $\mu_{eff} = 9.72\ \mu_B$ berechnet.

Die gute Übereinstimmung zwischen berechneten und experimentellen Werten bei fast allen Ionen der Seltenen Erden wird dadurch begründet, daß sich die 4f-Unterschale, die für das paramagnetische Verhalten der Ionen verantwortlich ist, tief im Innern der Elektronenhülle befindet und von abgeschlossenen 5s- und 5p-Unterschalen gegen äußere Einflüsse abgeschirmt wird. Das elektrische Kristallfeld, welches das magnetische Verhalten von Übergangsmetallionen nachhaltig beeinflußt, ist somit bei Ionen der Seltenen Erden von untergeordneter Bedeutung.

Lediglich bei dreiwertigen Ionen von Europium und Samarium treten deutliche Abweichungen zwischen theoretischen und experimentellen Werten auf. Diese sind darauf zurückzuführen, daß die von der Spin-Bahn-Wechselwirkung verursachte Multiplett[16]-Aufspaltung bei diesen Ionen ungewöhnlich klein ist. Bei Raumtemperatur wird deshalb nicht nur der Grundzustand der Ionen

---

[16]Zustände, die gleiches L und S besitzen und sich lediglich in der Quantenzahl J unterscheiden, werden zu einem Multiplett zusammengefaßt. Da sich der Gesamtbahndrehimpuls und der Gesamtspin vektoriell addieren, kann die Quantenzahl J alle Werte zwischen $L + S$, $L + S - 1$, ..., $|L - S|$ annehmen. Der energetisch günstigste Zustand läßt sich mit Hilfe der 3. Hundschen Regel ermitteln.

besetzt, sondern auch höherliegende Zustände, was sich in einem komplizierteren magnetischen Verhalten der Ionen äußert. Abgesehen davon, daß sich die Temperaturabhängigkeit der magnetischen Suszeptibilität $\chi(T)$ nicht mehr durch das Curie-Gesetz (6.51) beschreiben läßt, tritt zusätzlich noch ein temperaturunabhängiger paramagnetischer Beitrag χ_{VV} auf, der als "van Vleck-Paramagnetismus" bekannt ist [6.5].

b) Vollständig aufgefüllte Unterschalen wie s^2, p^6, d^{10} und f^{14} liefern stets einen $^1S_0$-Zustand, für den sich das effektive magnetische Moment nach (6.8) zu $\mu_{\text{eff}} = 0$ ergibt. Abgeschlossene Schalen oder Unterschalen können daher keinen Langevin-paramagnetischen Beitrag zur magnetischen Suszeptibilität einer Probe liefern; eine Betrachtung dieser Elektronen erübrigt sich also.

Allerdings liefert nach (6.29) grundsätzlich jedes Elektron eines Atoms einen Beitrag zum temperaturunabhängigen Langevin-Diamagnetismus einer Substanz. Diese diamagnetischen Beiträge sind relativ klein, so daß der Paramagnetismus einer unvollständig abgeschlossenen Unterschale die diamagnetischen Beiträge sämtlicher Elektronen bei Raumtemperatur um Größenordnungen übertreffen kann.

Lösung von Aufgabe 6.2.5

a) Da die Voraussetzungen für eine Russel-Saunders-Kopplung bei Ionen der 3d-Reihe gut erfüllt sind, lassen sich Grundzustands-Termbezeichnungen dieser Ionen mit Hilfe der Hundschen Regeln ermitteln.

Übergangsmetallatome geben bei einer ionischen Bindung zunächst die Elektronen der außenliegenden 4s-Unterschale ab; weitere Elektronen werden anschließend der 3d-Unterschale entnommen, sofern der angestrebte Valenzzustand dies erforderlich macht. Das paramagnetische Verhalten der Ionen wird somit ausschließlich durch Elektronen der 3d-Unterschale bestimmt.

Die d-Orbitale eines Atoms repräsentieren Zustände mit der Bahndrehimpulsquantenzahl $\ell = 2$, womit fünf Orbitale mit unterschiedlicher magnetischer Quantenzahl $m_\ell = 2, 1, 0, -1, -2$ vorliegen. Unter Verwendung eines zu Abb. 6.7 analogen symbolischen Kästchenschemas erhält man für den Grundzustand der Übergangsmetallionen die in Tabelle 6.7 zusammengestellten Termbezeichnungen.

Tabelle 6.7. Elektronenkonfiguration und Termbezeichnung von 3d-Übergangsmetallionen im Grundzustand.

Ion	Konfiguration	Schema	S	L	J	Term
V^{4+}	[Ar] $3d^1$	↑	1/2	2	3/2	$^2D_{3/2}$
Ti^{2+}	[Ar] $3d^2$	↑↑	1	3	2	$^3F_2$
Cr^{3+}	[Ar] $3d^3$	↑↑↑	3/2	3	3/2	$^4F_{3/2}$
Fe^{3+}	[Ar] $3d^5$	↑↑↑↑↑	5/2	0	5/2	$^6S_{5/2}$
Ni^{3+}	[Ar] $3d^7$	↕↕↑↑↑	3/2	3	9/2	$^4F_{9/2}$
Cu^{2+}	[Ar] $3d^9$	↕↕↕↕↑	1/2	2	5/2	$^2D_{5/2}$
Cu^+	[Ar] $3d^{10}$	↕↕↕↕↕	0	0	0	$^1S_0$

b) Unter Verwendung der in Teilaufgabe a) bestimmten Grundzustandsquantenzahlen L, S und J liefern die Gleichungen (6.57) und (6.8) für das effektive magnetische Moment μ_{eff} der Ionen Ti^{2+}, Cr^{3+} und Cu^{2+} die in Tabelle 6.8 zusammengestellten Werte. Es ist keine Übereinstimmung mit den experimentellen magnetischen Momenten μ_{exp} zu erkennen, die an Salzen dieser Übergangsmetalle gemessen werden.

Verursacht werden diese Abweichungen durch das starke elektrische Feld der Anionen, welche jedes magnetische Kation in einer bestimmten Anordnung umgeben, wenn die Substanz in kristalliner Form vorliegt. Dieses inhomogene elektrische Feld wird als "Kristallfeld" des Festkörpers bezeichnet. Da eine ionische Bindung bei Ionen der Eisenreihe unter Abgabe der 4s-Elektronen erfolgt, stellt die 3d-Unterschale die äußerste Elektronenschale

Tabelle 6.8. g-Faktor und effektives magnetisches Moment μ_{eff} von 3d-Ionen, berechnet nach (6.57) und (6.8); effektives magnetisches Moment $\mu_{\text{eff}}^{\text{s.o.}}$ für reinen Spinmagnetismus (6.58); experimentell bestimmtes effektives magnetisches Moment μ_{exp}.

Ion	g	$\dfrac{\mu_{\text{eff}}}{\mu_{\text{B}}}$	S	$\dfrac{\mu_{\text{eff}}^{\text{s.o.}}}{\mu_{\text{B}}}$	$\dfrac{\mu_{\text{exp}}}{\mu_{\text{B}}}$
Ti^{2+}	2/3	1.63	1	2.83	2.8
Cr^{3+}	2/5	0.77	3/2	3.87	3.8
Cu^{2+}	6/5	3.55	1/2	1.73	1.9

des Atoms dar und ist dem Kristallfeld somit in voller Stärke ausgesetzt.

Der Einfluß des Kristallfeldes führt dazu, daß die Kopplung zwischen den Drehimpulsvektoren L und S weitgehend aufgehoben wird, weshalb den Zuständen keine Gesamtdrehimpulsquantenzahl J mehr zugeordnet werden kann. Zudem kann die energetische Entartung der $2L+1$ Orbitale, welche zu einem Zustand mit der Quantenzahl L gehören, ganz oder teilweise aufgehoben werden. Dies vermindert aber den Beitrag des Bahndrehimpulses zum effektiven magnetischen Moment, weshalb man in diesem Zusammenhang davon spricht, daß der Bahndrehimpuls des Ions vom Kristallfeld teilweise bzw. vollständig "gelöscht" wird.

Bei einer vollständigen Auslöschung $L = 0$ ergibt sich für den Landéschen g-Faktor der Wert $g_s = 2$ eines reinen Spinsystems, und das effektive magnetische Moment wird durch eine aus (6.8) folgende Formel für reinen Spinmagnetismus (spin only magnetism) beschrieben:

$$\mu_{\text{eff}}^{\text{s.o.}} = 2\sqrt{S(S+1)}\,\mu_{\text{B}}\,. \tag{6.58}$$

Wie Tabelle 6.8 zeigt, ergeben sich unter Verwendung von (6.58) Werte, welche mit dem Experiment sehr gut übereinstimmen. Dies zeigt, daß in den betrachteten Beispielen offenbar eine vollständige Auslöschung des Bahndrehimpulses vorliegt.

Ein analoges Verhalten zeigen auch andere Ionen der 3d-Reihe, während sich bei 4d-Ionen geringe Abweichungen von der einfachen Berechnungsformel (6.58) bemerkbar machen. 5d-Ionen lassen sich mit (6.58) nicht mehr zufriedenstellend beschreiben.

Lösung von Aufgabe 6.2.6

a) Titan ist ein Übergangsmetall der 3d-Reihe und besitzt die Elektronenkonfiguration [Ar] $3d^2\,4s^2$. Da Magnesium streng zweiwertig ist und auch Sauerstoff nur in seltenen Fällen anders als zweiwertig auftritt, muß das Titankation im Isolator Mg_2TiO_4 in vierwertiger Form vorliegen. Unter Angabe der entsprechenden Valenzzustände läßt sich die Verbindung somit als $Mg_2^{2+}Ti^{4+}O_4^{2-}$ schreiben. Das zu Argon isoelektronische Ion Ti^{4+} liegt demnach in einem $^1S_0$-Zustand vor und kann keinen Langevin-paramagnetischen Beitrag zur magnetischen Suszeptibilität liefern.

Nach den in Tabelle 6.2 angegebenen Werten wird für die Verbindung eine diamagnetische Suszeptibilität von $\chi_{mol} \approx -72.9 \cdot 10^{-5}$ cm^3/mol erwartet. Da der experimentell bestimmte Wert wesentlich geringer ausfällt, werden die diamagnetischen Beiträge der Ionen offenbar durch einen weiteren magnetischen Beitrag kompensiert, der paramagnetisch ist und keine Temperaturabhängigkeit aufweist.

Hierfür kommt einerseits der Pauli-Paramagnetismus eines Elektronengases in Frage und andererseits der van Vlecksche Paramagnetismus. Beide Erscheinungen liefern temperaturunabhängige paramagnetische Beiträge, welche betraglich in der Größenordnung diamagnetischer Beiträge liegen.

Ein Paramagnetismus aufgrund von delokalisierten Leitungselektronen kann bei dem Isolator Mg_2TiO_4 nicht auftreten, so daß für den gesuchten Zusatzbeitrag lediglich ein van Vleck-Paramagnetismus übrigbleibt. Dieser vom Magnetfeld induzierte Paramagnetismus entsteht unter Beteiligung eng benachbarter Energieniveaus, und kann auch bei Ionen mit unmagnetischem Grundzustand $J = 0$ auftreten. Im Gegensatz zum Langevinschen

Dia- und Paramagnetismus, die aus einer quantenmechanischen Störungsrechnung 1. Ordnung folgen, handelt es sich dabei um einen Effekt 2. Ordnung.

b) In der Verbindung $Mg^{2+}Ti_2^{3+}O_4^{2-}$ liegt das Titankation in dreiwertiger Form vor; es besitzt damit die Elektronenkonfiguration [Ar] $3d^1$. Entsprechend der Formel (6.58) für reinen Spinmagnetismus, welche bei Ionen der Eisenreihe zu verwenden ist, resultiert in diesem Fall ein effektives magnetisches Moment der Größe $\mu_{\text{eff}} = 1.73\ \mu_B$.

Bei der Berechnung der molaren Curie-Konstante C_{mol} von $MgTi_2O_4$ ist zu beachten, daß jede Formeleinheit dieser Verbindung zwei paramagnetische Ionen enthält. Nach (6.9) ergibt sich damit der Wert $C_{\text{mol}} = 9.43\ \text{K} \cdot \text{cm}^3/\text{mol}$.

Dem temperaturabhängigen paramagnetischen Beitrag, welcher durch das Curie-Gesetz (6.51) beschrieben wird, überlagern sich die diamagnetischen Beiträge der Ionenrümpfe, welche sich nach Tabelle 6.2 zu $\chi_{\text{mol}}^{\text{dia}} = -86.7 \cdot 10^{-5}\ \text{cm}^3/\text{mol}$ aufsummieren. Die gesamte magnetische Suszeptibilität der Probe wird durch die Funktion

$$\chi_{\text{mol}}(T) = \frac{C_{\text{mol}}}{T} + \chi_{\text{mol}}^{\text{dia}} \tag{6.59}$$

mit den oben angegebenen Werten für C_{mol} und $\chi_{\text{mol}}^{\text{dia}}$ beschrieben. Bei Raumtemperatur ergibt dies eine magnetische Suszeptibilität von $\chi_{\text{mol}}(293\ \text{K}) = +3.13 \cdot 10^{-2}\ \text{cm}^3/\text{mol}$.

Es ist klar zu erkennen, daß der diamagnetische Beitrag von Ionenrümpfen selbst bei Raumtemperatur um mehrere Größenordnungen unterhalb des Wertes liegt, den ein permanentes magnetisches Moment in die magnetische Suszeptibilität einer Probe einzubringen vermag.

c) Auf einfache Weise meßbar ist lediglich die Masse m einer Probe; das Volumen einer beliebig geformten Probe wird mittels $V = \rho/m$ aus deren Dichte ρ berechnet, und die Molzahl der Probe mittels $N_{\text{mol}} = m/m_{\text{mol}}$ aus der molaren Masse der Substanz.

Experimentell direkt zugänglich ist daher nur die Grammsuszeptibilität χ_g einer Probe, beispielsweise über die Kraftwirkung eines inhomogenen Magnetfeldes auf die Substanz (Faraday-Curie-Suszeptometer). Für theoretische Betrachtungen mehr von Interesse ist die Molsuszeptibilität χ_{mol} von Substanzen, welche den magnetischen Beitrag auf die Zahl der Teilchen bezieht. Wird die magnetische Suszeptibilität dagegen auf das Volumen der Probe bezogen, so erhält man die aus der Elektrodynamik her bekannte dimensionslose Volumensuszeptibilität χ. Gemäß (6.10) lassen sich diese drei Größen einfach ineinander umrechnen, wenn die Dichte ρ und die molare Masse m_{mol} der Substanz bekannt sind.

Die molare Masse von $MgTi_2O_4$ beträgt $m_{mol} = 184.1$ g/mol. Die in Teilaufgabe b) berechnete Molsuszeptibilität χ_{mol} der Verbindung bei Raumtemperatur entspricht einer Grammsuszeptibilität von $\chi_g = \chi_{mol}/m_{mol} = +17.0 \cdot 10^{-5}$ cm³/g.

Lösungen zu Abschnitt 6.3

Lösung von Aufgabe 6.3.1

a) Die komplexwertigen Wellenfunktionen $\psi_{n\ell m}$ stellen Eigenfunktionen des Hamiltonoperators $\mathcal{H}$ dar, d.h. es gilt

$$\mathcal{H}\,\psi_{n\ell m} = E_n\,\psi_{n\ell m}\,. \tag{6.60}$$

Bei einem freien Atom hängt der Energieeigenwert E_n nur von der Hauptquantenzahl n des Radialteils $R_{n\ell}(r)$ der Wellenfunktion ab, nicht dagegen von der magnetischen Quantenzahl m des winkelabhängigen Teils $Y_{\ell m}(\vartheta, \varphi)$ der Wellenfunktion. Die Eigenwertgleichung (6.60) wird also von der Wellenfunktion $\psi_{n\ell -m}$ gleichermaßen erfüllt, ebenso von einer Linearkombination dieser beiden Wellenfunktionen. Die in (6.12) definierten reellwertigen Linearkombinationen sind damit ebenfalls Eigenzustände des Hamiltonoperators $\mathcal{H}$.

Analog läßt sich zeigen, daß die reellwertigen Wellenfunktionen auch Eigenzustände des Operators $\boldsymbol{\ell}^2$ des Bahndrehimpulses darstellen, also die Eigenwertgleichung

$$\boldsymbol{\ell}^2 \, \psi^{\pm}_{n\ell|m|} = \ell(\ell+1)\,\hbar^2 \, \psi^{\pm}_{n\ell|m|} \tag{6.61}$$

erfüllen.

Eine Eigenwertgleichung bezüglich des Operators ℓ_z dagegen kann von diesen Funktionen nicht erfüllt werden, wie das Beispiel

$$\ell_z \, \psi^{+}_{n\ell|m|} \propto \ell_z \, (\psi_{n\ell m} + \psi_{n\ell\,-m}) \tag{6.62}$$

$$= m\hbar \, (\psi_{n\ell m} - \psi_{n\ell\,-m}) \tag{6.63}$$

zeigt. Eine Anwendung dieses Operators auf die Funktion $\psi^{-}_{n\ell|m|}$ scheitert ebenso, da sich die reellwertigen Linearkombinationen im Gegensatz zu den komplexwertigen Wellenfunktionen nicht durch eine einheitliche magnetische Quantenzahl charakterisieren lassen.

Die an der Linearkombination beteiligten Wellenfunktionen zeichnen sich jedoch durch einen einheitlichen Betrag der magnetischen Quantenzahlen aus, so daß sie noch immer Eigenzustände des Operators ℓ_z^2 darstellen:

$$\ell_z^2 \, \psi^{\pm}_{n\ell|m|} = m^2\hbar^2 \, \psi^{\pm}_{n\ell|m|} \, . \tag{6.64}$$

Wie Tabelle 6.3 entnommen werden kann, weisen die Funktionen $|Y^{\pm}_{\ell|m|}(\vartheta,\varphi)|$ für $m \neq 0$ eine Abhängigkeit vom Azimutalwinkel φ auf; sie sind also nicht rotationssymmetrisch zur z-Achse. Lediglich für $m = 0$ liegt Rotationssymmetrie vor, was jedoch nicht überrascht, da die Funktionen $Y^{\pm}_{\ell|m|}(\vartheta,\varphi)$ und $Y_{\ell m}(\vartheta,\varphi)$ für $m = 0$ übereinstimmen.

b) Der Zusammenhang zwischen kartesischen Koordinaten x, y, z und Kugelkoordinaten r, ϑ, φ wird durch die Gleichungen

$$x = r \, \cos\varphi \, \sin\vartheta \tag{6.65}$$

$$y = r \, \sin\varphi \, \sin\vartheta \tag{6.66}$$

$$z = r \, \cos\vartheta \tag{6.67}$$

beschrieben. Die Größe $r = \sqrt{x^2 + y^2 + z^2}$ drückt dabei den Abstand des betrachteten Punktes vom Koordinatenursprung aus, während $\vartheta = \sphericalangle(r, e_z)$ den Polarwinkel und $\varphi = \sphericalangle(r, e_x)$ den Azimutwinkel dieses Punktes angibt.

Mittels der Gleichungen (6.65) – (6.67) lassen sich die in Tabelle 6.3 angegebenen Funktionen durch triviale Umformungen in kartesischen Koordinaten ausdrücken. Lediglich im Fall der Orbitale $d_{x^2-y^2}$ und d_{xy} sind zusätzlich die trigonometrischen Beziehungen

$$\cos 2\varphi = \cos^2\varphi - \sin^2\varphi \tag{6.68}$$

$$\sin 2\varphi = 2 \sin\varphi \cos\varphi \tag{6.69}$$

erforderlich. Die resultierenden Ausdrücke sind in Tabelle 6.9 zusammengestellt und erklären unmittelbar die Bezeichnungen, welche für die entsprechenden Orbitale üblich sind.

Tabelle 6.9. Reelle orthonormierte Linearkombinationen der Kugelflächenfunktionen, dargestellt in kartesischen Koordinaten.

ℓ	$|m|$	$Y^{\pm}_{\ell|m|}(x,y,z)$	Orbital
0	0	$\sqrt{1/4\pi}$	s
1	0	$\sqrt{3/4\pi} \cdot z/r$	p_z
1	1	$\sqrt{3/4\pi} \cdot x/r$	p_x
1	1	$\sqrt{3/4\pi} \cdot y/r$	p_y
2	0	$\sqrt{5/16\pi} \cdot (3z^2 - r^2)/r^2$	$d_{3z^2-r^2}$
2	1	$\sqrt{15/4\pi} \cdot xz/r^2$	d_{xz}
2	1	$\sqrt{15/4\pi} \cdot yz/r^2$	d_{yz}
2	2	$\sqrt{15/16\pi} \cdot (x^2 - y^2)/r^2$	$d_{x^2-y^2}$
2	2	$\sqrt{15/4\pi} \cdot xy/r^2$	d_{xy}

c) Da die Aufenthaltswahrscheinlichkeit von Elektronen durch das Betragsquadrat $|\psi|^2$ der Wellenfunktion beschrieben wird, wird die räumliche Gestalt der Funktionen $|Y^{\pm}_{\ell|m|}(\vartheta, \varphi)|^2$ näher betrachtet, welche die Winkelabhängigkeit dieser Aufenthaltswahrscheinlichkeit beschreibt. In Abb. 6.8 sind ebene Polardiagramme abgebildet, die Schnittlinien dieser Funktionen mit der xy- bzw. der xz-Ebene wiedergeben.

Eine Verallgemeinerung dieser ebenen Diagramme auf räumliche Polardiagramme der Funktionen ist einfach: Die Aufenthaltswahrscheinlichkeit von Elektronen in einem s-Orbital besitzt keinerlei Winkelabhängigkeit, so daß das entsprechende Orbital kugelförmig ist. Das p_z-Orbital dagegen besitzt rotationssymmetrische keulenförmige Ausläufer entlang der z-Achse; dieselbe Gestalt weisen auch die Orbitale p_x und p_y auf, welche stattdessen entlang der x- bzw. y-Achse orientiert sind.

Dreidimensionale Polardiagramme der reellwertigen Funktionen $|Y_{2|m|}^{\pm}(\vartheta, \varphi)|^2$, welche die Winkelabhängigkeit der Aufenthaltswahrscheinlichkeit von Elektronen in d-Orbitalen beschreiben, sind in Abb. 6.9 abgebildet. Die Orbitale d_{xy}, d_{xz}, d_{yz} und $d_{x^2-y^2}$ unterscheiden sich lediglich in ihrer räumlichen Orientierung. In den ersten drei Fällen befinden sich die Ausläufer der Orbitale jeweils zwischen den entsprechenden Koordinatenachsen, während sie bei dem Orbital $d_{x^2-y^2}$ in Richtung der x- und y-Achse weisen. Wie Abb. 6.9 entnommen werden kann, sind die jeweiligen Ausläufer nicht rotationssymmetrisch, sondern leicht abgeplattet.

Das Orbital $d_{3z^2-r^2}$ besitzt eine von den restlichen d-Orbitalen deutlich abweichende Gestalt. Wegen

$$3z^2 - r^2 = 3z^2 - x^2 - y^2 - z^2 \tag{6.70}$$

$$= (z^2 - x^2) + (z^2 - y^2) \tag{6.71}$$

kann dieses Orbital jedoch als Linearkombination

$$d_{3z^2-r^2} = \frac{1}{\sqrt{2}} \left[d_{z^2-x^2} + d_{z^2-y^2} \right] \tag{6.72}$$

zweier Orbitale $d_{z^2-x^2}$ und $d_{z^2-y^2}$ angesehen werden, die jeweils eine zum Orbital $d_{x^2-y^2}$ analoge Gestalt besitzen.

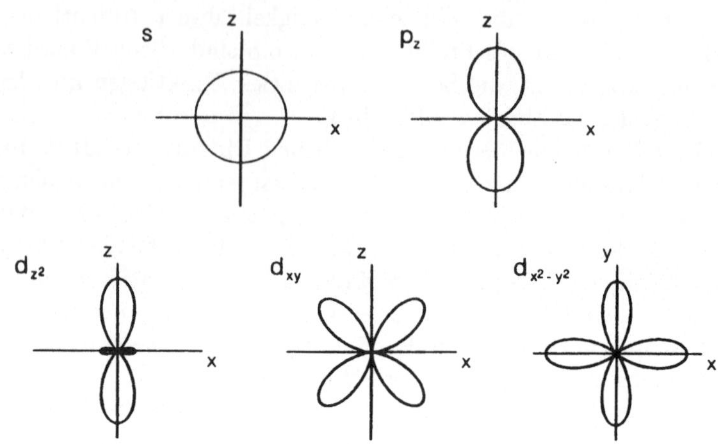

Abb. 6.8. Ebene Polardiagramme der Funktionen $|Y^{\pm}_{\ell|m|}(\vartheta,\varphi)|^2$.

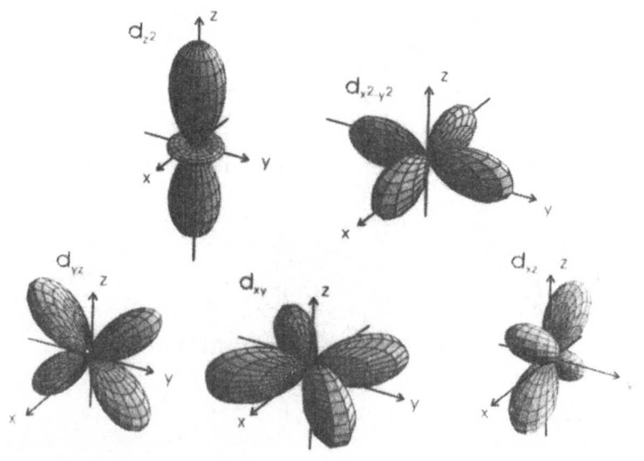

Abb. 6.9. Räumliche Polardiagramme der Funktionen $|Y^{\pm}_{2|m|}(\vartheta,\varphi)|^2$.

Lösung von Aufgabe 6.3.2

a) Wäre die Ladung der Liganden kugelförmig um das Zentralion verteilt, so hätte die elektrostatische Wechselwirkung der Elektronen eine einheitliche energetische Verschiebung sämtlicher d-Niveaus zu höherer Energie zur Folge. Diese einheitliche Verschiebung E_0 ist für die magnetischen Eigenschaften eines Ions unbedeutend und soll daher nicht weiter betrachtet werden.

Betrachtet man stattdessen punktförmige Ladungen, die ein zentrales Ion in Form eines regulären Oktaeders umgeben, so hängt die energetische Verschiebung von der Gestalt des jeweiligen d-Orbitals ab. Es erfolgt also eine Aufspaltung der fünf entarteten d-Niveaus aufgrund des elektrischen Feldes der Liganden.

Die energetische Aufspaltung der d-Niveaus aufgrund des Feldes oktaedrisch angeordneter Ligandenladungen ist in Abb. 6.10 schematisch dargestellt. Die Lage der einzelnen Niveaus ist dabei relativ zur Verschiebung E_0 angegeben, die eine kugelförmige Verteilung der Ladungen hervorgerufen hätte.

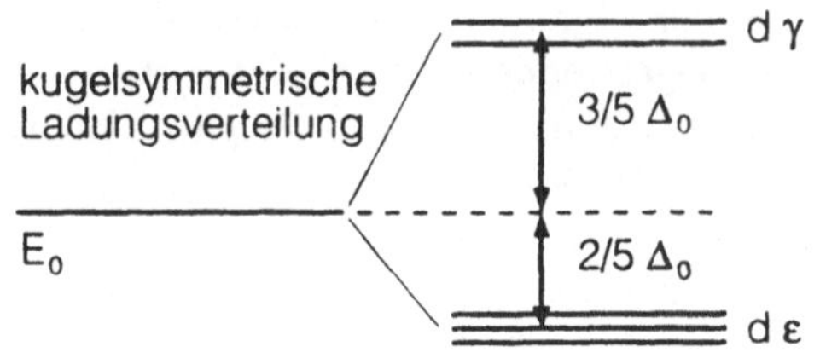

Abb. 6.10. Aufspaltung von d-Zuständen im Feld oktaedrisch angeordneter Liganden.

Da die beiden Orbitale $d_{x^2-y^2}$ und $d_{3z^2-r^2}$ mit den oktaedrisch angeordneten Ligandenladungen stark überlappen, ist für diese Niveaus eine relativ große Verschiebung in Richtung höherer Energie zu erwarten. Die Ladungsverteilung der Orbitale d_{xy}, d_{xz} und d_{yz} dagegen weist nicht in Richtung der Liganden, sondern befindet sich stets zwischen deren Ladungen, so daß die energetische Verschiebung bei diesen drei Niveaus geringer ausfällt.

Aus Symmetriegründen vermag das oktaedrische Kristallfeld die Entartung der Niveaus d_{xy}, d_{xz} und d_{yz} nicht aufzuheben. Weniger gut zu erkennen ist, daß auch die Niveaus $d_{x^2-y^2}$ und d_{3z-r^2} weiterhin entartet sind. Da sich das Orbital d_{3z-r^2} gemäß (6.72) als Linearkombination zweier Orbitale $d_{z^2-x^2}$ und $d_{z^2-y^2}$ darstellen läßt, und diese aus Symmetriegründen mit dem Niveau $d_{x^2-y^2}$ entartet sein müssen, ist dieses Ergebnis verständlich.

Damit ergeben sich zwei energetisch verschiedene Niveaus: Das höherliegende Niveau umfaßt die beiden Zustände $d_{x^2-y^2}$ und d_{3z-r^2} und wird mit $d\gamma$ bezeichnet, während das energetisch niedrigere Niveau die Zustände d_{xy}, d_{xz} und d_{yz} enthält und mit $d\epsilon$ bezeichnet wird.[17]

Für die Größe der Aufspaltung zwischen den Niveaus $d\gamma$ und $d\epsilon$ im oktaedrischen Kristallfeld wird das Symbol Δ_o verwendet. Wie Abb. 6.10 zeigt, ist der energetische Abstand der Niveaus $d\gamma$ und $d\epsilon$ relativ zur Energie E_0 umgekehrt proportional zum jeweiligen Entartungsgrad der Niveaus. Dies wird verständlich, wenn ein Ion mit vollständig besetzten d-Orbitalen betrachtet wird. Vollständig mit Elektronen besetzte Unterschalen zeichnen sich durch eine kugelsymmetrische Ladungsverteilung aus. Die Gesamtenergie eines kugelsymmetrischen Ions hängt aber nicht davon ab, ob die Ladungen der Liganden in Form regulär angeordneter Punktladungen vorliegen, oder ob es sich dabei ebenfalls um eine kugelsymmetrische Verteilung handelt. Folglich ändert eine Kristallfeldaufspaltung die Gesamtenergie des Ions relativ zum Niveau E_0 nicht, was sich im Fall oktaedrisch angeordneter Liganden durch die Energiebilanz

$$2 \cdot \frac{3}{5}\,\Delta_o - 3 \cdot \frac{2}{5}\,\Delta_o = 0$$

bestätigen läßt.

In analoger Weise läßt sich die Kristallfeldaufspaltung behandeln, welche würfelförmig um ein Zentralion angeordnete Punktladungen relativ zum Niveau E_0 einer als kugelsymmetrisch ange-

---

[17]Anstelle von $d\gamma$ und $d\epsilon$ sind auch die Bezeichnungen e_g und t_{2g} gebräuchlich.

nommenen Ladungsverteilung bewirken. In diesem Fall weist keines der verschiedenen d-Orbitale direkt auf die Ligandenatome; allerdings reichen die Orbitale d_{xy}, d_{xz} und d_{yz} wesentlich näher an die Ladungen der Liganden heran als die beiden anderen Orbitale. Somit stellt das dreifach entartete Niveau dϵ in diesem Fall den höherliegenden Zustand dar, während das zweifach entartete Niveau dγ den energetisch niedrigeren Zustand des Systems repräsentiert (Abb. 6.11).

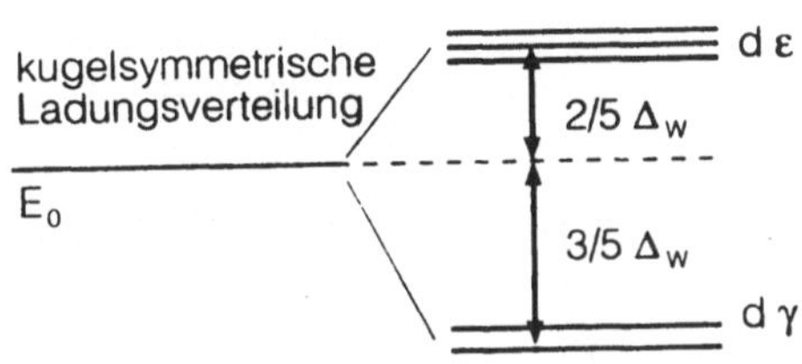

Abb. 6.11. Aufspaltung von d-Zuständen im Feld würfelförmig angeordneter Liganden.

Die Kristallfeldaufspaltung im Feld würfelförmig angeordneter Liganden ist also gerade entgegengesetzt zu derjenigen, welche sich im Feld oktaedrisch angeordneter Liganden ergibt. Das Verhältnis der entsprechenden Aufspaltungsenergien beträgt

$$\Delta_w = -\frac{8}{9}\Delta_o,\tag{6.73}$$

sofern in beiden Fällen gleiche Abstände der Liganden zum Zentralion vorliegen.

Die Kristallfeldaufspaltung von d-Zuständen im Feld quadratisch planar angeordneter Liganden ist in Abb. 6.12 schematisch dargestellt. Das Orbital $d_{x^2-y^2}$ weist in diesem Fall die stärkste Überlappung mit den Liganden auf und repräsentiert damit den energetisch höchsten Zustand. Den Ligandenladungen ebenfalls sehr nahe kommen die vier Ausläufer des Orbitals d_{xy}, weshalb auch dieses Niveau relativ hohe Energie besitzt. Die geringste Überlappung mit den Liganden weisen die beiden Orbitale d_{xz} und d_{yz} auf. Die beiden dazugehörigen Energieniveaus sind

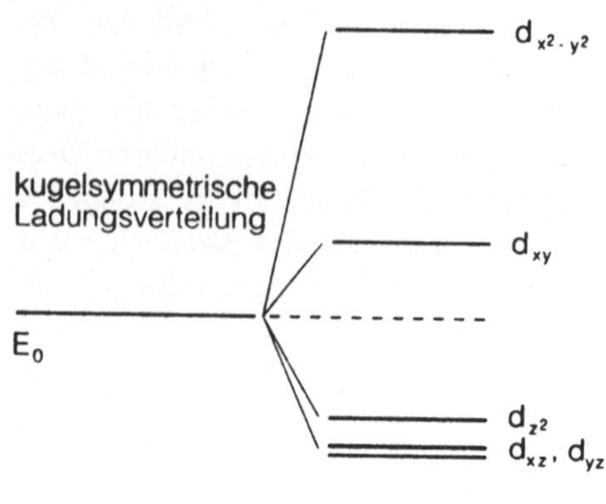

Abb. 6.12. Aufspaltung von d-Zuständen im Feld quadratisch planar angeordneter Liganden [6.2].

aus Symmetriegründen entartet und stellen den energetisch niedrigsten Zustand des Systems dar. Nach Abb. 6.9 könnte man zunächst vermuten, daß die geringste Überlappung mit den Liganden bei dem Orbital d_{3z-r^2} vorliegt. Dies trifft aber nicht zu. Das Orbital d_{3z-r^2} stellt gemäß (6.72) eine Linearkombination zweier Orbitale $d_{z^2-x^2}$ und $d_{z^2-y^2}$ dar. Diese beiden Orbitale überlappen mit den betrachteten Liganden jeweils stärker als die Orbitale d_{xz} bzw. d_{yz}, weshalb das Orbital d_{3z-r^2} energetisch höher liegt als diese. Wie Abb. 6.12 zeigt, bleibt auch im Feld quadratisch planar angeordneter Ligandenladungen die Gesamtenergie E_0 des Ions erhalten.

b) Neben der oktaedrischen Konfiguration von Ligandenladungen treten in der Praxis sehr häufig Ligandenanordnungen auf, welche die Form eines regulären Tetraeders besitzen. Das elektrische Feld würfelförmig angeordneter Punktladungen läßt sich nach Abb. 6.13 als Überlagerung der Felder von tetraedrisch angeordneten Punktladungen auffassen. Aus diesem Grund resultiert im Fall tetraedrischer Geometrie qualitativ dieselbe Kristallfeldaufspaltung wie im Fall einer würfelförmigen Anordnung. Die Größe der Aufspaltung reduziert sich dabei entsprechend der auf die Hälfte reduzierten Gesamtladung der Liganden auf $\Delta_t = \Delta_w/2$; das Verhältnis der Aufspaltungsenergien für tetraedrische bzw.

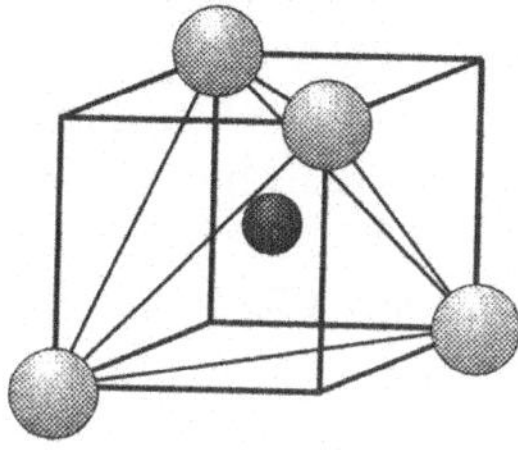

Abb. 6.13. Zusammenhang zwischen würfelförmiger und tetraedrischer Anordnung von Liganden um ein zentral gelegenes Ion.

oktaedrische Koordination bei gleichem Ligandenabstand ergibt sich nach (6.73) zu

$$\Delta_t = -\frac{4}{9}\,\Delta_o\,.$$
(6.74)

c) Der Einfluß des Kristallfeldes bewirkt bei Ionen der Übergangsmetallreihe eine weitgehende Auslöschung des Bahndrehimpulses. Das effektive magnetische Moment ist in diesen Fällen mit Hilfe der Gleichung

$$\mu_{\text{eff}}^{\text{s.o.}} = 2\sqrt{S(S+1)}\,\mu_B$$
(6.75)

für reinen Spinmagnetismus zu berechnen. Die Kristallfeldaufspaltung von d-Zuständen hat für die magnetischen Eigenschaften der Übergangsmetallionen noch weitere Konsequenzen, was am Beispiel der Komplexverbindungen $Na_3[CoF_6]$ und $[Co(NH_3)_6]Cl_3$ erläutert werden soll.

In beiden Verbindungen tritt das Cobaltkation in dreiwertigem Zustand auf; es besitzt damit insgesamt 6 Elektronen in der d-Unterschale. Das elektrische Feld der Liganden F^- bzw. $(NH_3)^-$, welche das Cobaltkation in oktaedrischer Geometrie umgeben, bewirkt eine jeweils unterschiedlich große Aufspaltung Δ_o zwischen den Niveaus $d\epsilon$ und $d\gamma$ (Abb. 6.10).

Gemäß der 1. Hundschen Regel sollten sich möglichst viele Elektronenspins parallel stellen, wonach für eine d^6-Konfiguration vier ungepaarte Elektronen erwartet werden, entsprechend einem

Gesamtspin $S = 2$ und dem effektiven magnetischen Moment $\mu_{\text{eff}} = 4.90\ \mu_{\text{B}}$. Dies entspricht der in Abb. 6.14 dargestellten Orbitalbesetzung $d\epsilon^4 d\gamma^2$ und beschreibt das magnetische Verhalten von $Na_3[CoF_6]$. Experimentell liefert dieser "high-spin"-Komplex, ein magnetisches Moment von $\mu_{\text{exp}} = 5.4\ \mu_{\text{B}}$, was dem berechneten Wert einigermaßen nahe kommt.

Die Kristallfeldaufspaltung der d-Niveaus von Co^{3+} ist im Fall der Liganden $(NH_3)^-$ so groß, daß es energetisch günstiger ist, gegen die 1. Hundsche Regel zu verstoßen, und stattdessen möglichst viele Elektronen im energetisch niedrigeren Zustand $d\epsilon$ unterzubringen. Die entsprechende Orbitalbesetzung $d\epsilon^6 d\gamma^0$ weist minimalen Gesamtspin auf, weshalb die Verbindung $[Co(NH_3)_6]Cl_3$ als ein "low-spin"-Komplex bezeichnet wird. In diesem Fall resultiert mit einem Gesamtspin $S = 0$ kein effektives magnetisches Moment, was mit dem experimentellen Befund übereinstimmt.

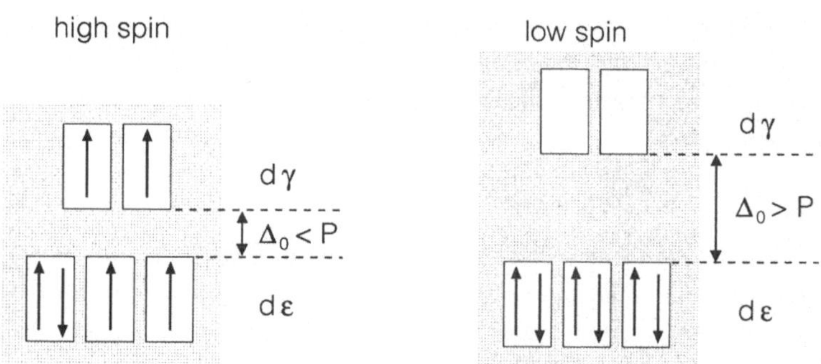

Abb. 6.14. Zum Auftreten von oktaedrischen high-spin- und low-spin-Komplexen, dargestellt für die Elektronenkonfiguration d^6.

Das schwach bzw. überhaupt nicht mehr paramagnetische low-spin-Verhalten einer Verbindung tritt also immer dann auf, wenn die Spinpaarungsenergie P, welche aufzuwenden ist, um ein Orbital mit einem zweiten Elektron von antiparalleler Spinrichtung zu besetzen, kleiner ist als die Kristallfeldaufspaltung Δ eines Ions. Wie anhand von Abb. 6.14 zu erkennen ist, betrifft dies im Fall oktaedrisch angeordneter Liganden lediglich die Elektronenkonfigurationen d^4 bis d^7, während alle anderen Konfigurationen grundsätzlich ein high-spin-Verhalten aufweisen müssen.

Analoge Überlegungen lassen sich auch für Komplexverbindungen mit tetraedrisch angeordneten Liganden anstellen, bei denen das Niveau $d\gamma$ den energetisch niedrigeren Zustand repräsentiert (Abb. 6.11). Da eine Kristallfeldaufspaltung im Tetraederfeld gemäß (6.74) jedoch vergleichsweise klein ausfällt, gilt hier immer $\Delta_t < P$; zumindest sind bisher noch keine tetraedrischen low-spin-Komplexe gefunden worden.

Lösungen zu Abschnitt 6.4

Lösung von Aufgabe 6.4.1

a) Die magnetische Suszeptibilität eines Elektronengases setzt sich aus zwei verschiedenen Anteilen zusammen. Zum einen bewirkt ein extern angelegtes Magnetfeld B, daß sich die Funktionen $D_+(E)$ und $D_-(E)$, welche die Zustandsdichten von Elektronen mit Spinrichtungen parallel bzw. antiparallel zum magnetischen Feld beschreiben, jeweils um den Betrag $\mu_B B$ gegenüber ihrer ursprünglichen Lage verschieben. Abbildung 6.15-a zeigt dieses Verhalten schematisch, und läßt erkennen, daß sich die magnetischen Momente der beiden Unterbänder aufgrund der hierbei resultierenden Umbesetzung nicht mehr vollständig kompensieren. Stattdessen tritt ein Überschuß von magnetischen Momenten auf, die parallel zum Magnetfeld orientiert sind, und Anlaß zu einem temperaturunabhängigen "Pauli-Paramagnetismus" geben.

Zusätzlich führt die in Abb. 6.15-b skizzierte Aufspaltung der Fermikugel in zylinderförmige Landau-Röhren zu einem diamagnetischen Beitrag, welcher auf die Bahnbewegung der Elektronen senkrecht zum magnetischen Feld zurückzuführen ist und als "Landau-Diamagnetismus" der Elektronen bezeichnet wird.

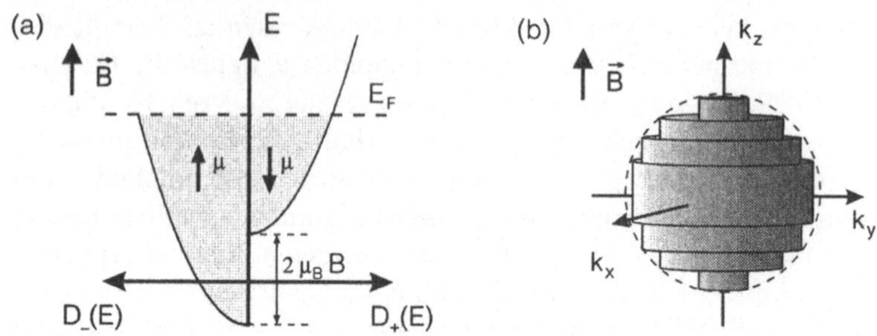

Abb. 6.15. (a) Verschiebung der Zustandsdichtefunktionen eines freien Elektronengases im magnetischen Feld. (b) Aufspaltung der Fermikugel in Landau-Röhren.

Bei einem dreidimensionalen freien Elektronengas wird der Pauli-Paramagnetismus der Elektronenspins durch den Landau-Diamagnetismus der Bahnbewegung genau um ein Drittel abgeschwächt; der resultierende Wert für die Suszeptibilität eines freien Elektronengases beträgt damit

$$\chi^{\text{el}} = n\,\frac{\mu_0\mu_{\text{B}}^2}{E_{\text{F}}(0)}\,. \tag{6.76}$$

Die Größe n gibt die Dichte des Elektronengases an und bestimmt nach (3.2) auch die Fermienergie $E_{\text{F}}(0)$ des Systems.

b) Die Fermienergie des Elektronengases von Kupfer liegt bei $E_{\text{F}}(0) = 7.00\,\text{eV} = 1.12\cdot10^{-18}\,\text{J}$. Unter der Annahme, daß jedes Kupferatom ein Elektron ans Leitungsband abgibt, berechnet sich die molare magnetische Suszeptibilität des Elektronengases von Kupfer gemäß (6.13) zu $\chi^{\text{el}}_{\text{mol}} = +5.80\cdot10^{-5}\,\text{cm}^3/\text{mol}$.

c) Der diamagnetische Beitrag von Cu^+ in ionischen Verbindungen beträgt $\chi^{\text{Rumpf}}_{\text{mol}}(\text{Cu}^+) \approx -15\cdot10^{-5}\,\text{cm}^3/\text{mol}$. Wird den Ionenrümpfen im Metall näherungsweise derselbe Wert zugeordnet, so ergibt sich für die gesamte magnetische Suszeptibilität von Kupfer $\chi_{\text{mol}} = \chi^{\text{el}}_{\text{mol}} + \chi^{\text{Rumpf}}_{\text{mol}} \approx -9.2\cdot10^{-5}\,\text{cm}^3/\text{mol}$.

Bei Kupfer wird der Paramagnetismus des Elektronengases von den diamagnetischen Beiträgen der Ionenrümpfe übertroffen, und das Metall zeigt ein diamagnetisches Verhalten. Angesichts der einfachen Modelle, die zur Berechnung der magnetischen Suszeptibilität des Metalles verwendet wurden, kommt das Ergebnis dem experimentell gefundenen Wert $\chi_{mol} = -6.91 \cdot 10^{-5}$ cm^3/mol relativ nahe.

d) Der Zusammenhang zwischen Volumen-, Gramm- und Molsuszeptibilität einer Substanz wird durch (6.10) beschrieben. Unter Verwendung der Massendichte $\rho = 8.93$ g/cm^3 und der molaren Masse $m_{mol} = 63.5$ g/mol von Kupfer erhält man, ausgehend von der experimentell bestimmten Molsuszeptibilität $\chi_{mol} = -6.91 \cdot 10^{-5}$ cm^3/mol des Metalles, die Grammsuszeptibilität $\chi_g = \chi_{mol}/m_{mol} = -1.09 \cdot 10^{-6}$ cm^3/g, sowie die dimensionslose Volumensuszeptibilität $\chi = \chi_g \rho = -9.71 \cdot 10^{-6}$.

e) Aluminium verhält sich in chemischen Verbindungen streng dreiwertig, weshalb anzunehmen ist, daß Aluminiumatome im Metall ebenfalls $z = 3$ Außenelektronen abgeben. Mit $E_F(0) = 11.63$ eV $= 1.86 \cdot 10^{-18}$ J berechnet sich die magnetische Suszeptibilität des Elektronengases von Aluminium gemäß (6.13) zu $\chi_{mol}^{el} = +10.5 \cdot 10^{-5}$ cm^3/mol. Addiert man dazu den diamagnetischen Beitrag $\chi_{mol}^{Rumpf} \approx -2.5 \cdot 10^{-5}$ cm^3/mol, welchen Al^{3+} in ionischen Verbindungen aufweist, so ergibt sich für die gesamte magnetische Suszeptibilität von Aluminium der Wert $\chi_{mol} = \chi_{mol}^{el} + \chi_{mol}^{Rumpf} \approx +8.0 \cdot 10^{-5}$ cm^3/mol.
Obwohl dieses theoretische Ergebnis deutlicher vom experimentellen Meßwert $\chi_{mol} = +20.5 \cdot 10^{-5}$ cm^3/mol abweicht, wird die Tatsache, daß Aluminium ein paramagnetisches Verhalten zeigt, korrekt beschrieben.

Lösungen zu Abschnitt 6.5

Lösung von Aufgabe 6.5.1

Zunächst soll für die Ferromagnete Eisen, Cobalt und Nickel der Abstand r_0 nächster Nachbaratome bestimmt werden. Beim innenzentriert kubischen Gitter von Eisen berechnet sich dieser zu $r_0 = (a/2)\sqrt{3} = 2.482$ Å, beim hexagonalen Gitter von Cobalt zu $r_0 = a = 2.505$ Å und bei dem flächenzentriert kubischen Gitter von Nickel zu $r_0 = (a/2)\sqrt{2} = 2.492$ Å. Als typischer Abstand nächster Nachbaratome in Ferromagneten kann also der Wert $r_0 \approx 2.5$ Å verwendet werden.

Wie (6.14) entnommen werden kann, ist der Betrag des magnetischen Feldes bei vorgegebenem Abstand r_0 vom Dipol maximal, wenn der betreffende Punkt auf der Dipolachse liegt, also $\boldsymbol{\mu} \parallel \boldsymbol{r}_0$ gilt. Die magnetische Flußdichte beträgt in diesem Fall

$$B(r_0) = \frac{\mu_0}{4\pi} \frac{2\mu}{r_0^3}. \tag{6.77}$$

Unter Verwendung der für Ferromagnete typischen Werte $\mu \approx 1\ \mu_B$ und $r_0 \approx 2.5$ Å resultiert am Ort nächster Nachbaratome eine magnetische Flußdichte von $B(r_0) \approx 0.1$ T.

Es wird nun die magnetische Wechselwirkung zwischen einem im Koordinatenursprung befindlichen Dipol $\boldsymbol{\mu}_1$ und einem weiteren Dipol $\boldsymbol{\mu}_2$ betrachtet, der sich am Ort $\boldsymbol{r}_0$ befindet. Die Energie der Dipol-Dipol-Wechselwirkung wird gegeben durch

$$E = -\boldsymbol{\mu}_2 \cdot \boldsymbol{B}_1(\boldsymbol{r}_0), \tag{6.78}$$

wobei $\boldsymbol{B}_1(\boldsymbol{r}_0)$ das magnetische Feld des Dipols $\boldsymbol{\mu}_1$ am Ort des Dipols $\boldsymbol{\mu}_2$ darstellt. Aus (6.14) und (6.78) geht hervor, daß die potentielle Energie der beiden Dipole am niedrigsten ist, wenn die Vektoren $\boldsymbol{\mu}_1$, $\boldsymbol{\mu}_2$ und $\boldsymbol{r}_0$ kollinear sind und $\boldsymbol{\mu}_1$ und $\boldsymbol{\mu}_2$ in dieselbe Richtung weisen. Eine antiparallele Stellung der magnetischen Momente dagegen repräsentiert den energetisch ungünstigsten Zustand des Systems. Diese beiden Konstellationen sind in Abb. 6.16 graphisch dargestellt.

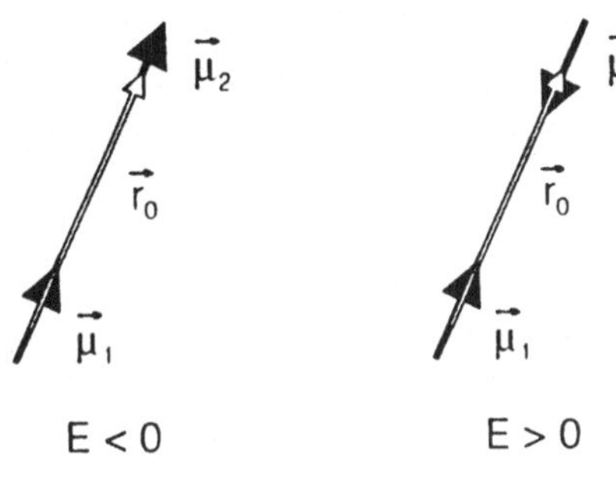

Abb. 6.16. Orientierung von Dipolen im Fall minimaler und maximaler potentieller Energie.

Die maximale Energie der Dipol-Dipol-Wechselwirkung berechnet sich nach (6.14) und (6.78) zu

$$|E| = \frac{\mu_0}{4\pi}\frac{2\mu_1\mu_2}{r_0^3}\,. \qquad (6.79)$$

Unter Verwendung der Werte $\mu_1 = \mu_2 = 1\ \mu_B$ und $r_0 = 2.5$ Å erhält man damit eine Wechselwirkungsenergie von $|E| = 1.1 \cdot 10^{-24}$ J $= 6.9\ \mu$eV.

Gemäß $E = k_B T$ wird diese Energie bereits bei einer Temperatur von 80 mK erreicht. Eine gegenseitige Ausrichtung magnetischer Momente aufgrund der klassischen Dipol-Dipol-Wechselwirkung ist demnach bei Temperaturen oberhalb von 0.1 K kaum zu erwarten.

Die Curie-Temperatur von Eisen, Cobalt und Nickel liegt in der Größenordnung von 1000 K. Gemäß $\mu_B B = k_B T_C$ wären Dipolfelder von etwa 1500 T notwendig, um diese hohen Ordnungstemperaturen zu ermöglichen. Die klassische Dipol-Dipol-Wechselwirkung kann somit als Ursache der spontanen Magnetisierung von Ferromagneten ausgeschlossen werden.

Die spontane Parallel- bzw. Antiparallelstellung magnetischer Momente in ferro- und antiferromagnetischen Materialien wird stattdessen durch einen rein quantenmechanisch bedingten Effekt verursacht. Aufgrund des Pauliprinzips führt die Überlappung der Orbitale benachbarter Atome bzw. Ionen zu einer "Austauschwechselwirkung", welche sich bei Vorliegen von reinem Spinmagnetismus durch den Operator

$$\mathcal{H}_{ik}^{a} = -A_{ik}\, \boldsymbol{S}_i \cdot \boldsymbol{S}_k \qquad\qquad (6.80)$$

beschreiben läßt. Je nach Art und Anordnung der beteiligten Ionen kann die "Austauschkonstante" A_{ik} ein positives oder ein negatives Vorzeichen besitzen. Im ersten Fall wird eine Parallelstellung von magnetischen Momenten energetisch begünstigt, was zu einer ferromagnetischen Ordnung führen kann; häufiger tritt allerdings eine antiferromagnetische Ordnung von magnetischen Momenten auf, deren Ursache in einer negativen Austauschwechselwirkung liegt.

Da Austauschkräfte eine relativ kurze Reichweite aufweisen, wirken sie nur zwischen nahe benachbarten Atomen bzw. Ionen. In vielen Fällen wird die Austauschwechselwirkung zwischen paramagnetischen Ionen durch die Elektronenhülle dazwischenliegender Ionen vermittelt, die selbst gar kein permanentes magnetisches Moment besitzen. Eine derartige indirekte Austauschwechselwirkung wird als "Superaustausch" bezeichnet und verursacht beispielsweise die antiferromagnetische Ordnung in MnO.

Lösung von Aufgabe 6.5.2

a) Die Temperaturabhängigkeit der magnetischen Suszeptibilität einer ferro- bzw. antiferromagnetischen Substanz läßt sich oberhalb der magnetischen Ordnungstemperatur T_C bzw. T_N durch ein erweitertes Curie-Weiss-Gesetz

$$\chi = \chi_0 + \frac{C}{T - \theta} \qquad\qquad (6.81)$$

beschreiben.

Der Parameter χ_0 stellt dabei einen temperaturunabhängigen Beitrag zur magnetischen Suszeptibilität der Substanz dar. Er berücksichtigt die diamagnetischen Beiträge abgeschlossener Elektronenschalen von Ionenrümpfen, einen eventuell vorhandenen van Vleckschen Paramagnetismus, sowie den Paramagnetismus des Elektronengases, falls es sich um einen elektrischen Leiter handelt.

Der temperaturunabhängige Beitrag χ_0 soll im folgenden nicht mehr betrachtet werden, so daß (6.81) übergeht in das "Curie-Weiss-Gesetz"

$$\chi = \frac{C}{T - \theta}.$$

(6.82)

Die Größe C stellt die Curie-Konstante der Probe dar und gibt Auskunft über das effektive magnetische Moment μ_{eff} der paramagnetischen Ionen. Die Wechselwirkung zwischen den einzelnen magnetischen Momenten dagegen äußert sich im Parameter θ.

Im einfachsten Fall ist die Wechselwirkung zwischen den magnetischen Momenten einer Substanz so gering, daß sie in guter Näherung vernachlässigt werden kann. Die Temperaturabhängigkeit der magnetischen Suszeptibilität läßt sich in diesem Fall durch das "Curie-Gesetz" $\chi = C/T$ beschreiben, welches als Sonderfall von (6.82) für $\theta = 0$ anzusehen ist.

Eine ferromagnetische Wechselwirkung zwischen den magnetischen Momenten, also eine Tendenz zur parallelen Ausrichtung der Momente, äußert sich in einer "paramagnetischen Curie-Temperatur" $\theta > 0$. In der Molekularfeldnäherung des Ferromagnetismus stimmt diese Temperatur mit der Curie-Temperatur T_C überein, bei der eine magnetische Ordnung des Systems eintritt. Die Ordnungstemperatur T_C realer Ferromagnete liegt stets niedriger als der extrapolierte Wert θ, so daß (6.82) die Temperaturabhängigkeit der magnetischen Suszeptibilität nur deutlich oberhalb der Curie-Temperatur T_C korrekt wiedergibt.

In Abb. 6.17 ist die Temperaturabhängigkeit der magnetischen Suszeptibilität einer ferromagnetischen Substanz im paramagnetischen Temperaturbereich schematisch dargestellt. Unterhalb der Curie-Temperatur weisen Ferromagnete keine lineare Magnetisierungskurve auf, weshalb der Begriff einer magnetischen Suszeptibilität in diesem Temperaturbereich keinen Sinn macht.

Eine antiferromagnetische Wechselwirkung zwischen den magnetischen Momenten, also die Tendenz zu antiparalleler Stellung benachbarter Momente, äußert sich in einer "paramagnetischen Néel-Temperatur" $\theta < 0$. Während der Betrag dieser Größe in

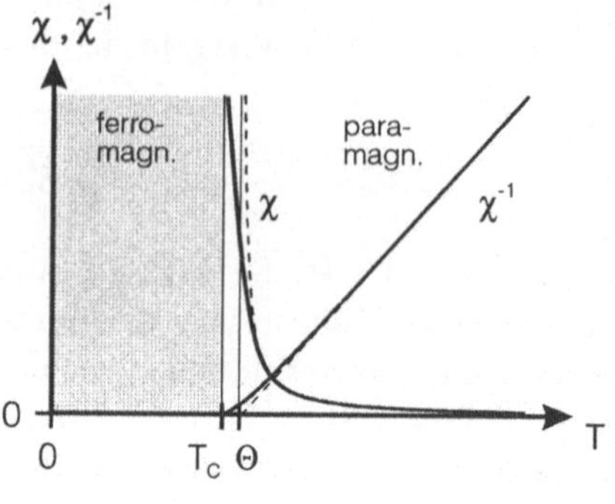

Abb. 6.17. Magnetische Suszeptibilität einer ferromagnetischen Substanz in Abhängigkeit von der Temperatur.

der Molekularfeldnäherung mit der Néel-Temperatur T_N übereinstimmt, bei der eine antiferromagnetische Ordnung eintritt, liegt die Néel-Temperatur realer Substanzen oft erheblich unterhalb der Temperatur $|\theta|$.

Antiferromagnete weisen im geordneten Zustand eine lineare Magnetisierungskurve auf, so daß die magnetische Suszeptibilität in diesem Temperaturbereich eine wohldefinierte Größe darstellt. Allerdings macht sich im geordneten Zustand der Tensorcharakter dieser Größe bemerkbar, d.h. die magnetische Suszeptibilität hängt von der Orientierung der Probe relativ zum Magnetfeld ab.

Wird das magnetische Feld in Richtung der magnetischen Momente angelegt, so resultiert eine temperaturabhängige magnetische Suszeptibilität $\chi_{\parallel}(T)$, welche für $T \rightarrow 0$ verschwindet. Die magnetische Suszeptibilität $\chi_\perp$ dagegen, die bei einer zur Richtung der magnetischen Momente senkrechten Feldorientierung gemessen wird, besitzt einen von der Temperatur unabhängigen Wert (Abb. 6.18).

Liegt die Probe in polykristalliner Form vor, so mitteln sich die Suszeptibilitätsbeiträge der drei Achsenrichtungen zu einem mittleren Wert $\chi = (\chi_{\parallel} + 2\chi_\perp)/3$, der für $T \rightarrow 0$ auf 2/3 des bei der Néel-Temperatur vorliegenden Wertes absinkt.

b) Das Curie-Gesetz $\chi = C/T$ beschreibt den Verlauf der magnetischen Suszeptibilität eines idealisierten Systems magnetischer

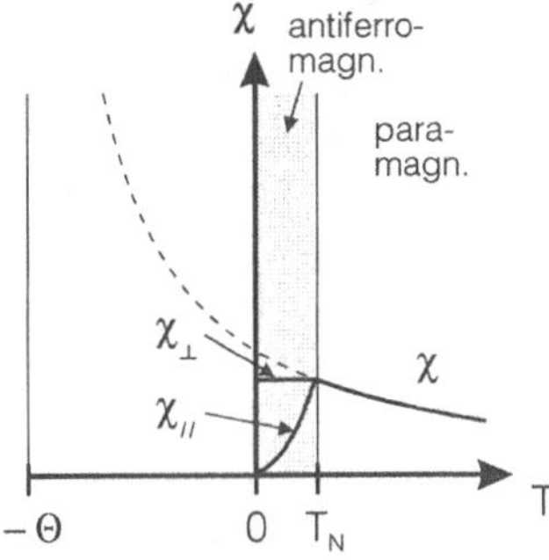

Abb. 6.18. Magnetische Suszeptibilität einer antiferromagnetischen Substanz in Abhängigkeit von der Temperatur.

Momente in Abhängigkeit von der Temperatur. Dabei wird angenommen, daß zwischen den magnetischen Momenten keinerlei Wechselwirkung stattfindet, und die Magnetisierung der Probe somit ausschließlich auf den Einfluß eines externen magnetischen Feldes zurückzuführen ist.

Diese Annahmen sind vollkommen analog zu denen, welche einem idealen klassischen Gas zugrundegelegt werden. Dieses wird als ein System punktförmiger Teilchen betrachtet, zwischen denen keinerlei gegenseitige Wechselwirkung stattfindet. Die einzige Wechselwirkung, welche die Gasteilchen erfahren, sind Stöße gegen die Behälterwände, welche das Volumen des Systems begrenzen. Entsprechend einfach ist auch die Gleichung $pV = Nk_\mathrm{B}T$, die den im System herrschenden Gasdruck beschreibt.

Zwischen den Atomen bzw. Molekülen eines realen Gases findet stets eine mehr oder weniger starke Wechselwirkung statt. Berücksichtigt man diese in Form zweier Parameter $p_0 = aN^2/V^2$ und $V_0 = bN$, die als "Binnendruck" und "Kovolumen" des Gases bezeichnet werden, so erhält man die van der Waalssche Zustandsgleichung

$$(p + p_0)(V - V_0) = Nk_\mathrm{B}T\,. \tag{6.83}$$

Ebenso liefert eine Berücksichtigung der Wechselwirkung zwischen den magnetischen Momenten einer realen paramagnetischen Substanz eine Modifikation des Curie-Gesetzes, die zum Curie-Weiss-Gesetz $\chi = C/(T - \theta)$ führt.

Bei sehr hoher Temperatur geht das Curie-Weiss-Gesetz in das Curie-Gesetz über, genauso wie die van der Waalssche Zustandsgleichung für sehr hohe Temperatur in das ideale Gasgesetz übergeht. Wird die Temperatur eines realen Gases dagegen mehr und mehr abgesenkt, so führen die intermolekularen Wechselwirkungen schließlich zu einem Phasenübergang des Systems; das Gas kondensiert. Analog kann bei der Abkühlung eines realen paramagnetischen Systems ebenfalls eine Temperatur erreicht werden, bei der die thermische Energie der magnetischen Momente einen Phasenübergang des Systems nicht mehr zu verhindern vermag. In diesem Fall geht das paramagnetische System in eine magnetisch geordnete Phase über.

Lösung von Aufgabe 6.5.3

a) Gemäß (6.16) und (6.17) berechnet sich das makroskopische magnetische Feld H im Innern einer Probe, deren Entmagnetisierungsfaktor in Feldrichtung den Wert N besitzt, zu

$$H = H_{\text{ext}} - NM \, , \tag{6.84}$$

wobei H_{ext} das externe Magnetfeld und M die in der Probe vorliegende Magnetisierung darstellen.

Im Fall einer linearen Magnetisierungskurve

$$M = \chi H \tag{6.85}$$

folgt daraus eine ebenfalls lineare Beziehung

$$H = \frac{1}{1 + N\chi} \, H_{\text{ext}} \tag{6.86}$$

zwischen der magnetischen Feldstärke im Innern der Probe und dem extern angelegten Magnetfeld.

Der allgemeine Zusammenhang zwischen der magnetischen Flußdichte $\boldsymbol{B}$ und dem makroskopischen magnetischen Feld $\boldsymbol{H}$ im Innern einer Probe lautet

$$\boldsymbol{B} = \mu_0(\boldsymbol{H} + \boldsymbol{M})\,. \qquad (6.87)$$

Die lineare Magnetisierungskurve (6.85) führt hier zur linearen Beziehung

$$\boldsymbol{B} = (1 + \chi)\mu_0\boldsymbol{H}\,. \qquad (6.88)$$

Mit (6.86) liefert dies

$$\boldsymbol{B} = \frac{1 + \chi}{1 + N\chi}\,\mu_0\boldsymbol{H}_{\text{ext}}\,. \qquad (6.89)$$

b) Weist die Magnetisierungskurve $M = M(H)$ einer Substanz einen linearen Verlauf $M = \chi H$ auf, so läßt sich die gesamte Magnetisierungskurve durch Angabe der "magnetischen Suszeptibilität"

$$\chi = \frac{M}{H} \qquad (6.90)$$

dieser Substanz beschreiben.

Bei der Erfassung von Magnetisierungskurven ist nur die Stärke des extern angelegten magnetischen Feldes direkt meßbar. Zwischen der resultierenden Meßgröße $\bar{\chi} = M/H_{\text{ext}}$ und der wirklichen magnetischen Suszeptibiltität χ der Substanz besteht nach (6.86) der Zusammenhang

$$\bar{\chi} = \frac{M}{H_{\text{ext}}} = \frac{M}{(1 + N\chi)H} = \frac{1}{1 + N\chi}\,\chi\,. \qquad (6.91)$$

Dia- und paramagnetische Substanzen besitzen eine magnetische Suszeptibilität in der Größenordnung von -10^{-6} bis $+10^{-2}$. Da der Entmagnetisierungsfaktor einer kugelförmigen Probe beispielsweise den Wert $N = 1/3$ besitzt, gilt bei diesen Substanzen stets $|N\chi| \ll 1$; der Unterschied zwischen $\bar{\chi}$ und χ kann somit vernachlässigt werden.

Die magnetische Suszeptibilität eines Supraleiters dagegen beträgt $\chi = -1$. Hier unterscheidet sich die Stärke des magnetischen Feldes im Innern der Probe unter Umständen erheblich von der extern angelegten Feldstärke. Die auf das externe magnetische Feld bezogene Magnetisierungskurve $M(H_{ext})$ verläuft in diesem Fall steiler als die auf das innere magnetische Feld bezogene Kurve $M(H)$, was in Abb. 6.19 für einen kugelförmigen Supraleiter 1. Art dargestellt ist. Die auf das externe Magnetfeld bezogene magnetische Suszeptibilität des kugelförmigen Supraleiters beträgt

$$\bar{\chi} = \frac{1}{1 - N}\, \chi = -\frac{3}{2}. \tag{6.92}$$

Das Verhalten eines kugelförmigen Supraleiters 1. Art im Feldstärkebereich $(2/3)\, H_c < H_{ext} < H_c$ wird in Aufgabe 7.1.2 diskutiert.

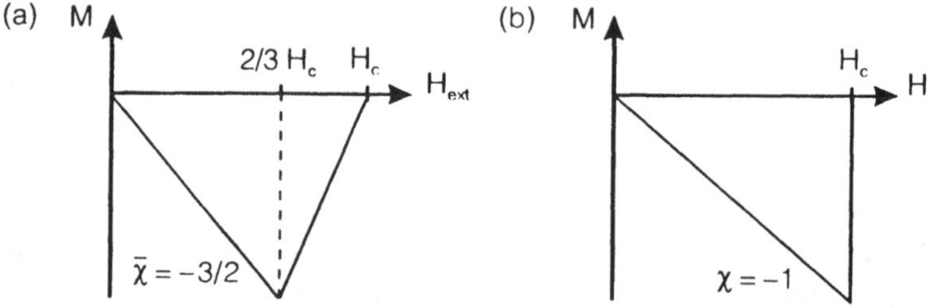

Abb. 6.19. (a) Gemessene und (b) auf das innere Magnetfeld umgerechnete Magnetisierungskurve eines kugelförmigen Supraleiters 1. Art.

c) Ferromagnetische Substanzen sind aus energetischen Gründen in kleine Bereiche mit homogener spontaner Magnetisierung unterteilt, die als "Domänen" bezeichnet werden. Ein schwaches magnetisches Feld bewirkt irreversible Wandverschiebungen zwischen benachbarten Domänen, die zum Anwachsen des Volumens

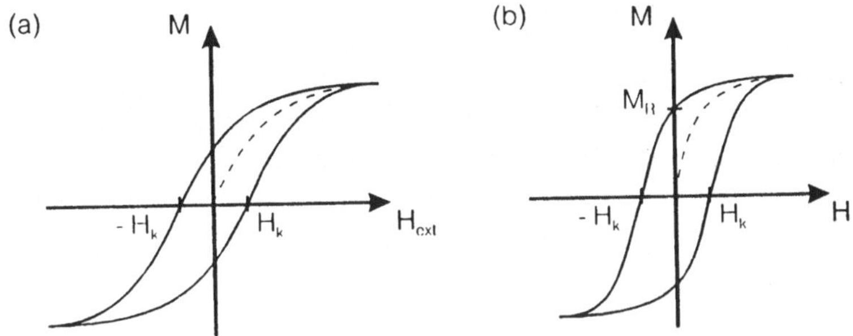

Abb. 6.20. (a) Gemessene und (b) auf das innere Magnetfeld umgerechnete Magnetisierungskurve einer ferromagnetischen Substanz.

von Domänen mit einer zum externen Feld günstigen Magnetisierungsrichtung führen. Bei höherer Felderstärke erfolgt zudem eine Drehung der Magnetisierungsrichtung von Domänen in Richtung des externen Feldes. Dies führt zu den in Abb. 6.20 schematisch dargestellten "Hysteresekurven".

Gegenüber der Magnetisierungskurve $M(H)$ weist eine auf das externe Magnetfeld bezogene Magnetisierungskurve $M(H_{ext})$ eine von der Probengeometrie abhängige "Scherung" auf. Wird jedem Magnetisierungswert M dieser Kurve gemäß (6.86) der Wert des inneren Magnetfeldes zugeordnet, so erhält man die von der Probengeometrie unabhängige Magnetisierungskurve $M(H)$ der Substanz. Die Koerzitivfeldstärke H_K, bei der die Magnetisierung der Probe verschwindet, bleibt bei diesem Vorgang des Zurückscherens erhalten, da die Magnetfelder H_{ext} und H für $M = 0$ übereinstimmen. Die scheinbare remanente Magnetisierung $M(H_{ext} = 0)$ stimmt dagegen nicht mit der wirklichen remanenten Magnetisierung $M_R = M(H = 0)$ der Probe überein.

Lösung von Aufgabe 6.5.4

a) Für die folgenden Betrachtungen erweist es sich als zweckmäßig, die Magnetisierung des betrachteten Systems lokalisierter magnetischer Momente relativ zu dessen Sättigungsmagnetisierung $M(0)$ anzugeben. Wegen $B_J(\eta \to \infty) = 1$ liefert (6.18) im Grenzfall $\eta \to \infty$ die Sättigungsmagnetisierung

$$M(0) = N_V \cdot g\mu_B J \,. \tag{6.93}$$

Die relative Magnetisierung des Systems wird nach (6.18) und (6.93) durch die Brillouinfunktion $B_J(\eta)$ beschrieben:

$$\frac{M(T)}{M(0)} = B_J(\eta) \,. \tag{6.94}$$

Der dimensionslose Parameter η von (6.19) bezieht sich auf ein System nicht gegenseitig wechselwirkender magnetischer Momente. Unter Berücksichtigung einer Wechselwirkung zwischen den magnetischen Momenten muß das magnetische Feld B_0 in (6.19) durch das effektive Magnetfeld B_{eff} ersetzt werden, so daß

$$\eta = \frac{g\mu_B\mu_0(H + \gamma M)}{k_B T} \,. \tag{6.95}$$

Im folgenden soll das Auftreten einer spontanen Magnetisierung in Abwesenheit eines externen Magnetfeldes untersucht werden. Wird (6.95) für $H = 0$ nach M aufgelöst, und diese Größe unter Verwendung von (6.93) auf den Sättigungswert der Magnetisierung bezogen, so resultiert mit

$$\frac{M(T)}{M(0)} = \frac{k_B T}{N_V \gamma \mu_0 g^2 \mu_B^2 J} \, \eta \tag{6.96}$$

ein weiterer Ausdruck für die relative Magnetisierung des Systems in Abhängigkeit vom Parameter η.

Die Verhältnisse, welche die beiden Funktionen (6.94) und (6.96) beschreiben, lassen sich anhand einer graphischen Darstellung des jeweiligen Verlaufs von $M(T)/M(0)$ über η anschaulich interpretieren. Gleichung (6.94) gibt den Kurvenverlauf der Brillouinfunktion wieder, während (6.96) eine Gerade repräsentiert, die umso steiler verläuft, je höher die Temperatur T des Systems ist. Wie in Abb. 6.21 zu erkennen ist, tritt aufgrund des Molekularfeldes auch in Abwesenheit eines externen Magnetfeldes eine endliche Probenmagnetisierung auf, sofern sich das System unterhalb einer bestimmten Maximaltemperatur befindet. Die "spontane Magnetisierung" $M_S(T)$ wird umso größer, je niedriger die Temperatur des Systems ist, und geht für $T \rightarrow 0$ in den Sättigungswert der Magnetisierung über.

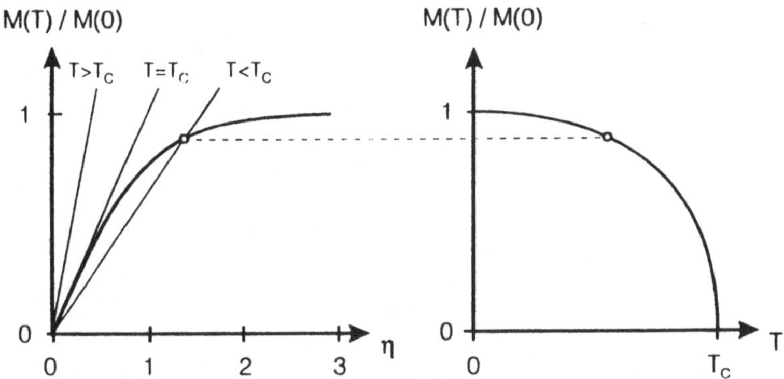

Abb. 6.21. Graphische Bestimmung der spontanen Magnetisierung einer ferromagnetischen Substanz.

Der Grenzfall für das Auftreten einer spontanen Magnetisierung liegt gerade dann vor, wenn die Steigung der Geraden (6.96) mit der Steigung der Brillouinfunktion (6.94) bei $\eta = 0$ übereinstimmt. Unter Verwendung des für $|\eta| \ll 1$ gültigen Näherungsausdrucks (6.22) für die Brillouinfunktion lautet die entsprechende Bedingung an diese Grenztemperatur, welche als "Curie-Temperatur" T_C des Systems bezeichnet wird,

$$\frac{J+1}{3} = \frac{k_B T_C}{N_V \gamma \mu_0 g^2 \mu_B^2 J} . \tag{6.97}$$

Löst man (6.97) nach der Curie-Temperatur T_C auf, so ergibt sich

$$T_\mathrm{C} = N_V \, \frac{\mu_0 g^2 J(J+1)\mu_\mathrm{B}^2}{3k_\mathrm{B}} \, \gamma \tag{6.98}$$

$$= N_V \, \frac{\mu_0 \mu_\mathrm{eff}^2}{3k_\mathrm{B}} \, \gamma \tag{6.99}$$

$$= C\gamma \,, \tag{6.100}$$

wobei μ_eff das effektive magnetische Moment der Teilchen darstellt und C die Curie-Konstante der Probe ist. Die Molekularfeldkonstante einer ferromagnetischen Substanz ist also über die einfache Beziehung $T_\mathrm{C} = C\gamma$ mit der Curie-Konstante der Substanz verknüpft.

Anhand der in Tabelle 6.4. aufgeführten Daten berechnen sich die Molekularfeldkonstanten von Eisen, Cobalt und Nickel zu 470, 623 bzw. 1066. Für das Molekularfeld $B_\mathrm{eff} = \mu_0 \gamma M_\mathrm{m}$ ergeben sich Flußdichten von 1031 T, 1132 T bzw. 683 T Stärke. Die Größe dieser Werte gibt eine deutliche Vorstellung von der Stärke der quantenmechanischen Austauschwechselwirkung. Sie übertrifft den Effekt einer klassischen Dipol-Dipol-Wechselwirkung um rund vier Größenordnungen, und ermöglicht so magnetische Ordnungstemperaturen von bis zu 10^3 K (vgl. Aufgabe 6.5.1).

b) Unter Verwendung des Ausdrucks (6.98) für die Curie-Temperatur läßt sich die Bestimmungsgleichung (6.96) für die spontane Magnetisierung eines Ferromagnets in der Form

$$\frac{M(T)}{M(0)} = \frac{J+1}{3} \, \frac{T}{T_\mathrm{C}} \, \eta \tag{6.101}$$

darstellen.

Mit Hilfe der Gleichungen (6.94) und (6.101) soll nun der Verlauf der spontanen Magnetisierung in Abhängigkeit von der Temperatur bestimmt werden. Hierzu löst man (6.101) nach dem Parameter η auf und setzt den resultierenden Ausdruck

$$\eta = \frac{3}{J+1} \, \frac{T_\mathrm{C}}{T} \, \frac{M(T)}{M(0)} \tag{6.102}$$

in (6.94) ein. Auf diese Weise ergibt sich eine implizite Funktion der Größe $M(T)/M(0)$, die nur noch entsprechend aufgelöst werden muß.

Für tiefe Temperaturen $T \ll T_C$, also für $\eta \gg 1$, läßt sich (6.94) vereinfachen, indem für die Brillouinfunktion den Näherungsausdruck

$$\mathrm{B}_J(\eta) \approx 1 - \frac{1}{J}\,\exp(-\eta) \qquad (\eta \gg 1) \tag{6.103}$$

verwendet wird. Die implizite Funktion von $M(T)/M(0)$ lautet in diesem Fall

$$\frac{M(T)}{M(0)} \approx 1 - \frac{1}{J}\,\exp\left(-\frac{3}{J+1}\,\frac{T_C}{T}\,\frac{M(T)}{M(0)}\right). \tag{6.104}$$

Wird der geringe Unterschied zwischen $M(T)$ und $M(0)$ auf der rechten Seite der Gleichung vernachlässigt, so erhält man

$$\frac{M(T)}{M(0)} \approx 1 - \frac{1}{J}\,\exp\left(-\frac{3}{J+1}\,\frac{T_C}{T}\right). \tag{6.105}$$

Für Temperaturen knapp unterhalb der Curie-Temperatur, entsprechend Werten $|\eta| \ll 1$, kann die Brillouinfunktion in (6.94) durch

$$\mathrm{B}_J(\eta) \approx \frac{J+1}{3}\,\eta\left[1 - \frac{J^2 + (J+1)^2}{30}\,\eta^2\right] \quad (|\eta| \ll 1) \quad (6.106)$$

genähert werden.[18] Einsetzen von (6.102) in (6.94) liefert in diesem Fall die Gleichung

$$1 \approx \frac{T_C}{T}\left[1 - \frac{3}{10}\,\frac{J^2+(J+1)^2}{(J+1)^2}\left(\frac{T_C}{T}\right)^2\left(\frac{M(T)}{M(0)}\right)^2\right]. \tag{6.107}$$

Durch Auflösen nach der gesuchten Größe $M(T)/M(0)$ ergibt sich

---

[18]Wie anhand von Abb. 6.21 zu erkennen ist, genügt es in diesem Fall nicht, ausschließlich den linearen Term der Näherung zu verwenden.

$$\frac{M(T)}{M(0)} \approx \sqrt{\frac{10}{3}\,\frac{(J+1)^2}{J^2+(J+1)^2}\left(1-\frac{T}{T_{\mathrm{C}}}\right)\left(\frac{T}{T_{\mathrm{C}}}\right)^2} \qquad (6.108)$$

$$\approx \sqrt{\frac{10}{3}\,\frac{(J+1)^2}{J^2+(J+1)^2}\left(1-\frac{T}{T_{\mathrm{C}}}\right)}\,. \qquad (6.109)$$

Die von der Molekularfeldnäherung vorhergesagte Temperaturabhängigkeit der spontanen Magnetisierung $M_{\mathrm{S}}(T)$ stimmt mit dem experimentell bestimmten Verhalten im Bereich mittlerer und hoher Temperatur zufriedenstellend überein. Bei tiefer Temperatur ergeben sich experimentell niedrigere Magnetisierungwerte als nach (6.105) berechnet. Die Temperaturabhängigkeit der spontanen Magnetisierung läßt sich in diesem Temperaturbereich besser durch das Gesetz

$$\frac{M(T)}{M(0)} \approx 1 - A T^{\frac{3}{2}} \qquad (6.110)$$

beschreiben, welches von BLOCH im Rahmen der Spinwellentheorie hergeleitet wurde.

c) Paramagnetische Substanzen weisen im Fall $|\eta| \ll 1$, also bei hoher Temperatur und vergleichsweise schwachem Magnetfeld, eine lineare Magnetisierungskurve $M = \chi H$ auf. Unter der Annahme, daß zwischen den magnetischen Dipolmomenten der Substanz keinerlei gegenseitige Wechselwirkung stattfindet, wird die Abhängigkeit der magnetischen Suszeptibilität durch das Curie-Gesetz $\chi = C/T$ beschrieben (vgl. Aufgabe 6.2.2). Die Magnetisierung der Probe in Abhängigkeit von der Temperatur T und der magnetischen Feldstärke H lautet somit

$$M = \frac{C}{T}\,H\,. \qquad (6.111)$$

Berücksichtigt man eine Wechselwirkung zwischen den Dipolen, indem das makroskopische magnetische Feld H im Innern der Probe durch das effektive Magnetfeld $H_{\text{eff}} = H + \gamma M$ ersetzt wird, so geht (6.111) über in

$$M = \frac{C}{T}\,(H + \gamma M)\,.\qquad\qquad(6.112)$$

Diese implizite Gleichung für die Magnetisierung der Probe läßt sich auflösen zu

$$M = \frac{C}{T - C\gamma}\,H\,.\qquad\qquad(6.113)$$

Demnach wird die Temperaturabhängigkeit der magnetischen Suszeptibilität eines Systems wechselwirkender magnetischer Dipolmomente beschrieben durch ein Curie-Weiss-Gesetz

$$\chi = \frac{C}{T - \theta}\,,\qquad\qquad(6.114)$$

wobei die "paramagnetische Curie-Temperatur" $\theta = C\gamma$ nach (6.100) mit der Curie-Temperatur T_C der Substanz übereinstimmt. Wie Tabelle 6.4 zeigt, läßt sich diese Aussage experimentell nur näherungsweise bestätigen; allgemein gilt vielmehr die Relation $T_C \lesssim \theta$.

Lösung von Aufgabe 6.5.5

a) Die innenzentriert kubische Einheitszelle von Fe beinhaltet, ebenso wie die Einheitszelle der hexagonal kristallisierenden Metalle Co und Gd, zwei Atome, so daß sich die Atomdichte dieser Metalle zu $N_V = 2/a^3$ bzw. $N_V = 2/a^2 c \sin 60°$ ergibt. Die flächenzentriert kubische Einheitszelle von Ni enthält vier Atome, was der Atomdichte $N_V = 4/a^3$ entspricht.

Analog berechnen sich die Moleküldichten der ionischen Verbindungen EuO und GdCl$_3$, deren Einheitszellen jeweils vier bzw. zwei Formeleinheiten der Verbindung enthalten, zu $N_V = 4/a^3$ bzw. $N_V = 2/a^2 c \sin 60°$.

Mit Hilfe dieser Atom- bzw. Moleküldichten lassen sich experimentelle Werte für das effektive magnetische Moment

$$\mu_{\text{eff}}^{(\text{exp})} = \sqrt{\frac{3k_{\text{B}}C}{\mu_0 N_V}} \tag{6.115}$$

und das Sättigungsmoment

$$\mu_{\text{m}}^{(\text{exp})} = \frac{M_{\text{m}}}{N_V} \tag{6.116}$$

der in Tabelle 6.4 aufgeführten ferromagnetischen Substanzen berechnen. Die resultierenden Werte sind in Tabelle 6.10 zusammengestellt.

Tabelle 6.10. Atom- bzw. Moleküldichte N_V, effektives magnetisches Moment μ_{eff} und Sättigungsmoment μ_{m} ferromagnetischer Substanzen, berechnet aus den in Tabelle 6.4 angegebenen Daten.

Substanz	$\dfrac{N_V}{10^{28}\ \text{m}^{-3}}$	$\dfrac{\mu_{\text{eff}}^{(\text{exp})}}{\mu_{\text{B}}}$	$\dfrac{\mu_{\text{m}}^{(\text{exp})}}{\mu_{\text{B}}}$
Fe	8.49	3.17	2.22
Co	9.03	3.08	1.72
Ni	9.14	1.57	0.60
Gd	3.02	7.96	7.35
EuO	2.94	7.94	7.04
GdCl$_3$	1.04	7.97	6.98

b) Die Elektronenkonfiguration von Europium lautet [Xe] $4f^7\ 6s^2$. Das Element Gadolinium enthält ein zusätzliches Elektron in der 5d-Unterschale, besitzt also die Konfiguration [Xe] $4f^7\ 5d^1\ 6s^2$. Die Ionen Eu^{2+} und Gd^{3+} sind demnach isoelektronisch und besitzen die Elektronenkonfiguration [Xe] $4f^7$. Nach den Hundschen Regeln ergibt sich der Grundzustand der Ionen zu $S = 7/2$, $L = 0$ und $J = 7/2$; die entsprechende Termbezeichnung lautet $^8S_{7/2}$.

Da sich die Bahnmomente der halbvollen 4f-Unterschale gegenseitig absättigen, liegt hier ein reiner Spinmagnetismus vor. Der Landésche g-Faktor beträgt also $g = g_s = 2$.

Das nach den Hundschen Regeln für die Ionen Eu^{2+} und Gd^{3+} erwartete effektive magnetische Moment

$$\mu_{\text{eff}} = g \sqrt{J(J+1)} \, \mu_B = 7.94 \, \mu_B$$

stimmt mit den experimentell ermittelten Werten von Tabelle 6.10 zufriedenstellend überein, ebenso das Sättigungsmoment

$$\mu_m = g J \mu_B = 7.00 \, \mu_B \, .$$

Dies bestätigt die Annahme, daß der Ferromagnetismus von Gd, EuO und $GdCl_3$ durch lokalisierte magnetische Momente verursacht wird, welche den 4f-Elektronen der Ionen Eu^{2+} bzw. Gd^{3+} zugeordnet werden können. Es spielt dabei offenbar keine wesentliche Rolle, ob das Kation Gd^{3+} in einer ionischen Verbindung vorliegt, oder ob es aus einer metallischen Bindung hervorgeht und im delokalisierten Elektronengas der ans Leitungsband abgegebenen 6s- und 5d-Außenelektronen eingebettet ist.

c) Mittels (6.115) und (6.116) berechnete Werte für das effektive magnetische Moment μ_{eff} und das Sättigungsmoment μ_m von Eisen, Cobalt und Nickel sind in Tabelle 6.10 aufgeführt.

Die Temperaturabhängigkeit der spontanen Magnetisierung $M_S(T)$ weist bei allen drei Metallen auf dieselbe Quantenzahl $J = 1/2$ hin. In diesem Fall sollten die drei Substanzen übereinstimmend die Momente $\mu_{\text{eff}} = 1.73 \, \mu_B$ und $\mu_m = 1.00 \, \mu_B$ aufweisen, was im Widerspruch zu den experimentell gefundenen Werten steht. Insbesondere das niedrige Sättigungsmoment $\mu_m = 0.60 \, \mu_B$ von Nickel läßt sich im Modell lokalisierter magnetischer Momente nicht erklären, da (6.53) mit $g = g_s = 2$ für μ_m stets ganzzahlige Vielfache des Bohrschen Magnetons liefert.

Daraus läßt sich folgern, daß bei Eisen, Cobalt und Nickel ein von delokalisierten Elektronen verursachter "Bandferromagnetismus" vorliegt. Dieser läßt sich anhand des in Abb. 6.22 schematisch dargestellten Verlaufs der Zustandsdichte von 4s- und 3d-Unterbändern von Nickel verstehen.

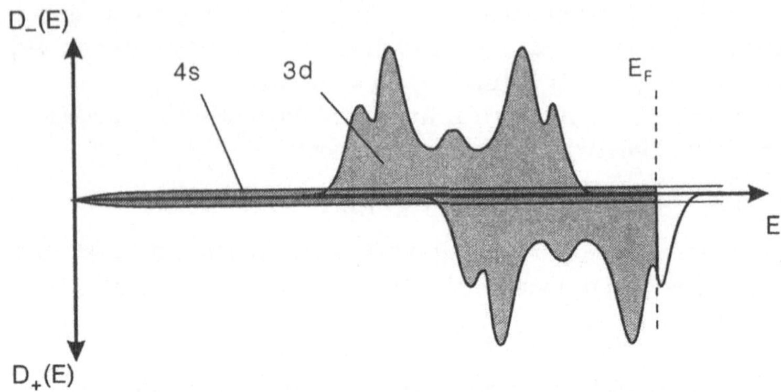

Abb. 6.22. Schematische Darstellung der Zustandsdichte von 4s- und 3d-Unterbändern von Nickel.

Die energetisch entarteten 4s-Unterbänder $D^{4s}_-(E)$ und $D^{4s}_+(E)$ erstrecken sich über einen relativ breiten Energiebereich und überlappen dabei mit den vergleichsweise schmalen, stark strukturierten 3d-Unterbändern $D^{3d}_-(E)$ und $D^{3d}_+(E)$.

Die 3d-Unterbänder sind aufgrund einer Austauschwechselwirkung energetisch aufgespalten, was zu einer ungleichen Besetzung dieser beiden Bänder führt. Bei $T = 0$ verteilen sich die insgesamt 10 Außenelektronen pro Nickelatom im Verhältnis $5 : 4.4 : 0.3 : 0.3$ auf die Unterbänder $D^{3d}_-(E)$, $D^{3d}_+(E)$, $D^{4s}_-(E)$ und $D^{4s}_+(E)$. Während sich die magnetischen Momente der beiden 4s-Unterbänder gegenseitig kompensieren, führt die ungleiche Besetzung der beiden 3d-Unterbänder zu dem beobachteten Sättigungsmoment von 0.6 μ_B pro Nickelatom.

Die von der Austauschwechselwirkung hervorgerufene Energiedifferenz zwischen den beiden 3d-Unterbändern nimmt mit zunehmender Temperatur ab und verschwindet schließlich bei der Curie-Temperatur T_C. Dies äußert sich in einer entsprechenden Temperaturabhängigkeit der spontanen Magnetisierung $M_S(T)$. Der Ferromagnetismus von Eisen und Cobalt läßt sich auf analoge Weise erklären [6.6].

7. Supraleitung

7.1 Supraleiter im magnetischen Feld

7.1.1 Eindringen des Magnetfeldes in einen Supraleiter

Kurz nach der Entdeckung des Meissner-Ochsenfeld-Effektes stellten die Brüder F. und H. LONDON eine phänomenologische Theorie der Supraleitung vor, deren wichtigstes Resultat die beiden Gleichungen

$$\nabla^2 B = \frac{1}{\lambda_L^2}\, B \qquad \text{und} \qquad \nabla^2 j = \frac{1}{\lambda_L^2}\, j \tag{7.1}$$

darstellen. Mit Hilfe dieser Gleichungen ist es möglich, das Eindringverhalten eines magnetischen Feldes B ins Innere eines Supraleiters quantitativ zu beschreiben und die räumliche Verteilung der in einem Supraleiter vorliegenden Stromdichte j zu ermitteln. Die "Londonsche Eindringtiefe" λ_L stellt dabei einen vom jeweiligen Supraleiter abhängigen Materialparameter dar und liegt in der Größenordnung von einigen 100 Å.

a) Betrachten Sie das in Abb. 7.1 dargestellte eindimensionale Problem, bei dem ein homogenes externes Magnetfeld $B_0 = B_0 e_z$ in einen den Halbraum $x \geqslant 0$ ausfüllenden Supraleiter eindringt. Berechnen Sie die Ortsabhängigkeit $B(r)$ der magnetischen Flußdichte im Supraleiter, und zeigen Sie, daß der magnetische Fluß aus dem Innern eines hinreichend ausgedehnten Supraleiters praktisch vollständig herausgedrängt wird (Meissner-

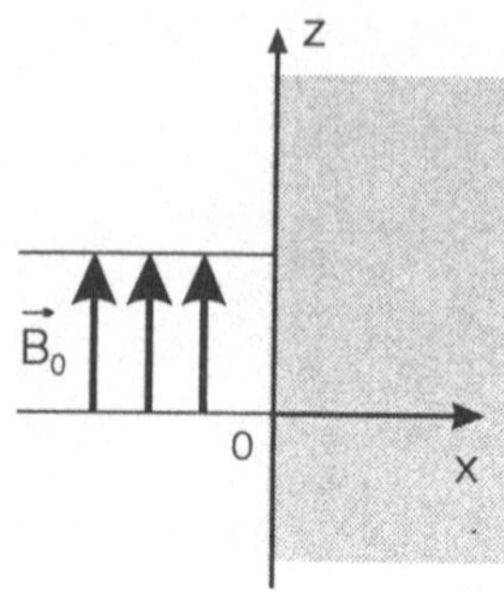

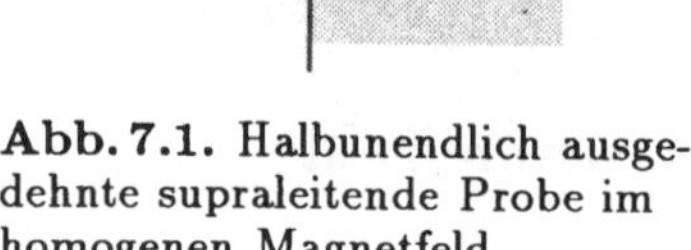

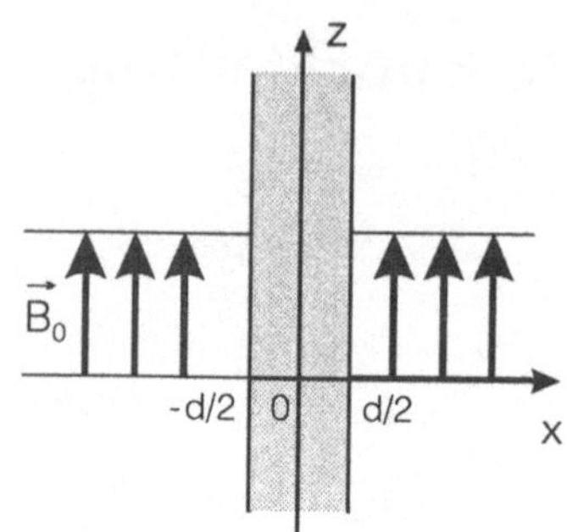

Abb. 7.1. Halbunendlich ausgedehnte supraleitende Probe im homogenen Magnetfeld.

Abb. 7.2. Dünne supraleitende Platte im homogenen Magnetfeld.

Ochsenfeld-Effekt). Welche scheinbare magnetische Suszeptibilität χ muß daher einem massiven Supraleiter als Ganzes zugeordnet werden?

b) Parallel zur Oberfläche einer dünnen supraleitenden Platte, welche den Raum $-d/2 \leqslant x \leqslant d/2$ ausfüllen soll, sei ein homogenes magnetisches Feld $\boldsymbol{B}_0 = B_0 \boldsymbol{e}_z$ angelegt (Abb. 7.2).

Berechnen Sie für diese Anordnung die Ortsabhängigkeit $B(x)$ der magnetischen Flußdichte im Innern des Supraleiters. Welche Schlußfolgerung erlaubt das erhaltene Resultat bezüglich des Eindringens von Magnetfeldern in einen sehr dünnen supraleitenden Film ($d \lesssim \lambda_\mathrm{L}$)?

c) Berechnen Sie Betrag und Richtung der supraleitenden Abschirmströme für die in Abb. 7.1 und 7.2 gezeigten Anordnungen. Verwenden Sie dazu die Beziehung zwischen Stromdichte $\boldsymbol{j}$ und magnetischer Flußdichte $\boldsymbol{B}$

$$\boldsymbol{j} = \frac{1}{\mu_0} \operatorname{rot} \boldsymbol{B} \,, \tag{7.2}$$

welche im statischen Fall aus den Maxwellschen Gleichungen folgt. Zeigen Sie insbesondere, daß die kritische Feldstärke bei einem dünnen supraleitenden Film $(d \lesssim \lambda_L)$ von der Filmdicke abhängt und deutlich über dem Wert liegen kann, welcher bei einer massiven Probe $(d \gg \lambda_L)$ beobachtet wird.

7.1.2 Zwischenzustand von Supraleitern 1. Art

a) Ein Supraleiter 1. Art in Form eines Rotationsellipsoids befinde sich in einem Magnetfeld, welches parallel zur Symmetrieachse des Ellipsoids orientiert ist und die Stärke H_{ext} besitzt. Erklären Sie, weshalb der Supraleiter für $(1 - N) H_c < H_{ext} < H_c$ in einen "Zwischenzustand" (intermediate state) übergeht, bei dem neben supraleitenden Bereichen auch normalleitende Bereiche auftreten. N ist der Entmagnetisierungsfaktor der Probe in Richtung des Magnetfeldes. Betrachten Sie speziell Proben in Form eines langen Stabes, einer Kugel und einer dünnen Scheibe.

b) Welcher Unterschied besteht zwischen dem obengenannten Zwischenzustand eines Supraleiters 1. Art, und dem "gemischten Zustand" (mixed state), in dem ein Supraleiter 2. Art für $H_{c_1} \leqslant H \leqslant H_{c_2}$ vorliegt?

7.2 Verlustfreier Stromtransport in Supraleitern

7.2.1 Kritische Stromstärke eines supraleitenden Drahtes

Die aus den Londonschen Gleichungen abgeleiteten Beziehungen (7.1) zeigen, daß die Stromdichte $j(x)$ im Innern eines in x-Richtung unendlich weit ausgedehnten Supraleiters gemäß

$$j(x) = j_0 \exp\left(-\frac{x}{\lambda_L}\right) \tag{7.3}$$

abnimmt. Der materialspezifische Parameter λ_L wird als London-sche Eindringtiefe des Supraleiters bezeichnet.

a) Berechnen Sie den Wert des Integrals

$$\int_0^\infty j(x)\,dx \tag{7.4}$$

für die in (7.3) angegebene Stromdichteverteilung, und interpretieren Sie das Ergebnis.

b) Blei besitzt mit einem T_c von 7.19 K den höchsten supraleitenden Sprungpunkt unter sämtlichen Supraleitern 1. Art. Die kritische Feldstärke dieses Supraleiters beträgt $H_c(0) = 803$ Oe.[19] Berechnen Sie mit Hilfe des Ampereschen Gesetzes die magnetische Feldstärke, welche an der Oberfläche eines vom Strom I durchflossenen supraleitenden Drahtes herrscht, und bestimmen Sie damit die kritische Stromstärke $I_c(4.2$ K$)$, welche ein supraleitender Bleidraht von 2 mm Durchmesser bei Kühlung mit flüssigem Helium maximal transportieren kann. Welche kritische Stromdichte j_c stellt sich dabei an der Oberfläche des Drahtes ein? Die Eindringtiefe $\lambda_L(0)$ von Blei beträgt 390 Å.

c) Weshalb kann ein supraleitender Draht durch geringfügiges Überschreiten der kritischen Stromstärke I_c nicht vollständig in den normalleitenden Zustand übergeführt werden? Bei welcher Stromstärke I ist der Draht vollständig normalleitend?

d) Auf welchen Wert sinkt die kritische Stromstärke $I_c(4.2$ K$)$ des in Teilaufgabe b) beschriebenen Bleidrahtes ab, wenn ein externes Magnetfeld der Stärke $H_{ext} = 100$ Oe senkrecht zur Längsachse des Drahtes angelegt wird? Beachten Sie bei dieser Rechnung den Effekt des Entmagnetisierungsfaktors auf das resultierende Feld H im Innern des Supraleiters. Erweist es sich als günstiger, das externe Feld parallel zur Drahtrichtung zu orientieren?

---

[19] 1 Oe $= (1000/4\pi)$ A m^{-1}.

7.2.2 Dauerstromversuch

QUINN und ITTNER [7.1] führten zur Abschätzung des elektrischen Widerstandes von Supraleitern einen Dauerstromversuch durch. Sie benützten dazu eine in Dünnfilmtechnik hergestellte Bleiprobe mit der in Abb. 7.3 abgebildeten Geometrie.

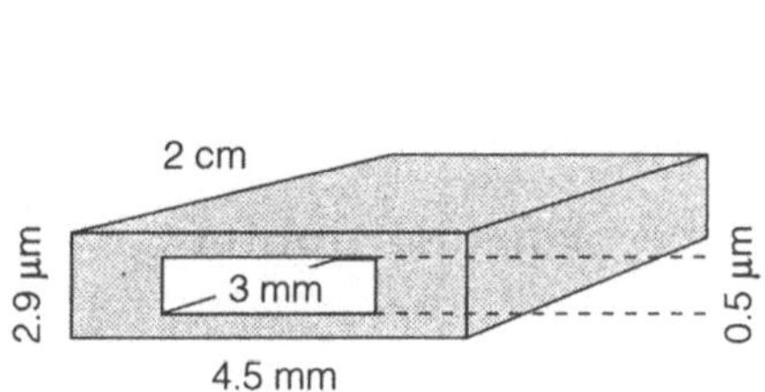

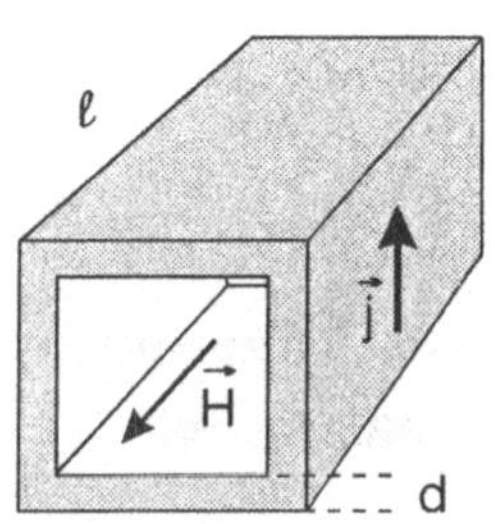

Abb. 7.3. Schematische Darstellung der von QUINN und ITTNER verwendeten Bleiprobe.

Abb. 7.4. Magnetfeld in einem Hohlkörper mit stromdurchflossener Wand.

a) Abb. 7.4 zeigt einen Hohlkörper, dessen Wand (Dicke d) von einem elektrischen Strom der Stromdichte j durchflossen wird. Die Länge ℓ des Körpers sei wesentlich größer als dessen Querabmessungen. Zeigen Sie mit Hilfe des Ampereschen Gesetzes, daß im Innern des Hohlkörpers ein homogenes Magnetfeld der Stärke $H = jd$ herrscht, und berechnen Sie damit die Induktivität L des Körpers.

b) Eine Messung des in der Bleiprobe eingefangenen magnetischen Flusses ergab, daß der zu Beginn des Experimentes in der Bleiprobe induzierte Strom I_0 innerhalb von 7 Stunden um weniger als 2 % abgenommen hat. Betrachten Sie die Anordnung von QUINN und ITTNER als eine elektrische RL-Serienschaltung, und schätzen Sie auf diese Weise eine Obergrenze für den elektrischen Widerstand R des Stromkreises ab.

c) Schätzen Sie ab, um welchen Faktor der spezifische Widerstand von Blei ($\rho = 22\ \mu\Omega$cm bei 300 K) durch den Übergang zur Supraleitung verringert wird. Wie groß ist im Vergleich dazu das Verhältnis des spezifischen Widerstandes von normalleitendem Blei und typischen Isolatoren?

d) Weshalb haben sich die Experimentatoren soviel Mühe gegeben, die innere Querschnittsfläche der in Abb. 7.3 gezeigten Probe möglichst gering zu halten?

7.3 Thermodynamik des supraleitenden Zustandes

7.3.1 Allgemeine thermodynamische Betrachtungen

Die thermodynamische Behandlung des supraleitenden Zustandes in Abhängigkeit von der Temperatur T, dem Druck p und der magnetischen Feldstärke $\boldsymbol{H}$ erfolgt unter Verwendung der Gibbsschen freien Enthalpie $G = G(T, p, \boldsymbol{H})$. Das totale Differential dieser Funktion lautet

$$\mathrm{d}G = -S\,\mathrm{d}T + V\,\mathrm{d}p - \mathcal{M}\,\mathrm{d}\boldsymbol{H}\,, \tag{7.5}$$

wobei S die Entropie, V das Volumen und $\mathcal{M} = \mu_0 \boldsymbol{M} V$ das magnetische Moment[20] der betrachteten Probe darstellen.

a) Die Stabilität des supraleitenden Zustandes für $T < T_\mathrm{c}$ beruht auf der Tatsache, daß die freie Enthalpie einer Probe im supraleitenden Zustand niedriger ist als im normalleitenden Zustand.

Zeigen Sie, daß die entsprechende Differenz

$$\bar{G}(T) = G_\mathrm{s}(T, H = 0) - G_\mathrm{n}(T, H = 0) \tag{7.6}$$

---

[20]Falls die Probe eine ortsabhängige Magnetisierung aufweist, wird $\mathcal{M}$ durch eine entsprechende Volumenintegration berechnet.

der freien Enthalpie einer Probe im supra- bzw. normalleitenden
Zustand gegeben wird durch

$$\bar{G}(T) = -\frac{1}{2}\,\mu_0 H_{\mathrm{c}}^2(T)V\,, \tag{7.7}$$

wobei $H_{\mathrm{c}}(T)$ die kritische Feldstärke des Supraleiters in Abhängigkeit von der Temperatur ist.

Hinweis: Der Druck p soll als konstant angenommen werden.
Außerdem soll eine ellipsoidförmige Probengeometrie gewährleisten, daß die durch ein externes Magnetfeld in der Probe hervorgerufene Magnetisierung räumlich homogen ist.

b) Berechnen Sie mit Hilfe von (7.7) den Entropieunterschied

$$\bar{S}(T) = S_{\mathrm{s}}(T, H = 0) - S_{\mathrm{n}}(T, H = 0) \tag{7.8}$$

zwischen supraleitendem und dem normalleitendem Zustand einer Probe.

Nach dem 3. Hauptsatz der Thermodynamik verschwindet die
Entropie eines thermodynamischen Systems bei Annäherung an
den absoluten Nullpunkt der Temperatur:

$$\lim_{T \to 0} S(T) = 0\,. \tag{7.9}$$

Welche Schlußfolgerung erlaubt dieses Theorem bezüglich der
Temperaturabhängigkeit der kritischen Feldstärke eines Supraleiters in der Nähe von $T = 0$?

c) Zeigen Sie, daß sich die Funktion

$$\bar{C}_p(T) = C_{p,\mathrm{s}}(T, H = 0) - C_{p,\mathrm{n}}(T, H = 0)\,, \tag{7.10}$$

welche den Einfluß des supraleitenden Zustandes auf die Wärmekapazität der Probe wiedergibt, in der Form $\bar{C}_p(T) = -\bar{\gamma}(T) \cdot T$
darstellen läßt. Weshalb geht die Größe $\bar{\gamma}(T)$ für $T \to 0$ in
den Sommerfeldparameter γ des normalleitenden Elektronengases über?

7.3.2 Vergleich thermodynamischer Beziehungen mit dem Experiment

Bei den meisten Supraleitern läßt sich die Abhängigkeit der kritischen Feldstärke von der Temperatur in guter Näherung durch die Funktion

$$H_{\text{c}}(T) = H_{\text{c}}(0)\left[1 - \left(\frac{T}{T_{\text{c}}}\right)^2\right] \tag{7.11}$$

beschreiben, wobei T_{c} die Übergangstemperatur zur Supraleitung in Abwesenheit eines magnetischen Feldes ist (Abb. 7.5).

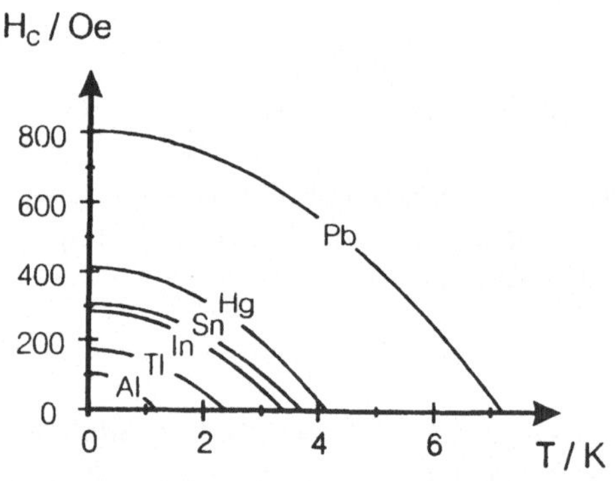

Abb. 7.5. Temperaturabhängigkeit der kritischen Feldstärke für einige Supraleiter 1. Art.

a) Berechnen Sie unter Verwendung von (7.11) und der in Aufgabe 7.3.1 erhaltenen Ergebnisse die Temperaturabhängigkeit der Differenzgrößen $\bar{G}$, $\bar{S}$ und $\bar{C}$, und skizzieren Sie den Verlauf dieser Funktionen in Abhängigkeit von der Temperatur.

b) Von welcher Ordnung ist der Phasenübergang von Normalleitung zu Supraleitung in Abwesenheit eines Magnetfeldes? Ändert ein Magnetfeld die Ordnung des Phasenübergangs? Zeigen Sie außerdem, daß die Temperaturabhängigkeit des elektronischen Beitrages zur Wärmekapazität im supraleitenden Zustand $C_{\text{s}}^{(\text{el})}$ durch eine Parabel 3. Grades beschrieben wird.

c) Berechnen Sie aus der kritischen Temperatur T_c und der kritischen Feldstärke $H_c(0)$ der Supraleiter Blei, Zinn und Thallium die maximale Absenkung der Gibbsschen freien Enthalpie im supraleitenden Zustand

$$\bar{G}_{\mathrm{mol}}(0) = -\frac{1}{2}\,\mu_0 H_c^2(0)V_{\mathrm{mol}}\,, \tag{7.12}$$

den Sprung in der Wärmekapazität beim Phasenübergang zur Supraleitung

$$\bar{C}_{\mathrm{mol}}(T_c) = \frac{4}{T_c}\,\mu_0 H_c^2(0)V_{\mathrm{mol}} \tag{7.13}$$

sowie den Sommerfeldparameter der Metalle im normalleitenden Zustand

$$\gamma_{\mathrm{mol}} = \frac{2}{T_c^2}\,\mu_0 H_c^2(0)V_{\mathrm{mol}}\,. \tag{7.14}$$

Die kritische Temperatur T_c, die kritische Feldstärke $H_c(0)$ und die Dichte ρ der Supraleiter können Tabelle 7.1 entnommen werden. Zum Vergleich sind in Tabelle 7.1 auch experimentelle Werte für $\bar{C}_{\mathrm{mol}}(T_c)$ und γ_{mol} angegeben, welche unter Verwendung kalorischer Methoden ermittelt wurden.

Tabelle 7.1. Kritische Temperatur T_c, kritische Feldstärke $H_c(0)$, Dichte ρ, Wärmekapazitätssprung $\bar{C}_{\mathrm{mol}}^{(\mathrm{exp})}(T_c)$ und Sommerfeldparameter $\gamma_{\mathrm{mol}}^{(\mathrm{exp})}$ von Blei, Zinn und Thallium.

Substanz	$\dfrac{T_c}{\mathrm{K}}$	$\dfrac{H_c(0)}{\mathrm{Oe}}$	$\dfrac{\rho}{\mathrm{g/cm^3}}$	$\dfrac{\bar{C}_{\mathrm{mol}}^{(\mathrm{exp})}(T_c)}{\mathrm{mJ/mol\,K}}$	$\dfrac{\gamma_{\mathrm{mol}}^{(\mathrm{exp})}}{\mathrm{mJ/mol\,K^2}}$
Pb	7.19	803	11.34	52.6	2.98
Sn	3.72	306	7.29	10.6	1.78
Tl	2.39	171	11.85	6.2	1.47

Lösungen zu Abschnitt 7.1

Lösung von Aufgabe 7.1.1

a) Aus Symmetriegründen hängt die magnetische Flußdichte im Innern des in Abb. 7.1 dargestellten supraleitenden Halbraums nur von der Ortskoordinate x, nicht dagegen von den Koordinaten y und z ab. Zudem kann davon ausgegangen werden, daß die Orientierung des Feldes im Supraleiter mit der des externen Feldes übereinstimmt, so daß sich die magnetische Flußdichte im Innern des Supraleiters in der Form

$$\boldsymbol{B}(\boldsymbol{r}) = B(x)\,\boldsymbol{e}_z \tag{7.15}$$

schreiben läßt. Die Abhängigkeit des Feldes von der Ortskoordinate x wird durch die aus (7.1) folgende homogene lineare Differentialgleichung zweiter Ordnung

$$\frac{\mathrm{d}^2 B}{\mathrm{d}x^2} - \frac{1}{\lambda_{\mathrm{L}}^2}\,B = 0 \tag{7.16}$$

bestimmt. Die allgemeine Lösung dieser Differentialgleichung lautet

$$B(x) = \alpha_1 \exp\left(-\frac{x}{\lambda_{\mathrm{L}}}\right) + \alpha_2 \exp\left(\frac{x}{\lambda_{\mathrm{L}}}\right) \tag{7.17}$$

mit Parametern α_1 und α_2, welche durch die Randbedingungen des Problems festgelegt werden .

Eine physikalisch sinnvolle Lösung, bei der die Flußdichte im Innern des Supraleiters einen endlichen Wert besitzt, läßt sich für den halbunendlich ausgedehnten Supraleiter von Abb. 7.1 nur durch $\alpha_2 = 0$ erhalten. Aus der weiteren Randbedingung $B(0) = B_0$ folgt $\alpha_1 = B_0$. Die magnetische Flußdichte nimmt somit zum Innern des Supraleiters hin gemäß der Funktion

$$B(x) = B_0 \exp\left(-\frac{x}{\lambda_{\mathrm{L}}}\right) \tag{7.18}$$

exponentiell ab, wobei die Größe λ_L ein Maß für die Abnahme der Flußdichte pro Längeneinheit darstellt (Abb. 7.6).

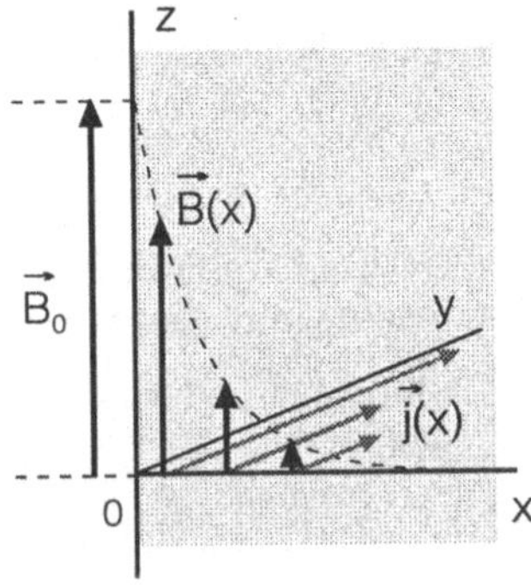

Abb. 7.6. Ortsabhängigkeit der magnetischen Flußdichte und der Abschirmstromdichte in einem halb-unendlich ausgedehnten Supraleiter.

Typische Werte für die Londonsche Eindringtiefe λ_L liegen in der Größenordnung von wenigen 100 Å, weshalb praktisch das gesamte Innere ausgedehnter supraleitender Proben als frei von magnetischem Fluß angesehen werden kann. Verantwortlich für das Verschwinden des magnetischen Flusses im Innern eines Supraleiters sind Abschirmströme, welche sich an der Oberfläche des Supraleiters ausbilden, wenn dieser einem magnetischen Feld ausgesetzt wird. Die magnetische Flußdichte im Außenraum der Probe wird dabei zwangsläufig verstärkt, weshalb man den ganzen Vorgang auch so auffassen kann, daß der magnetische Fluß aus dem Supraleiter herausgedrängt wird.

Da im Innern eines massiven Supraleiters, abgesehen von einer dünnen Randschicht, stets $B = \mu_0(H + M) = 0$ gilt, muß die von den Abschirmströmen hervorgerufene Magnetisierung das makroskopische magnetische Feld im Innern des Supraleiters kompensieren:

$$M = -H \, . \tag{7.19}$$

Dem Supraleiter ist aus diesem Grund eine magnetische Suszeptibiliät mit dem Wert $\chi = -1$ zuzuordnen.

b) Für den in Abb. 7.2 abgebildeten Körper können die Beziehungen (7.15) – (7.17) aus Teilaufgabe a) übernommen werden. Das Koordinatensystem wird dabei so gewählt, daß die Anordnung symmetrisch ist bezüglich einer Spiegelung an der yz-Ebene. Die entsprechende Randbedingung $B(-x) = B(x)$ liefert $\alpha_1 = \alpha_2$. Mit der zusätzlichen Randbedingung $B(d/2) = B_0$ folgt

$$B(x) = B_0 \, \frac{\cosh(x/\lambda_{\mathrm{L}})}{\cosh(d/2\lambda_{\mathrm{L}})} \, . \tag{7.20}$$

Auch hier nimmt die magnetische Flußdichte zum Innern des Supraleiters hin ab; sie erreicht in der Mitte der Probe den Minimalwert $B(0) = B_0/\cosh(d/2\lambda_{\mathrm{L}})$.

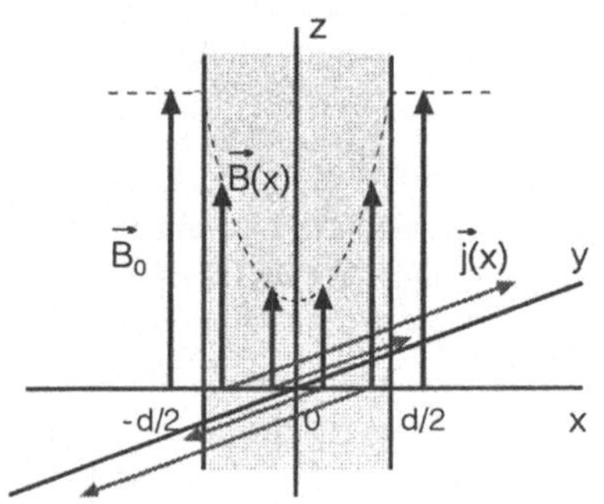

Abb. 7.7. Ortsabhängigkeit der magnetischen Flußdichte und der Abschirmstromdichte in einer dünnen supraleitenden Platte, dargestellt für $d = 2\lambda_{\mathrm{L}}$.

Eine der magnetischen Suszeptibilität $\chi = -1$ entsprechende vollkommene Verdrängung des magnetischen Flusses aus einer supraleitenden Probe setzt demnach voraus, daß die Probendicke d wesentlich größer ist als die Londonsche Eindringtiefe λ_{L} des Supraleiters. Der Meissner-Ochsenfeld-Effekt läßt sich also mit extrem dünnen Filmen oder feinem Pulver nicht realisieren, was in Abb. 7.7 für $d = 2\lambda_{\mathrm{L}}$ dargestellt ist.

c) Zur Herleitung des qantitativen Zusammenhangs zwischen der Stromdichte $j(x)$ und der magnetischen Flußdichte $B(x)$ im Innern eines Supraleiters wird von der Maxwellschen Gleichung

$$\operatorname{rot} \boldsymbol{H} = \dot{\boldsymbol{D}} + \boldsymbol{j} \qquad (7.21)$$

ausgegangen. Im statischen Fall verschwindet die Verschiebungsstromdichte $\dot{\boldsymbol{D}}$, so daß unter Verwendung der Materialgleichung[21] $\boldsymbol{B} = \mu_0 \boldsymbol{H}$ die Beziehung

$$\boldsymbol{j} = \frac{1}{\mu_0} \operatorname{rot} \boldsymbol{B} \qquad (7.22)$$

folgt. Für ein Magnetfeld $\boldsymbol{B}(\boldsymbol{r}) = B(x)\,\boldsymbol{e}_z$ ergibt sich die Stromdichte im Innern eines Supraleiters zu

$$\boldsymbol{j}(\boldsymbol{r}) = j(x)\,\boldsymbol{e}_y \quad \text{mit} \quad j(x) = -\frac{1}{\mu_0}\frac{\partial B}{\partial x}\,. \qquad (7.23)$$

Aus (7.18) und (7.23) ergibt sich für die Stromdichte im Innern des supraleitenden Halbraums von Abb. 7.1 eine exponentielle Abnahme

$$j(x) = \frac{B_0}{\mu_0 \lambda_{\mathrm{L}}} \exp\left(-\frac{x}{\lambda_{\mathrm{L}}}\right)\,. \qquad (7.24)$$

Die Stromdichte der Abschirmströme erreicht ihren Maximalwert $j(0) = B_0/\mu_0\lambda_{\mathrm{L}}$ an der Oberfläche der Probe (Abb. 7.6).

Für die Stromdichteverteilung im Innern der in Abb. 7.2 gezeigten supraleitenden Platte folgt aus (7.20) und (7.23) die Abhängigkeit

$$j(x) = -\frac{B_0}{\mu_0 \lambda_{\mathrm{L}}}\,\frac{\sinh(x/\lambda_{\mathrm{L}})}{\cosh(d/2\lambda_{\mathrm{L}})}\,. \qquad (7.25)$$

Der Maximalwert der Abschirmstromdichte stellt sich auch in diesem Fall an der Oberfläche des Supraleiters ein (Abb. 7.7), und beträgt

---

[21] Da die lokale Variation von $\boldsymbol{B}$ im Innern des Supraleiters betrachtet wird, darf der Beitrag makroskopischer Abschirmströme zur Magnetisierung der Probe nicht in χ berücksichtigt werden. Stattdessen ist die magnetische Suszeptibilität des Metalles im Normalzustand zu verwenden. Diese liegt in der Größenordnung von $\pm 10^{-5}$, entsprechend der Permeabilitätszahl $\mu \approx 1$.

$$j(d/2) = \frac{B_0}{\mu_0 \lambda_{\mathrm{L}}} \tanh\left(\frac{d}{2\lambda_{\mathrm{L}}}\right). \tag{7.26}$$

Für $d \gg \lambda_{\mathrm{L}}$ wird (7.26) näherungsweise gegeben durch

$$j(d/2) \approx \frac{B_0}{\mu_0 \lambda_{\mathrm{L}}}. \tag{7.27}$$

Dies ist derselbe Wert wie für einen halbunendlich ausgedehnten Supraleiter.

Für $d \ll \lambda_{\mathrm{L}}$ dagegen liefert eine Taylorentwicklung erster Ordnung für (7.26) den Ausdruck

$$j(d/2) \approx \frac{B_0}{\mu_0 \lambda_{\mathrm{L}}} \cdot \frac{d}{2\lambda_{\mathrm{L}}}. \tag{7.28}$$

Wird die Stromdichte der Abschirmströme an der Oberfläche eines Supraleiters so hoch, daß Cooper-Paare aufgetrennt werden, so erfolgt ein Zusammenbruch der Supraleitung. Die entsprechenden Werte für $H = B_0/\mu_0$ und j werden als "kritische Feldstärke" H_{c} bzw. "kritische Stromdichte" j_{c} eines Supraleiters bezeichnet.

Ein Vergleich von (7.27) und (7.28) zeigt, daß sich die kritische Stromdichte j_{c} der Abschirmströme an der Oberfläche einer sehr dünnen supraleitenden Probe ($d \ll \lambda_{\mathrm{L}}$) erst bei einem Magnetfeld der Stärke $H_{\mathrm{c}}' = (2\lambda_{\mathrm{L}}/d)\, H_{\mathrm{c}} \gg H_{\mathrm{c}}$ einstellt, wenn H_{c} die kritische Feldstärke einer massiven Probe desselben Materials ist.

Lösung von Aufgabe 7.1.2

a) Das makroskopische magnetische Feld im Innern einer ellipsoidförmigen Probe wird nach Aufgabe 6.5.3 gegeben durch

$$\boldsymbol{H} = \boldsymbol{H}_{\mathrm{ext}} - N\boldsymbol{M}, \tag{7.29}$$

wobei N der Entmagnetisierungsfaktor des Ellipsoids in Feldrichtung ist. Da sich ein massiver Supraleiter infolge makroskopisch fließender Abschirmströme durch ideales diamagnetisches Verhalten $\chi = -1$ auszeichnet, also eine lineare Magnetisierungskurve

$$M = -H \tag{7.30}$$

besitzt, besteht zwischen dem makroskopischen magnetischen Feld H im Innern eines ausgedehnten Supraleiters und dem extern angelegten Magnetfeld H_{ext} die Beziehung

$$H = \frac{1}{1-N}\,H_{\mathrm{ext}}\,. \tag{7.31}$$

Der Entmagnetisierungsfaktor eines Rotationsellipsoids kann Werte im Bereich $0 \leqslant N \leqslant 1$ annehmen. Der Wert $N = 0$ stellt einen Grenzfall dar, welcher der Geometrie eines unendlich langen Stabes entspricht. In diesem Fall stimmt das magnetische Feld im Supraleiter mit dem externen Feld überein, und die Magnetisierung der Probe folgt dem linearen Verlauf $M = -H_{\mathrm{ext}}$. Bei Überschreiten der kritischen Feldstärke H_{c} bricht die Supraleitung in der Probe schlagartig zusammen, und die Magnetisierung geht auf den vergleichsweise geringen para- bzw. diamagnetischen Wert einer normalleitenden Probe zurück (Abb. 7.8).

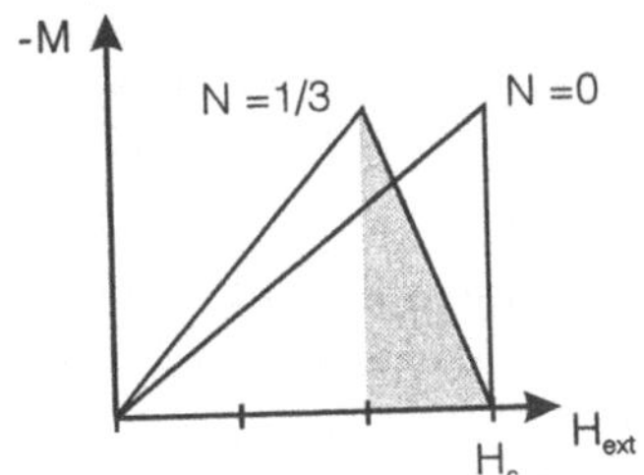

Abb. 7.8. Magnetisierung eines Supraleiters 1. Art in Abhängigkeit vom externen Magnetfeld, dargestellt für einen langen Stab ($N = 0$) und eine Kugel ($N = 1/3$).

Für $N > 0$ dagegen hat der Entmagnetisierungsfaktor nach (7.31) eine Verstärkung des magnetischen Feldes im Innern des Supraleiters zur Folge. Die kritische Feldstärke $H = H_{\mathrm{c}}$ im Supraleiter wird deshalb bereits für ein externes Feld der Stärke $H_{\mathrm{ext}} = (1 - N)\,H_{\mathrm{c}}$ erreicht. Allerdings kann die Supraleitung bei geringfügigem Überschreiten dieser Feldstärke nicht vollständig zusammenbrechen, weil sonst das Feld im Innern der Probe wieder mit dem unterkritischen externen Magnetfeld übereinstimmen würde. Damit würde für $H < H_c$ ein normalleitender Zustand vorliegen, was physikalisch unmöglich ist. Stattdessen geht ein Supraleiter 1. Art für

$$(1 - N)\, H_c < H_{ext} < H_c \tag{7.32}$$

in einen Zwischenzustand über, der sowohl normalleitende als auch supraleitende Bereiche aufweist. Die Grenzfläche zwischen den einzelnen Bereichen verläuft dabei parallel zum externen Magnetfeld (Abb. 7.9).

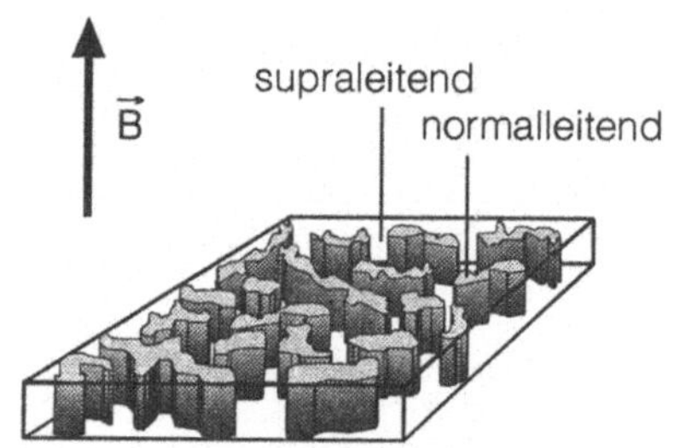

Abb. 7.9. Schematische Darstellung des Zwischenzustandes einer dünnen supraleitenden Platte, deren Oberfläche senkrecht zum magnetischen Feld orientiert ist.

Infolge der Verdrängung des magnetischen Flusses aus der supraleitenden Meissnerphase liegt in den normalleitenden Bereichen stets eine Flußdichte mit dem Wert $B_c = \mu_0 H_c$ vor. Die entsprechende Zunahme der normalleitenden Bereiche mit zunehmender externer Feldstärke H_{ext} bewirkt eine lineare Abnahme der mittleren Probenmagnetisierung M, was in Abb. 7.8 für eine supraleitende Kugel ($N = 1/3$) dargestellt ist. In diesem Fall wird die kritische Magnetfeldstärke $H = H_c$ in der Probe für $H_{ext} = (2/3)\, H_c$ erreicht.

Besonders deutlich zeigt sich der Effekt des Entmagnetisierungsfaktors bei dünnen supraleitenden Scheiben bzw. Filmen, deren Oberfläche senkrecht zum magnetischen Feld orientiert ist. Diese lassen sich wegen $N \lesssim 1$ schon durch beliebig schwache externe Magnetfelder in den Zwischenzustand überführen.

b) Angesichts der Ergebnisse von Aufgabe 7.1.1 könnte man erwarten, daß sich ein Supraleiter 1. Art auch für $N = 0$ in einen Zustand überführen läßt, der sowohl supraleitende als auch normalleitende Bereiche enthält. Wäre die Dicke d der supraleitenden Bereiche senkrecht zur Richtung des Magnetfeldes sehr viel kleiner als die Londonsche Eindringtiefe λ_L des Supraleiters, so könnte dieser Zustand Magnetfeldern widerstehen, welche deutlich oberhalb des kritischen Feldes H_c des Supraleiters liegen.

Dieser Effekt tritt bei Supraleitern 1. Art nicht auf, da der Aufbau von Grenzflächen zwischen normal- und supraleitenden Bereichen hier einen Energieaufwand erfordert, der einen Übergang in den normalleitenden Zustand energetisch günstiger erscheinen läßt. Bei Supraleitern 2. Art dagegen ist der Aufbau der Grenzflächen mit einem Energiegewinn verbunden; diese Supraleiter gehen bei einer unteren kritischen Feldstärke H_{c1} in den gemischten Zustand über.

Der gemischte Zustand von Supraleitern 2. Art wird auch als "Shubnikov-Phase" bezeichnet, und weist eine um Größenordnungen feinere Durchmischung normal- und supraleitender Bereiche auf als der Zwischenzustand von Supraleitern 1. Art. Das externe Magnetfeld durchsetzt die Shubnikov-Phase in Form von "Flußschläuchen", die jeweils einen magnetischen Fluß von der Größe des Flußquants ϕ_0 enthalten, und die sich in Form eines ebenen hexagonalen Gitters anordnen (Abb. 7.10). Entsprechend den Aussagen der Londonschen Gleichungen ist jeder Flußschlauch von einem supraleitenden Abschirmstrom umgeben.

Da die Anzahl der normalleitenden Flußschläuche mit zunehmender externer Feldstärke H_{ext} zunimmt, nimmt die mittlere Magnetisierung M der Probe entsprechend ab. Bei der oberen kritischen Feldstärke H_{c2} schließlich erfolgt der Übergang in den vollständig normalleitenden Zustand.

Abb. 7.11 zeigt schematisch die mittlere Probenmagnetisierung eines Supraleiters 2. Art in Abhängigkeit vom externen Magnetfeld. Ebenfalls eingezeichnet ist der Verlauf, welcher im Fall einer positiven Grenzflächenenergie, also bei einem äquivalenten Supraleiter 1. Art, erwartet wird. Das thermodynamische kritische Feld H_c des Supraleiters ergibt sich dabei aus der Forderung, daß die Fläche unter beiden Magnetisierungskurven denselben Wert besitzen muß.

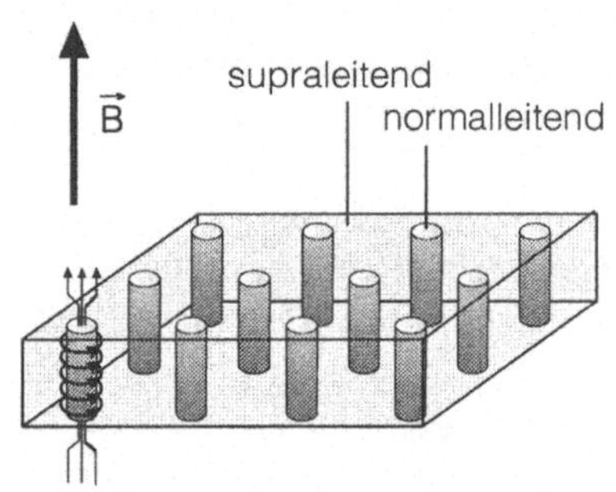

Abb. 7.10. Schematische Darstellung des Flußschlauchgitters in der Shubnikov-Phase eines Supraleiters 2. Art.

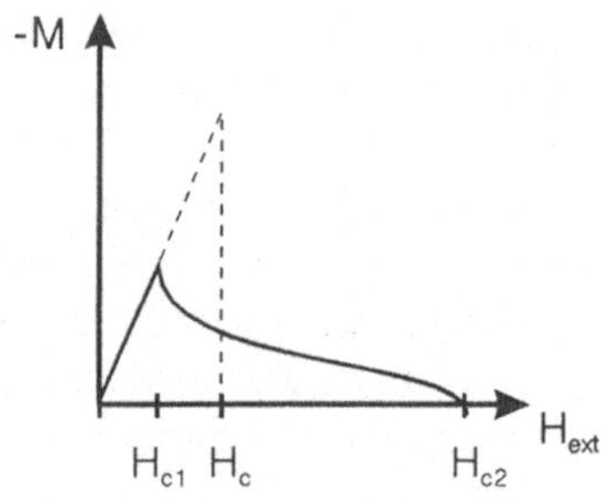

Abb. 7.11. Magnetisierung eines Supraleiters 2. Art in Abhängigkeit vom externen Magnetfeld, dargestellt für $N = 0$.

Da Supraleiter 2. Art für $H < H_{c1}$ als reine Meissnerphase vorliegen, verhalten sie sich dort wie Supraleiter 1. Art. Bei Probengeometrien mit $N > 0$ gehen sie deshalb entsprechend (7.32) für

$$(1 - N)\, H_{c1} < H_{ext} < H_{c1} \tag{7.33}$$

in einen zu Abb. 7.9 analogen Zwischenzustand über. Die supraleitenden Bereiche der Meissnerphase wechseln dabei mit Bereichen ab, in denen die von Flußschläuchen durchsetzte Shubnikov-Phase vorliegt.

Lösungen zu Abschnitt 7.2

Lösung von Aufgabe 7.2.1

a) Eine Berechnung des Integrals (7.4) für die Stromdichteverteilung (7.3) liefert

$$\int_0^\infty j_0 \exp\left(-\frac{x}{\lambda_{\mathrm{L}}}\right)\, dx \;=\; j_0\lambda_{\mathrm{L}}\,. \tag{7.34}$$

Die exponentiell abfallende Stromdichteverteilung (7.3), welche sich in einem halbunendlich ausgedehnten Supraleiter theoretisch bis ins Unendliche erstreckt, allerdings nach einer Strecke von wenigen λ_{L} bereits auf einen in der Praxis vernachlässigbar geringen Wert absinkt, läßt sich nach (7.34) durch die einfachere Funktion

$$j(x) = \begin{cases} j_0 & \text{für } 0 \leqslant x \leqslant \lambda_{\mathrm{L}} \\ 0 & \text{sonst} \end{cases} \tag{7.35}$$

ersetzen, wenn lediglich der Zusammenhang zwischen der maximalen Stromdichte j_0 und der Stromstärke I im Innern eines ausgedehnten Supraleiters von Interesse ist (Abb. 7.12).

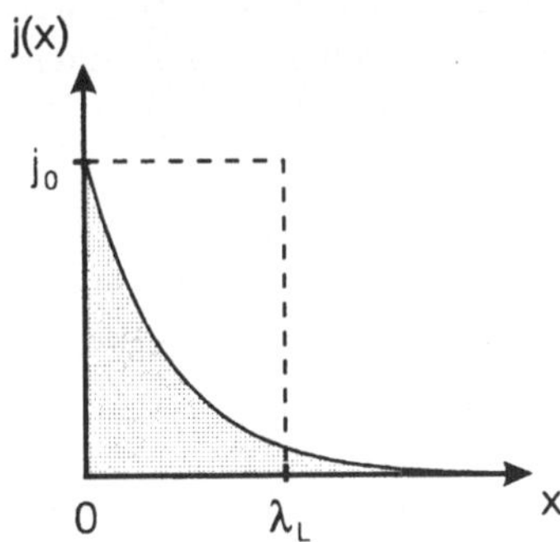

Abb. 7.12. Exponentiell abfallende Stromdichteverteilung im Innern eines ausgedehnten Supraleiters und dazu äquivalente, konstante Stromdichteverteilung.

Dabei spielt es keine Rolle, ob $j(x)$ einen supraleitenden Abschirmstrom repräsentiert, welcher infolge eines externen Magnetfeldes hervorgerufen wird, oder einen supraleitenden Transportstrom, der durch Anlegen eines elektrischen Feldes parallel zur Oberfläche des Supraleiters entsteht.

b) Abb. 7.13 zeigt einen drahtförmigen Supraleiter 1. Art, welcher in Längsrichtung von einem Transportstrom der Stärke I durchflossen wird. Der Radius R des Drahtes soll groß sein im Vergleich zur Londonschen Eindringtiefe λ_L, so daß am Rand des Drahtes eine gut ausgebildete Abschirmschicht vorliegt.

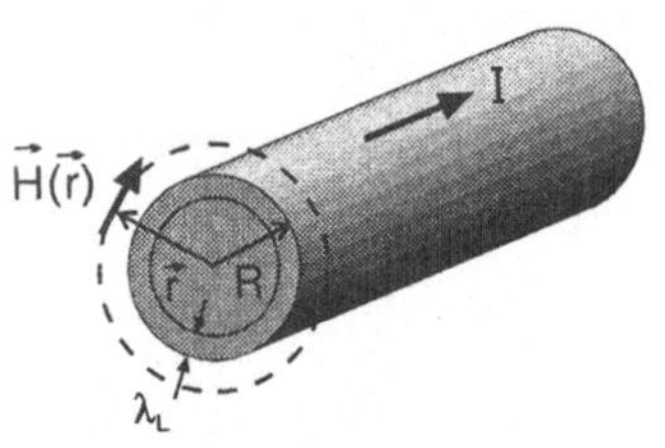

Abb. 7.13. Magnetisches Feld in der Umgebung eines stromführenden Drahtes.

Infolge des Transportstroms entsteht sowohl im Innern als auch außerhalb des Drahtes ein zur Drahtachse konzentrisches Magnetfeld $\boldsymbol{H}(r)$. Wird ein kreisförmiger Integrationsweg Γ entlang der Oberfläche $r = R$ des supraleitenden Drahtes betrachtet, so liefert das Amperesche Gesetz

$$\oint_{\Gamma} \boldsymbol{H}\, d\boldsymbol{r} = \sum I \tag{7.36}$$

für die magnetische Feldstärke $H(r)$ an der Drahtoberfläche den Wert

$$H(R) = \frac{I}{2\pi R} \,. \tag{7.37}$$

Somit wird die kritische Feldstärke H_c an der Drahtoberfläche erreicht für einen Transportstrom der Stärke

$$I_c = 2\pi R\, H_c \,. \tag{7.38}$$

Zur Berechnung der entsprechenden kritischen Stromdichte j_c an der Oberfläche des Drahtes wird die exponentielle Abhängigkeit $j(r)$ im Drahtinnern gemäß (7.35) durch eine konstante Stromdichte j_0 ersetzt, welche in einer Schicht der Dicke λ_L an der Oberfläche des Drahtes fließt (Abb. 7.13). Die kritische Stromdichte des Drahtes ergibt sich damit zu

$$j_c = \frac{I_c}{2\pi R\,\lambda_L} = \frac{H_c}{\lambda_L}\,. \tag{7.39}$$

Die kritische Feldstärke $H_c(T)$ und die Londonsche Eindringtiefe $\lambda_L(T)$ eines Supraleiters bei einer Temperatur $T > 0$ lassen sich mit Hilfe der Beziehungen

$$H_c(T) = H_c(0)\left[1 - \left(\frac{T}{T_c}\right)^2\right] \tag{7.40}$$

und

$$\lambda_L(T) = \lambda_L(0)\left[1 - \left(\frac{T}{T_c}\right)^4\right]^{-\frac{1}{2}} \tag{7.41}$$

aus den entsprechenden Werten bei $T = 0$ berechnen.

Blei besitzt die kritische Temperatur $T_c = 7.19$ K, die kritische Feldstärke $H_c(0) = 6.39 \cdot 10^4$ A/m und die Londonsche Eindringtiefe $\lambda_L(0) = 3.90 \cdot 10^{-8}$ m. Bei der Temperatur $T = 4.2$ K von flüssigem Helium werden die beiden letztgenannten Größen somit gegeben durch $H_c(4.2\ \text{K}) = 4.21 \cdot 10^4$ A/m bzw. $\lambda_L(4.2\ \text{K}) = 4.15 \cdot 10^{-8}$ m.

Die kritische Stromstärke eines Bleidrahtes mit dem Radius $R = 10^{-3}$ m bei der Temperatur $T = 4.2$ K berechnet sich gemäß (7.38) zu $I_c(4.2\ \text{K}) = 264$ A; dies entspricht nach (7.39) einer kritischen Stromdichte von $j_c(4.2\ \text{K}) = 1.01 \cdot 10^8$ A/cm^2.

c) Ein supraleitender Draht kann bei geringfügigem Überschreiten der kritischen Stromstärke $I_c = j_c \cdot 2\pi R\lambda_L$ nicht vollständig in den normalleitenden Zustand übergehen; in diesem Fall würde sich nämlich der Transportstrom wieder gleichmäßig auf den gesamten Leiterquerschnitt verteilen, und somit im Leiter eine unterkritische Stromdichte vorliegen. Der Supraleiter geht stattdessen in einen Zwischenzustand über, bei dem die supraleitende Meissnerphase von normalleitenden Gebieten umgeben wird, wie dies in Abb. 7.14 schematisch dargestellt ist.

Der Anteil normalleitender Bereiche nimmt mit wachsender Transportstromdichte zu, was sich in einem zunehmenden elektrischen Widerstand des Drahtes äußert. Bei der Stromstärke $I = j_c \cdot \pi R^2$ liegt in der gesamten Querschnittsfläche des Drahtes die kritische Stromdichte j_c vor, so daß im Draht keine supraleitenden Bereiche mehr vorliegen können.

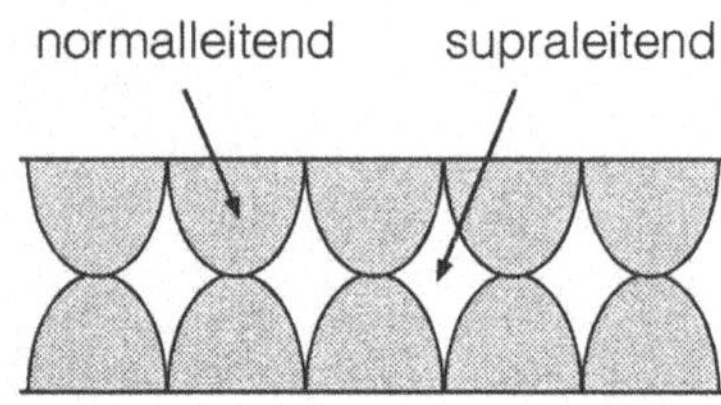

Abb. 7.14. Rotationssymmetrische Zwischenzustandsstruktur im Innern eines supraleitenden Drahtes für $j \geqslant j_c$.

d) Der Entmagnetisierungsfaktor eines senkrecht zum magnetischen Feld orientierten langen Stabes beträgt $N = 1/2$. Ein senkrecht zur Längsachse des Drahtes angelegtes externes Magnetfeld $\boldsymbol{H}_{\text{ext}}$ erzeugt im Innern des Drahtes ein homogenes Feld

$$\boldsymbol{H} = \frac{1}{1-N}\,\boldsymbol{H}_{\text{ext}} = 2\,\boldsymbol{H}_{\text{ext}}\,. \tag{7.42}$$

Diesem Feld ist das vom Transportstrom erzeugte und zum Drahtinnern hin exponentiell abnehmende magnetische Feld $\boldsymbol{H}(\boldsymbol{r})$ überlagert (Abb. 7.15). Damit die maximal resultierende Feldstärke

$$H_{\text{max}} = H(R) + 2\,H_{\text{ext}}\,, \tag{7.43}$$

welche in Abb. 7.15 an der Oberkante des Drahtes erreicht wird, die kritische Feldstärke des Supraleiters nicht übersteigt, darf das vom Transportstrom hervorgerufene Magnetfeld den Wert $H(R) = H_c - 2\,H_{ext}$ nicht übersteigen.

Für den in Aufgabenteil b) betrachteten Bleidraht mit der kritischen Feldstärke $H_c(4.2\text{ K}) = 4.21 \cdot 10^4$ A/m und ein senkrecht zur Drahtachse angelegtes externes Magnetfeld der Stärke $H_{ext} = 7.96 \cdot 10^3$ A/m ergibt sich $H(R) = 2.62 \cdot 10^4$ A/m. Die entsprechenden kritischen Transportströme besitzen nach (7.38) und (7.39) die Werte $I_c(4.2\text{ K}) = 165$ A bzw. $j_c(4.2\text{ K}) = 6.31 \cdot 10^7$ A/cm².

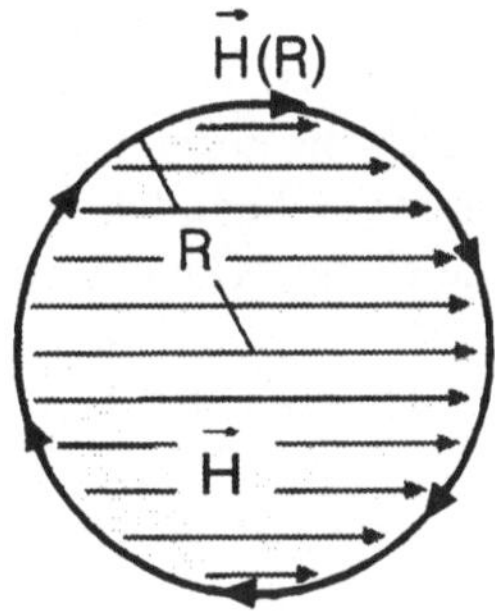

Abb. 7.15. Überlagerung der magnetischen Felder im Innern eines supraleitenden Drahtes.

Wesentlich weniger destruktiv als ein transversales Magnetfeld wirkt sich ein parallel zur Drahtachse orientiertes externes Magnetfeld aus. Einerseits beträgt der Entmagnetisierungsfaktor des Drahtes in dieser Richtung $N = 0$, womit das externe Feld im Innern des Supraleiters nicht zusätzlich verstärkt wird; andererseits sind die Felder $\boldsymbol{H}(\boldsymbol{r})$ und $\boldsymbol{H} = \boldsymbol{H}_{ext}$ nun für einen Winkel von 90° vektoriell zu addieren, was den Effekt des externen Zusatzfeldes ebenfalls mindert.

Aus der entsprechenden Beziehung

$$H_c(4.2\text{ K}) = \sqrt{H^2(R) + H_{ext}^2} \tag{7.44}$$

ergibt sich für den maximal zulässigen Feldanteil des Transportstroms der Wert $H(R) = 4.13 \cdot 10^4$ A/m; die entsprechenden kritischen Transportströme betragen $I_c(4.2\text{ K}) = 260$ A bzw. $j_c(4.2\text{ K}) = 9.96 \cdot 10^7$ A/cm².

Lösung von Aufgabe 7.2.2

a) Da die Länge ℓ des in Abb. 7.4 abgebildeten Körpers sehr groß sein soll im Vergleich zu dessen Querabmessungen, kann die Abnahme der magnetischen Feldstärke an den Enden des Körpers vernachlässigt werden. In dieser Näherung verlaufen die magnetischen Feldlinien im Innern des Körpers parallel zu dessen Symmetrieachse, während der Raum außerhalb der Probe als feldfrei angesehen werden kann.

Betrachtet man einen rechteckförmigen Integrationsweg Γ, bei dem eine Wegkomponente der Länge ℓ parallel zu den Feldlinien im Innenraum des Körpers verläuft, während sich die gegenüberliegende Wegkomponente im feldfreien Außenraum befindet, so geht das Amperesche Gesetz (7.36) über in die skalare Gleichung $H \cdot \ell = I = jd \cdot \ell$.

Bezeichnet $B = \mu_0 H$ die magnetische Flußdichte im Innenraum des Körpers und A dessen innere Querschnittsfläche, so wird der magnetische Fluß im Innenraum des Körpers gegeben durch

$$\phi = BA = \mu_0 \frac{I}{\ell} A \,. \tag{7.45}$$

Ein Vergleich mit der Definition $\phi = LI$ für die Induktivität L einer Spule liefert für den in Abb. 7.4 abgebildeten Körper die Induktivität

$$L = \mu_0 A/\ell \,. \tag{7.46}$$

b) In einer RL-Serienschaltung addiert sich die an der Spule liegende Spannung $U_L = L\dot{I}$ mit der am Widerstand abfallenden Spannung $U_R = RI$ zu Null, so daß sich die zeitliche Abhängigkeit der Stromstärke mittels der Differentialgleichung

$$\dot{I} + \frac{R}{L} I = 0 \tag{7.47}$$

bestimmen läßt. Die Lösung dieser Differentialgleichung lautet

$$I(t) = I_0 \exp\left(-\frac{t}{\tau}\right) \qquad \text{mit} \qquad \tau = \frac{L}{R}\,. \tag{7.48}$$

Dies bedeutet, daß eine zum Zeitpunkt $t = 0$ vorhandene Stromstärke I_0 innerhalb der Zeitspanne τ auf den Wert I_0/e absinkt.

Die Anordnung von QUINN und ITTNER kann als eine RL-Serienschaltung angesehen werden. Die momentane Stärke $I(t)$ des supraleitenden Abschirmstroms wird dabei über den in der Probe eingefrorenen magnetischen Fluß $\phi(t)$ nachgewiesen. Für diesen magnetischen Fluß sind nur die an der Innenseite des Körpers fließenden Ströme verantwortlich; zwar fließen auch an der Außenseite der Probe supraleitende Dauerströme, doch wird deren Magnetfeld zum Innern hin durch den dazwischenliegenden Supraleiter vollständig abgeschirmt.

Die Induktivität der von QUINN und ITTNER verwendeten Bleiprobe wird also durch deren Innenabmessungen $x = 3 \cdot 10^{-3}$ m, $y = 5 \cdot 10^{-7}$ m und $\ell = 2 \cdot 10^{-2}$ m bestimmt, und beträgt nach (7.46)

$$L = \mu_0 xy/\ell = 9.42 \cdot 10^{-14} \text{ Vs/A}\,. \tag{7.49}$$

Die Zeitkonstante τ, welche die zeitliche Abnahme des anfangs im Innenraum der Probe eingefangenen magnetischen Flusses beschreibt, ergibt sich bei einer Stromabnahme um 2 % innerhalb von 7 Stunden zu

$$\tau = \frac{t}{\ln\left(I_0/I(t)\right)} = 1.25 \cdot 10^6 \text{ s}\,. \tag{7.50}$$

Für den elektrischen Widerstand des betrachteten Stromkreises folgt damit der Wert $R = L/\tau \approx 7.56 \cdot 10^{-20}$ Ω.

c) Zur Berechnung des spezifischen Widerstands der Probe wird die tatsächliche Stromdichteverteilung im Innern des Supraleiters gemäß (7.35) durch eine konstante Stromdichte j_0 ersetzt, welche nur innerhalb einer Schicht der Dicke[22] $\lambda_L \approx 400$ Å an

---

[22]Da hier nur eine Abschätzung vorgenommen wird, kann auf eine Berechnung der exakten Eindringtiefe $\lambda_L(4.2$ K$)$ von Blei verzichtet werden.

der Oberfläche im Innenraum des Supraleiters fließt. Die Länge dieses Strompfades beträgt $\ell' = 2x + 2y$, während die vom supraleitenden Dauerstrom durchflossene Querschnittsfläche durch $A' = \lambda_\mathrm{L}\ell$ gegeben wird. Der spezifische Widerstand der supraleitenden Bleiprobe berechnet sich damit zu

$$\rho = \frac{\lambda_\mathrm{L}\ell}{2x + 2y} \, R \approx 1.01 \cdot 10^{-24} \, \Omega\,\mathrm{cm} \,. \tag{7.51}$$

Die Temperaturabhängigkeit des spezifischen Widerstandes von Metallen kann bei tiefer Temperatur ($T \ll \Theta_\mathrm{D}$) durch ein Potenzgesetz $\rho(T) \approx \rho_0 + BT^5$ beschrieben werden. Der Restwiderstand ρ_0 des Metalles ist dabei umso geringer, je höher die Reinheit und je perfekter der kristalline Aufbau der Probe ist. Typische Werte für das Restwiderstandsverhältnis (residual resistivity ratio) $\mathrm{RRR} = \rho(300\ \mathrm{K})/\rho_0 \approx \rho(300\ \mathrm{K})/\rho(4.2\ \mathrm{K})$ von Metallen liegen in der Größenordnung von 10^2 bis 10^4.

Wird für die Bleiprobe ein Restwiderstandsverhältnis von etwa 10^3 angenommen, so bewirkt der Übergang zur Supraleitung eine Absenkung des spezifischen Widerstandes um den Faktor

$$\frac{\rho_\mathrm{n}(4.2\ \mathrm{K})}{\rho_\mathrm{s}(4.2\ \mathrm{K})} \approx \frac{2.2 \cdot 10^{-8}\ \Omega\,\mathrm{cm}}{1.01 \cdot 10^{-24}\ \Omega\,\mathrm{cm}} \approx 10^{16} \,.$$

Der spezifische Widerstand von typischen Isolatoren, wie Glas oder Porzellan, liegt in der Größenordnung von $10^{15}\ \Omega\mathrm{cm}$. Die Zunahme der Leitfähigkeit von Blei durch einen Übergang zur Supraleitung ist damit vergleichbar mit dem Unterschied, den die Leitfähigkeit von normalleitendem Blei gegenüber typischen Isolatoren aufweist.

d) Um innerhalb einer vertretbaren Zeitspanne eine meßbare Abnahme des supraleitenden Dauerstroms zu erhalten, muß die Zeitkonstante $\tau = L/R$ der Probe möglichst klein gewählt werden. Aus (7.49) und (7.51) folgt, daß zwischen der Zeitkonstante τ und den inneren Querabmessungen x und y der Probe die Proportionalität

$$\tau \propto \frac{xy}{x+y} \tag{7.52}$$

besteht. Die Länge ℓ der Probe dagegen hat keinen Einfluß auf den Wert der Zeitkonstante τ.

Für den Fall $x = y$ folgt wegen $\tau \propto x$, daß sowohl x als auch y möglichst klein gewählt werden sollten. Zu fest vorgegebener Querschnittsfläche $A = xy$ stellt sich das Maximum des Ausdrucks (7.52) für $x = y$ ein. Dies zeigt, daß ein deutlich von der Zahl Eins abweichendes Seitenverhältnis y/x, wie es bei der in Abb. 7.3 abgebildeten Probe vorliegt, eine Reduktion der Zeitkonstante τ zur Folge hat und entsprechend kürzere Meßzeiten für das Dauerstromexperiment zuläßt.

Lösungen zu Abschnitt 7.3

Lösung von Aufgabe 7.3.1

a) Ein homogenes externes Magnetfeld bewirkt im Innern einer ellipsoidförmigen supraleitenden Probe die homogene Magnetisierung $\boldsymbol{M} = -\boldsymbol{H}$. Das gesamte magnetische Dipolmoment

$$\mathcal{M} = \int \mu_0 \boldsymbol{M} \, \mathrm{d}V \tag{7.53}$$

der Probe ergibt sich damit zu $\mathcal{M} = \mu_0 M V = -\mu_0 H V$. Wird angenommen, daß das Volumen V des Supraleiters bei einer Änderung der Feldstärke konstant bleibt, was in der Realität näherungsweise erfüllt ist, so liefert (7.5) für die freie Enthalpie der Probe im supraleitenden Zustand

$$G_{\mathrm{s}}(T, H) = G_{\mathrm{s}}(T, 0) - \int_0^H -\mu_0 H' V \, \mathrm{d}H' \tag{7.54}$$

$$\approx G_{\mathrm{s}}(T, 0) + \frac{1}{2} \mu_0 H^2 V \,. \tag{7.55}$$

Die magnetische Suszeptibilität eines normalleitenden Metalles liegt in der Größenordnung von $\chi_n \approx \pm 10^{-5}$, und kann im Vergleich zur magnetischen Suszeptibilität $\chi_s = -1$ im supraleitenden Zustand vernachlässigt werden. Die freie Enthalpie der Probe im normalleitenden Zustand kann daher als näherungsweise feldunabhängig angesehen werden, so daß gilt:

$$G_n(T, H) \approx G_n(T, 0)\,. \tag{7.56}$$

Bei vorgegebener Temperatur T geht der Supraleiter in den normalleitenden Zustand über, wenn das Magnetfeld im Supraleiter die kritische Feldstärke $H_c(T)$ erreicht. Die Stetigkeitsbedingung für die Gibbssche freie Enthalpie $G_s(T, H_c) = G_n(T, H_c)$ liefert mit (7.55) und (7.56) die Beziehung

$$G_s(T, 0) + \frac{1}{2}\,\mu_0 H_c^2(T) V = G_n(T, 0)\,. \tag{7.57}$$

Die Absenkung in der freien Enthalpie einer Probe $\bar{G}(T) = G_s(T, 0) - G_n(T, 0)$, welche infolge eines Übergangs vom normalleitenden in den supraleitenden Zustand auftritt, folgt daraus zu

$$\bar{G}(T) = -\frac{1}{2}\,\mu_0 H_c^2(T) V\,. \tag{7.58}$$

Eine Berechnung dieser Größe erfordert also lediglich Kenntnis über die Temperaturabhängigkeit der kritischen Feldstärke $H_c(T)$ des Supraleiters.

b) Wie (7.5) entnommen werden kann, läßt sich die Entropie eines Systems durch die Beziehung $S = -(\partial G/\partial T)_{p,H}$ berechnen. Die Entropieabsenkung $\bar{S}(T) = S_s(T, 0) - S_n(T, 0)$, welche ein Übergang vom normalleitenden in den supraleitenden Zustand zur Folge hat, beträgt damit

$$\bar{S}(T) = -\left(\frac{\partial \bar{G}}{\partial T}\right)_{p,H} = \mu_0 H_c(T)\,\frac{\partial H_c}{\partial T}\,V\,. \tag{7.59}$$

Nach dem 3. Hauptsatz der Thermodynamik muß die Entropie eines Systems am absoluten Nullpunkt der Temperatur grundsätzlich verschwinden, unabhängig davon, ob sich das System im supraleitenden oder im normalleitenden Zustand befindet. Aus

$$\lim_{T \to 0} \bar{S}(T) = 0 \tag{7.60}$$

folgt wegen (7.59) und $H_c(0) \neq 0$, daß die Temperaturabhängigkeit der kritischen Feldstärke eines Supraleiters die Bedingung

$$\left. \frac{\partial H_c}{\partial T} \right|_{T=0} = 0 \tag{7.61}$$

erfüllen muß, d.h. die Funktion $H_c(T)$ besitzt bei $T = 0$ stets eine horizontale Tangente.

c) Die Wärmekapazität C eines Körpers gibt an, welche Wärmemenge $\mathrm{d}Q$ einem System zugeführt werden muß, um dessen Temperatur um den Wert $\mathrm{d}T$ zu erhöhen, d.h.

$$C = \frac{\mathrm{d}Q}{\mathrm{d}T} \, . \tag{7.62}$$

Erfolgt die Wärmezufuhr bei konstantem Druck, und im vorliegenden Fall auch bei konstanter magnetischer Feldstärke, so wird die gemessene Größe als isobare Wärmekapazität C_p bezeichnet.

Wegen $\mathrm{d}Q = T\,\mathrm{d}S$ läßt sich die isobare Wärmekapazität eines thermodynamischen Systems mittels

$$C_p = T \left(\frac{\partial S}{\partial T} \right)_{p,H} \tag{7.63}$$

aus dessen Entropiefunktion $S(T)$ berechnen. Eine Anwendung dieser Beziehung auf die Entropiedifferenzfunktion (7.59), welche unter der Annahme konstanten Drucks hergeleitet wird, liefert

$$\bar{C}_p = T \left(\frac{\partial \bar{S}}{\partial T} \right)_{p,H} = -\bar{\gamma}(T) \cdot T \tag{7.64}$$

mit der Funktion

$$\bar{\gamma}(T) = -\mu_0 \left[H_c(T) \, \frac{\partial^2 H_c}{\partial T^2} + \left(\frac{\partial H_c}{\partial T} \right)^2 \right] V \,. \tag{7.65}$$

Aufgrund der vergleichsweise geringen thermischen Ausdehnung können isobare und isochore Wärmekapazitäten von Festkörpern näherungsweise gleichgesetzt werden, also $C_p \approx C_V$. Die entsprechenden Indizes werden deshalb im folgenden nicht mehr angegeben.

Die Temperaturabhängigkeit der Wärmekapazität einer normalleitenden Probe läßt sich für tiefe Temperaturen ($T \ll \theta_D$) durch die Funktion

$$C_n(T) = \alpha T^3 + \gamma T \tag{7.66}$$

darstellen. Der kubische Term beschreibt dabei den Beitrag des Gitters zur Wärmekapazität der Probe, während der lineare Term den Wärmekapazitätsbeitrag der Leitungselektronen angibt. Die Größe γ wird als "Sommerfeldparameter" des Elektronengases bezeichnet, und ist für die Untersuchung der elektronischen Eigenschaften von Metallen von allgemeinem Interesse.

Während der Wärmekapazitätsbeitrag des Gitters durch den Übergang zur Supraleitung nicht wesentlich beeinflußt wird, ergibt sich für den elektronischen Beitrag zur Wärmekapazität im supraleitenden Zustand eine Temperaturabhängigkeit, die sich näherungsweise[23] durch eine Parabel 3. Grades $C_s^{(el)}(T) \propto T^3$ beschreiben läßt (vgl. Aufgabe 7.3.2). Wegen der vergleichsweise raschen Abnahme dieses Wärmekapazitätsbeitrages für $T \to 0$ geht die Funktion $\bar{C}(T) = C_s^{(el)}(T,0) - C_n^{(el)}(T,0)$ bei sehr tiefer Temperatur über in

$$\bar{C}(T \to 0) = -\gamma T \,. \tag{7.67}$$

---

[23] Präzise Messungen liefern bei sehr tiefer Temperatur ($T \ll T_c$) eine exponentielle Temperaturabhängigkeit $C_s^{(el)}(T) \propto \exp[-\Delta(0)/k_B T]$, was auf die Existenz einer schmalen Energielücke bei der Fermikante des Elektronengases hinweist. $\Delta(0)$ ist die halbe Breite der Energielücke am absoluten Nullpunkt der Temperatur.

(7.65) und (7.61) liefern damit eine Beziehung, welche die Berechnung des Sommerfeldparameters eines Metalles im normalleitenden Zustand erlaubt, wenn die Temperaturabhängigkeit der kritischen Feldstärke $H_c(T)$ im supraleitenden Zustand bekannt ist:

$$\gamma = \bar{\gamma}(0) = -\mu_0 H_c(0) \left. \frac{\partial^2 H_c}{\partial T^2} \right|_{T=0} V \,. \tag{7.68}$$

Lösung von Aufgabe 7.3.2

a) Unter Verwendung des dimensionslosen Parameters $t = T/T_c$, der die Temperatur der Probe relativ zur kritischen Temperatur des Supraleiters angibt, kann die Temperaturabhängigkeit der kritischen Feldstärke dargestellt werden als

$$H_c(t) = H_c(0) \cdot (1 - t^2) \,. \tag{7.69}$$

Die Gleichungen (7.58), (7.59) und (7.64) gehen unter Verwendung von (7.69) über in

$$\bar{G}(t) = G_s(t) - G_n(t) = -\frac{1}{2}\,\mu_0 H_c^2(0) V \cdot (1 - t^2)^2 \,, \tag{7.70}$$

$$\bar{S}(t) = S_s(t) - S_n(t) = -\frac{2}{T_c}\,\mu_0 H_c^2(0) V \cdot t(1 - t^2) \,, \tag{7.71}$$

$$\bar{C}(t) = C_s(t) - C_n(t) = -\frac{2}{T_c}\,\mu_0 H_c^2(0) V \cdot t(1 - 3t^2) \,. \tag{7.72}$$

Der Verlauf der Differenzfunktionen $\bar{G}(t)$, $\bar{S}(t)$ und $\bar{C}(t)$ ist in Abb. 7.16 graphisch dargestellt.

Ein Übergang in den supraleitenden Zustand ist mit einer Abnahme der Gibbsschen freien Enthalpie verbunden, die am absoluten Nullpunkt der Temperatur ihren maximalen Wert erreicht. Da die Funktion $\bar{G}(T)$ ein direktes Maß für die Stabilität des supraleitenden Zustandes darstellt, befindet sich ein Supraleiter bei $T = 0$ in seinem stabilsten Zustand.

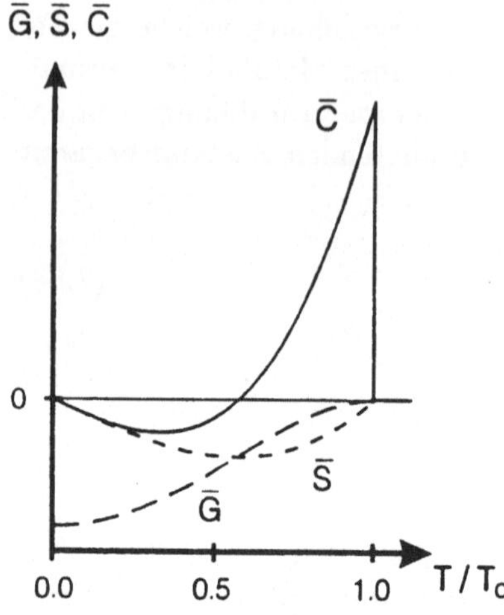

Abb. 7.16. Differenzfunktionen $\bar{G} = G_\mathrm{s} - G_\mathrm{n}$, $\bar{S} = S_\mathrm{s} - S_\mathrm{n}$ und $\bar{C}^{(\mathrm{el})} = C_\mathrm{s} - C_\mathrm{n}$.

b) Nach (7.71) ist ein Übergang zur Supraleitung stets mit einer Entropieabnahme verbunden. Demnach liegt im supraleitenden Zustand ein höherer Ordnungsgrad vor als im normalleitenden, was sich durch die Bildung von Cooper-Paaren verstehen läßt.

Die Dichte der Cooper-Paare nimmt mit steigender Temperatur ab und verschwindet bei $T = T_\mathrm{c}$ stetig, weshalb die Entropiedifferenz $\bar{S}(T)$ für $T \to T_\mathrm{c}$ ebenfalls stetig gegen Null geht. Da bei diesem Übergang keine Umwandlungsenthalpie $\Delta H = T\,\Delta S$ auftritt, liegt ein Phasenübergang 2. Ordnung vor. Gleichbedeutend mit dieser Aussage ist, daß die zweite Ableitung der Gibbsschen freien Enthalpie, also die Funktion $C(T)$, am Umwandlungspunkt einen endlichen Sprung aufweist.

Ist der Supraleiter zusätzlich einem Magnetfeld ausgesetzt, so findet der Phasenübergang bei einer Temperatur $T_\mathrm{c}(H) < T_\mathrm{c}$ statt. In diesem Fall tritt ein endlicher Entropiesprung auf, also ein endlicher Sprung in der 1. Ableitung der Gibbsschen freien Enthalpie. Der entsprechende Phasenübergang ist von 1. Ordnung, und wird begleitet von einer endlichen Umwandlungsenthalpie $\Delta H = T_\mathrm{c}(H)\,\Delta S$.

Da sich der Sommerfeldparameter γ des Elektronengases nach (7.68) zu

$$\gamma = \frac{2}{T_{\mathrm{c}}^2}\,\mu_0 H_{\mathrm{c}}^2(0)V \tag{7.73}$$

ergibt, kann die Funktion $\bar{C}(T) = C_{\mathrm{s}}^{(\mathrm{el})}(T) - C_{\mathrm{n}}^{(\mathrm{el})}(T)$ in der Form

$$\bar{C}(T) = \frac{3\gamma}{T_{\mathrm{c}}^2}\,T^3 - \gamma T \tag{7.74}$$

dargestellt werden. Dies zeigt, daß der elektronische Beitrag zur Wärmekapazität der Probe im supraleitenden Zustand durch eine Parabel dritten Grades $C_{\mathrm{s}}^{(\mathrm{el})}(T) \propto T^3$ gegeben wird.

Um den Einfluß des supraleitenden Phasenzustandes auf das thermodynamische Verhalten einer Probe zu verdeutlichen, ist in Abb. 7.17 der absolute Verlauf der Funktionen $G(T)$, $S(T)$ und $C(T)$ einer normal- bzw. supraleitenden Probe skizziert.

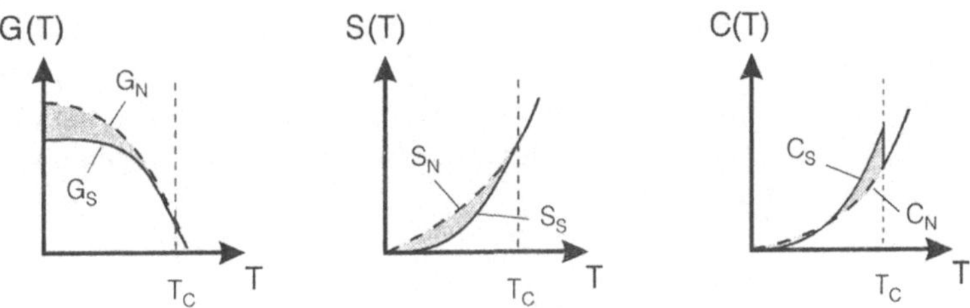

Abb. 7.17. Schematische Darstellung der Temperaturabhängigkeit der Gibbsschen freien Enthalpie G, der Entropie S und der Wärmekapazität C einer Probe im normalleitenden und im supraleitenden Zustand.

c) Die Gültigkeit der Formeln (7.12) – (7.14) soll am Beispiel der Supraleiter Blei, Zinn und Thallium überprüft werden. Um von der Probenmenge unabhängige Ergebnisse zu erhalten, werden die Gleichungen (7.70), (7.72) und (7.73) jeweils auf eine Stoffmenge von 1 mol bezogen; anstelle des Volumens V der Probe wird also das molare Volumen $V_{\mathrm{mol}} = m_{\mathrm{mol}}/\rho$ der jeweiligen Substanz verwendet.

Die in Tabelle 7.2 zusammengestellten Werte von $\bar{C}_{\mathrm{mol}}(T_c)$ und γ_{mol} stimmen relativ gut mit den experimentellen Werten von Tabelle 7.1 überein.

Tabelle 7.2. Thermodynamische Daten für die Supraleiter Blei, Zinn und Thallium, berechnet nach (7.12) – (7.14).

Substanz	$\dfrac{V_{\mathrm{mol}}}{\mathrm{cm}^3/\mathrm{mol}}$	$\dfrac{\bar{G}_{\mathrm{mol}}(0)}{\mathrm{mJ}/\mathrm{mol}}$	$\dfrac{\bar{C}_{\mathrm{mol}}(T_c)}{\mathrm{mJ}/\mathrm{mol\,K}}$	$\dfrac{\gamma_{\mathrm{mol}}}{\mathrm{mJ}/\mathrm{mol\,K}^2}$
Pb	18.3	-46.9	52.2	3.63
Sn	16.3	-6.1	13.0	1.75
Tl	17.2	-2.0	6.7	1.41

Auffällig ist, daß sich für die maximale Differenz in der freien Enthalpie $\Delta G = \bar{G}_{\mathrm{mol}}(0)$ eines Supraleiters nur Werte von einigen mJ/mol ergeben. Verglichen mit der Verdampfungsenthalpie von Helium ($\Delta H = 92$ J/mol) beispielsweise sind diese Werte ausgesprochen klein. Dies zeigt, daß der supraleitende Zustand gegenüber dem normalleitenden nur einen äußerst geringen energetischen Vorteil bietet.

A. Thermodynamische Relationen

A.1 Thermodynamische Potentiale

In vielen Disziplinen der Festkörperphysik ist eine thermodynamische Betrachtung von Systemen erforderlich, weshalb an dieser Stelle eine kurze Zusammenfassung wichtiger Beziehungen aus der Thermodynamik gegeben werden soll. Hierzu muß zunächst der Begriff des "thermodynamischen Potentials" erläutert werden.

Als Ausgangspunkt der vier gebräuchlichsten thermodynamischen Potentiale kann die innere Energie U gewählt werden, deren natürliche Variablen ausschließlich durch extensive[24] Parameter gegeben werden. Der Einfachheit halber soll unter den extensiven thermodynamischen Parametern zunächst nur die Entropie S, das Volumen V und die Teilchenzahl N eines Systems betrachtet werden; unter den intensiven Parametern entsprechend die Temperatur T, der Druck p und das chemische Potential μ. Die innere Energie mit ihren natürlichen Variablen wird damit gegeben als

$$U = U(S, V, N) \, . \tag{A.1}$$

Diese Funktion wird als ein thermodynamisches Potential bezeichnet, da sich durch partielles Ableiten der Funktion nach ihren natürlichen Variablen sämtliche thermodynamischen Größen des Systems bestimmen lassen.

---

[24]Extensive Größen sind proportional zur Teilchenzahl N eines Systems, intensive Größen unabhängig von dieser.

Durch Kombination des 1. und 2. Hauptsatzes der Thermodynamik folgt das totale Differential der inneren Energie bei einer reversiblen Zustandsänderung zu

$$dU = d'Q + d'A + d'Z \,.$$ (A.2)

Dabei beschreibt $d'Q = T\,dS$ den Wärmeaustausch des Systems mit der Umgebung, $d'A = -p\,dV$ die am System verrichtete Arbeit, und $d'Z = \mu\,dN$ die Energieänderung des Systems infolge einer Änderung der Teilchenzahl.

Ausgehend von der inneren Energie $U = U(S, V, N)$ lassen sich durch Legendre-Transformationen weitere thermodynamische Potentiale mit den Bezeichnungen

freie Energie	$F = F(T, V, N) = U - TS,$	(A.3)
freie Enthalpie	$G = G(T, p, N) = U - TS + pV,$	(A.4)
Enthalpie	$H = H(S, p, N) = U + pV$	(A.5)

gewinnen, welche jeweils einen eigenen charakteristischen Satz natürlicher Variablen aufweisen.

Unter Beachtung der Rechenregel $d(YX) = Y\,dX + X\,dY$ für das totale Differential eines Produktes YX lassen sich aus (A.2) Audrücke für die totalen Differentiale dF, dG und dH ableiten, aus denen thermodynamische Beziehungen wie beispielsweise $(\partial U/\partial V)_{S,N} = -p$ oder $(\partial G/\partial p)_{T,N} = V$ folgen.

Weitere thermodynamische Relationen ergeben sich, wenn die gemischten Ableitungen der Potentialfunktionen betrachtet werden. Aus $(\partial H/\partial S)_{p,N} = T$ und $(\partial H/\partial p)_{S,N} = V$ beispielsweise folgt wegen der Gleichheit der gemischten Ableitungen $(\partial^2 F/\partial V\,\partial T)_N$ und $(\partial^2 F/\partial T\,\partial V)_N$ die Beziehung

$$\left(\frac{\partial p}{\partial T}\right)_{V,N} = \left(\frac{\partial S}{\partial V}\right)_{T,N} \,.$$ (A.6)

Derartige thermodynamische Beziehungen werden als "Maxwell-Relationen" bezeichnet, und beschreiben den Zusammenhang zwischen den thermodynamischen Koeffizienten eines Systems.

Da die Teilchenzahl N des Systems nicht in die Legendre-Transformationen (A.3) – (A.5) einbezogen wurde, gilt die Gleichung $(\partial U/\partial N)_{S,V} = \mu$ in analoger Form auch für die Potentialfunktionen F, G und H. Die Teilchenzahl N des Systems soll im folgenden als konstant angenommen und nicht weiter betrachtet werden.

A.2 Thermodynamisches Quadrat

Wie in Abschnitt A.1 gezeigt wird, läßt sich aus den thermodynamischen Potentialen eines Systems eine große Zahl von Relationen herleiten, welche in ihrer Gesamtheit nicht leicht zu merken sind. Aus diesem Grund hat MAX BORN im Jahre 1929 eine als "Thermodynamisches Quadrat" bekanntgewordene Merkhilfe vorgestellt, welche die Beziehungen zwischen den thermodynamischen Potentialen U, F, G, H und den physikalischen Parametern T, S, p, V in graphischer Form wiedergibt (Abb. A.1).

Abb. A.1. Thermodynamisches Quadrat.

Hierzu zeichnet man zunächst ein Quadrat, dessen Diagonalen nach oben gerichtete Pfeilspitzen aufweisen. Anschließend werden die thermodynamischen Potentiale U, F, G und H im Uhrzeigersinn an die Kanten des Quadrates angeschrieben, wobei von der linken Kante des Quadrates ausgegangen wird. Zuletzt sind die Variablen S, p, V und T so an die Ecken des Quadrates anzuschreiben, daß jedes Potential von seinen natürlichen Variablen eingeschlossen wird. Für diese Anordnung können einfache Merksätze zu Hilfe genommen werden, beispielsweise "Seid heute pünktlich, unten gibt es viele frische Tomaten".

Die partielle Ableitung eines Potentials nach einer seiner natürlichen Variablen läßt sich aus dem Diagramm ablesen, indem man die Diagonale verfolgt, welche von der natürlichen Variablen ausgeht. Verläuft diese Linie in Richtung des Diagonalpfeils, so weist dessen Spitze auf die gesuchte physikalische Größe. Andernfalls wird der negative Wert der gesuchten Größe bestimmt (Abb. A.2).

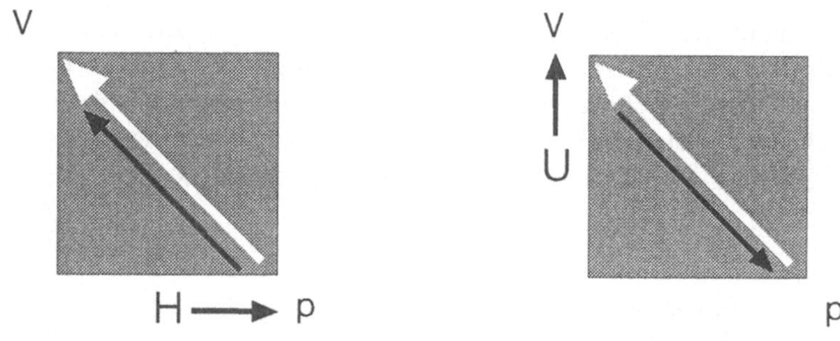

Abb. A.2. Herleitung der Beziehungen $(\partial H/\partial p)_{S,N} = V$ (in Pfeilrichtung) und $(\partial U/\partial V)_{S,N} = -p$ (entgegen der Pfeilrichtung) mit Hilfe des Thermodynamischen Quadrates.

Auf ebenso einfache Weise lassen sich dem Thermodynamischen Quadrat verschiedene Maxwell-Relationen entnehmen. Hierzu verbindet man zunächst die in der linken Seite der Gleichung enthaltenen Variablen — in Reihenfolge ihres Auftretens — mit einem Linienzug. Für die rechte Seite der Gleichung geht man zur vierten Variablen des thermodynamischen Quadrates weiter, und wiederholt die eben durchgeführten Schritte in umgekehrter

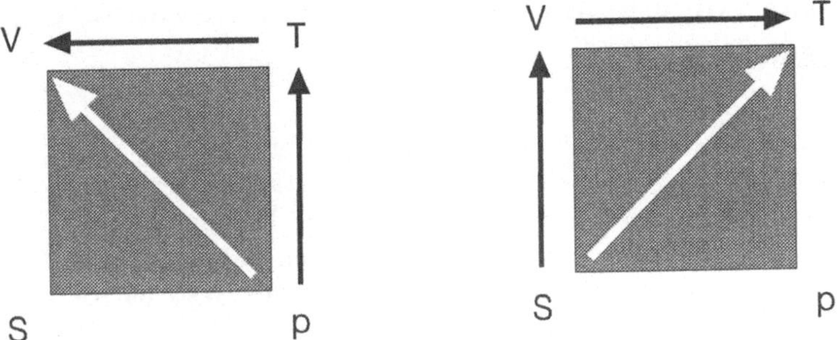

Abb. A.3. Herleitung der Maxwell-Relation $(\partial p/\partial T)_V = (\partial S/\partial V)_T$ mit Hilfe des Thermodynamischen Quadrates. Die beiden Teildiagramme sind symmetrisch.

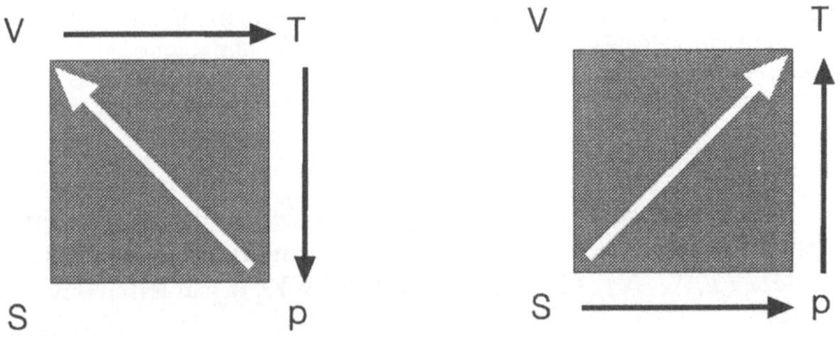

Abb. A.4. Herleitung der Maxwell-Relation $(\partial V/\partial T)_p = -(\partial S/\partial p)_T$ mit Hilfe des Thermodynamischen Quadrates. Die beiden Teildiagramme sind nicht symmetrisch.

Richtung. Im Fall symmetrischer Teildiagramme (Abb. A.3) läßt sich dabei unmittelbar die gesuchte rechte Seite der Gleichung ablesen; andernfalls ist der resultierende Ausdruck mit einem negativen Vorzeichen zu versehen (Abb. A.4). Dabei werden Diagramme als symmetrisch bezeichnet, wenn sich in beiden Fällen entweder zwei Pfeilspitzen berühren, oder wenn keinerlei derartige Berührung stattfindet.

A.3 Allgemeine Form des Thermodynamischen Quadrates

Im allgemeinen Fall wird das totale Differential der inneren Energie $U(S, X_i, N)$ bei einer reversiblen Zustandsänderung gegeben durch (A.2) mit $d'Q = T\,dS$, $d'A = \sum Y_i\,dX_i$ und $d'Z = \mu\,dN$.

Die Größen Y_i und X_i repräsentieren dabei intensive bzw. extensive thermodynamische Parameter des Systems. Beispiele hierfür sind in Tabelle A.1 angegeben.[25]

Tabelle A.1. Konjugierte Paare thermodynamischer Parameter.

Intensive Variable	Y_i	Extensive Variable	X_i
Druck	$-p$	Volumen	V
Magnetische Feldstärke	$\boldsymbol{H}$	Magnetisches Dipolmoment	$\mathcal{M}$
Elektrische Feldstärke	$\boldsymbol{E}$	Elektrisches Dipolmoment	$\mathcal{P}$
Oberflächenspannung	σ	Oberfläche	A

Die Legendre-Transformationen, mit deren Hilfe sich aus der inneren Energie $U = U(S, X_i, N)$ die thermodynamischen Potentiale $F(T, X_i, N)$, $G(T, Y_i, N)$ und $H(S, Y_i, N)$ ableiten lassen, lauten

$$F = F(T, X_i, N) = U - TS, \tag{A.7}$$

$$G = G(T, Y_i, N) = U - TS - \sum Y_i X_i, \tag{A.8}$$

$$H = H(S, Y_i, N) = U - \sum Y_i X_i. \tag{A.9}$$

Mit Hilfe der in Abb. A.5 abgebildeten Variante des Thermodynamischen Quadrates lassen sich Beziehungen zwischen den

---

[25] In der Literatur wird häufig nicht zwischen dem magnetischen Dipolmoment $\mathcal{M} = \int \mu_0 \boldsymbol{M}\,dV$ einer Probe und deren Magnetisierung $\boldsymbol{M}$ unterschieden. Analoges gilt für das elektrische Dipolmoment $\mathcal{P} = \int \boldsymbol{P}\,dV$ und die dielektrische Polarisation $\boldsymbol{P}$ einer Probe.

thermodynamischen Potentialen U, F, G, H und den physikalischen Parametern T, S, Y_i, X_i für Systeme mit konstanter Teilchenzahl herleiten.

Von den möglichen Parametern Y_i und X_i ist dabei jeweils das für die betrachtete Problemstellung relevante konjugierte Variablenpaar zu verwenden. In Abb. A.5 weisen die Spitzen der Diagonalpfeile einheitlich auf die intensiven Variablen des Systems. Die prinzipielle Anwendung des Diagramms ändert sich dadurch selbstverständlich nicht.

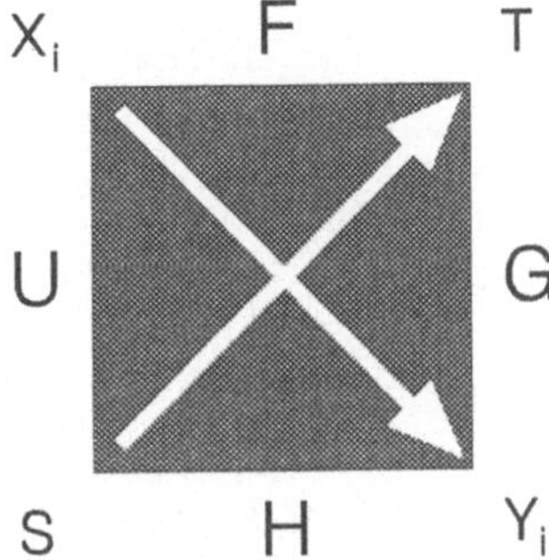

Abb. A.5. Allgemeine Version des Thermodynamischen Quadrates.

Obwohl das von MAX BORN eingeführte Thermodynamische Quadrat eine Vielzahl von thermodynamischen Beziehungen liefert, wird die Leistungsfähigkeit dieser graphischen Hilfe in der Literatur relativ selten genutzt. Eine ausführliche Darstellung der Thermodynamik, welche diverse Varianten des Thermodynamischen Quadrates verwendet, wird von CALLEN [A.1] gegeben.

B. Physikalische Konstanten

B.1 Konstanten in SI-Einheiten

Konstante		Zahlenwert	Einheit
Lichtgeschwindigkeit	c	$2.99792 \cdot 10^8$	$\mathrm{m\,s^{-1}}$
Elektrische Feldkonstante	ϵ_0	$8.85419 \cdot 10^{-12}$	$\mathrm{A\,s\,V^{-1}\,m^{-1}}$
Magnetische Feldkonstante	μ_0	$4\pi \cdot 10^{-7}$	$\mathrm{V\,s\,A^{-1}\,m^{-1}}$
Gravitationskonstante	G	$6.67259 \cdot 10^{-11}$	$\mathrm{m^3\,kg^{-1}\,s^{-2}}$
Plancksche Konstante	$\hbar$	$1.05457 \cdot 10^{-34}$	$\mathrm{J\,s}$
Elementarladung	e	$1.60218 \cdot 10^{-19}$	$\mathrm{A\,s}$
Magnetisches Flußquant	ϕ_0	$2.06783 \cdot 10^{-15}$	$\mathrm{V\,s}$
Bohrsches Magneton	μ_B	$9.27402 \cdot 10^{-24}$	$\mathrm{J\,T^{-1}}$
Kernmagneton	μ_N	$5.05079 \cdot 10^{-27}$	$\mathrm{J\,T^{-1}}$
Atomare Masseneinheit	u	$1.66054 \cdot 10^{-27}$	kg
Ruhemasse des Elektrons	m_e	$9.10939 \cdot 10^{-31}$	kg
Ruhemasse des Protons	m_p	$1.67262 \cdot 10^{-27}$	kg
Ruhemasse des Neutrons	m_n	$1.67493 \cdot 10^{-27}$	kg
Avogadro-Konstante	N_A	$6.02214 \cdot 10^{23}$	$\mathrm{mol^{-1}}$
Boltzmann-Konstante	k_B	$1.38066 \cdot 10^{-23}$	$\mathrm{J\,K^{-1}}$
Molare Gaskonstante	R	8.31451	$\mathrm{J\,mol^{-1}\,K^{-1}}$

B.2 Konstanten in anderen Einheiten

Konstante		Zahlenwert	Einheit
Bohrsches Magneton	μ_B	$5.78838 \cdot 10^{-5}$	eV T^{-1}
Kernmagneton	μ_N	$3.15245 \cdot 10^{-8}$	eV T^{-1}
Atomare Masseneinheit	u	931.494	MeV c^{-2}
Ruhemasse des Elektrons	m_e	510.999	keV c^{-2}
Ruhemasse des Protons	m_p	938.272	MeV c^{-2}
Ruhemasse des Neutrons	m_n	939.566	MeV c^{-2}
Boltzmann-Konstante	k_B	$8.61739 \cdot 10^{-5}$	eV K^{-1}

B.3 Die cgs-Einheiten "Gauß" und "Oersted"

Auch heute noch geben viele namhafte Tabellenwerke die magnetischen Eigenschaften von Substanzen in Einheiten des elektromagnetischen cgs-Systems an. Dies betrifft unter anderem die magnetische Suszeptibilität χ von Substanzen, die Sättigungsmagnetisierung $M_S(0)$ von Ferromagneten, und die kritische Feldstärke $H_c(0)$ von Supraleitern.

Als Einheit der magnetischen Flußdichte B dient im cgs-System das "Gauß" (G), während die magnetische Feldstärke H in "Oersted" (Oe) angegeben wird. Dabei gilt im cgs-System die einfache Beziehung 1 G = 1 Oe; es wird also lediglich aus formellen Gründen zwischen den beiden Einheiten unterschieden.

Der Zusammenhang dieser Größen mit den Einheiten T bzw. A/m des magnetischen Feldes im SI-System lautet

$$1\,\text{G} = 10^{-4}\,\text{T} \quad \text{und} \quad 1\,\text{Oe} = \frac{1000}{4\pi}\,\text{A m}^{-1}. \tag{B.3}$$

Formeln zur Umrechnung von in cgs-Einheiten angegebenen Werten für die magnetische Suszeptibilität von Substanzen und die Sättigungsmagnetisierung von Ferromagneten in entsprechende SI-Werte können Aufgabe 6.1.1 entnommen werden.

Literaturverzeichnis

1.1. Periodensystem der Elemente (Verlag Chemie, Weinheim 1989)

1.2. R. W. Wyckoff: Crystal Structures (Volume 1), 2nd ed. (Interscience Publishers, New York 1963)

1.3. H. E. Hall: Solid State Physics, 1st ed. (Wiley, London 1974), Sect. 6.3.3

1.4. W. A. Harrison: Pseudopotentials in the Theory of Metals (Benjamin, New York 1966)

1.5. K. Kopitzki: Einführung in die Festkörperphysik, 2. Auflage (Teubner, Stuttgart 1989)

3.1. C. C. Grimes and A. F. Kip: Cyclotron Resonance in Sodium and Potassium, Phys. Rev. **132**, 1991 (1963)

3.2. M. IA. Azbel and E. A. Kaner: The Theory of Cyclotron Resonance in Metals, Sov. Phys. JETP **3**, 772 (1956)

3.3. D. R. Lide (Ed.): Handbook of Chemistry and Physics, 74th ed. (CRC Press, Cleveland 1993)

3.4. G. Adam, O. Hittmair: Wärmetheorie, 4. Auflage (Vieweg, Braunschweig 1992)

3.5. K. Schaifers, G. Traving (Hrsg.): Meyers Handbuch Weltall, 7. Auflage (Bibliographisches Institut, Mannheim 1993)

3.6. R. u. H. Sexl: Weiße Zwerge - Schwarze Löcher, 2. Auflage (Vieweg, Braunschweig 1979)

3.7. H. Ibach, H. Lüth: Festkörperphysik, 3. Auflage (Springer, Berlin, Heidelberg 1990)

3.8. J. E. Hirsch and D. J. Scalapino: Enhanced Superconductivity in Quasi Two-Dimensional Systems, Phys. Rev. Lett. **56**, 2732 (1986)

3.9. J. G. Bednorz and K. A. Müller: Possible High T_c Superconductivity in the Ba–La–Cu–O System, Z. Phys. **B 64**, 189 (1986)

3.10. J. M. Getino, H. Rubio and M. de Llano: Cooper Pairing in the van Hove Singularity Scenario of High-Temperature Superconductivity, Sol. State Comm. **83**, 891 (1992)

3.11. H. Kuckuck: Magnetfelder hoher und höchster Intensität, Physik in unserer Zeit **5**, 131 (1972)

4.1. W. B. Pearson: The Crystal Structures of Semiconductors and a General Valence Rule, Acta Cryst. **17**, 1 (1964)

4.2. J. S. Blakemore: Semiconductor Statistics (Pergamon, Oxford 1962)

4.3. Y. P. Varshni: Temperature Dependence of the Energy Gap in Semiconductors, Physica **34**, 149 (1967)

4.4. C. D. Thurmond: The Standard Thermodynamic Functions for the Formation of Electrons and Holes in Ge, Si, GaAs and GaP, J. Electrochem. Soc. **122**, 1133 (1975)

4.5. R. L. Anderson: Experiments on Ge-GaAs Heterojunctions, Solid State Electron. **5**, 341 (1962)

4.6. J. I. Pankove: Optical Processes in Semiconductors (Dover, New York 1975)

5.1. H. Ehrenreich, H. R. Philipp, and B. Segall: Optical Properties of Aluminum, Phys. Rev. **132**, 1918 (1963)

5.2. H. Ehrenreich and H. R. Philipp: Optical Properties of Ag and Cu, Phys. Rev. **128**, 1622 (1962)

5.3. L. P. Mosteller, Jr., and F. Wooten: Optical Properties of Zn, Phys. Rev. **171**, 743 (1968)

5.4. E. Hagen und H. Rubens: Über Beziehungen des Reflexions- und Emissionsvermögens der Metalle zu ihrem elektrischen Leitvermögen, Ann. Phys. (Leipzig) **11**, 873 (1903)

6.1. A. Weiss, H. Witte: Magnetochemie (Verlag Chemie, Weinheim 1973)

6.2. H. Schläfer, G. Gliemann: Einführung in die Ligandenfeldtheorie (Akademische Verlagsgesellschaft, Frankfurt 1967)

6.3. R. M. Bozorth and D. M. Chapin: Demagnetizing Factors of Rods, J. Appl. Phys. **13**, 320 (1942)

6.4. J. A. Osborn: Demagnetizing Factors of the General Ellipsoid, Phys. Rev. **67**, 351 (1945)

6.5. R. L. Carlin: Magnetochemistry (Springer, Berlin, Heidelberg 1986)

6.6. D. H. Martin: Magnetism in Solids (MIT Press, Cambridge, MA 1967)

7.1. D. J. Quinn and W. B. Ittner: Resistance in a Superconductor, J. Appl. Phys. **33**, 748 (1962)

A.1. H. B. Callen: Thermodynamics (Wiley, New York 1966)

Sachverzeichnis

Absorptionsindex 183
Amperesches Gesetz 288
Anderson-Modell 135
Arrhenius-Auftragung 150
Atomarer Streufaktor 8, 35, 37
Auslöschungsgesetze für
  Röntgenbeugung *siehe*
  Strukturfaktor
Austauschwechselwirkung 251
Austrittsarbeit 135, 158
Azbel-Kaner-Anordnung 71,
  109

Bahnquantisierung im Magnet-
  feld *siehe* Landau-Niveau
Bandferromagnetismus 267
Bandlücke 92
– Temperaturabhängigkeit 130
Bandschema 135
Bandstruktur
– Eisen, Cobalt, Nickel 268
– Kupfer, Silber, Gold 197
– Silizium 124
Bauchbahn 105
bcc-Gitter 2, 14, 18, 35
Beweglichkeit 97, 134
Bindungsenergie von Ionenkri-
  stallen *siehe* Ionenkristalle
Bindungsregel für Halbleiter
  123, 139
Boltzmannsche Verteilungsfunk-
  tion 144

Born-Mayer-Potential 12, 43
Bosegas 86
Braggsche Gleichung 31, 35
Bravais-Gitter
– hexagonales 5
– kubische 1, 2, 14, 18
Brechungsindex 180
– komplexer 182–185, 195
Brillouinfunktion 202, 224
– alternative Definition 224
– Näherungsausdrücke 215, 223
Brillouinzone, erste 26, 51, 64
– des hcp-Gitters 29
– des hexagonalen Bravais-
  Gitters 28
Brillouinzonen 91
– des ebenen hexagonalen
  Gitters 28
– des ebenen quadratischen
  Gitters 26, 90
– Konstruktion 26

ccp-Gitter 2, 6, 21, 22, 30
cgs-System 219, 312
Chemisches Potential 61, 82,
  303
Clausius-Mossotti-Gleichung
  163, 175–178
Coulombenergie von Ionenkri-
  stallen *siehe* Ionenkristalle
Curie-Gesetz 225, 253
Curie-Konstante 206, 216, 225

Curie-Temperatur   216
- paramagnetische   216, 253, 265
Curie-Weiss-Gesetz   216, 253–256
- Antiferromagnete   253
- Ferromagnete   253

Dauerstromversuch   273, 293–295
de Haas-van Alphen-Effekt   69, 73, 113
Debeye-Frequenz   47, 54, 58
Debeye-Temperatur   48, 131
Debeyesche Kontinuumsnähe-rung   47
Diamagnetismus
- Landauscher   247
- Langevinscher   218
- Supraleiter   258, 279, 280
- von Ionen   199, 218
Diamant
- Gitter   16
- Raumerfüllung   17
- Wärmeleitfähigkeit   76
Dielektrische Verschiebungs-dichte   171, 191
Dielektrizitätszahl   171, 175
- komplexe   181, 192, 195
Diffusionsspannung   136
Dipol-Dipol-Wechselwirkung
- elektrische   176
- magnetische   250
Dipolfeld   177
Dipolmoment
- elektrisches   172, 175
- magnetisches   226
Dispersionsrelation   46
- elektromagnetische Wellen   180, 182
- Kontinuum   47
- lineare Kette   48, 52
Domänen   258

Druck   61
- Fermigas   *siehe* Fermidruck
Dulong-Petitsches Gesetz   154

Edelgaskristalle   24
Effektive Masse   66, 95, 96
- longitudinale   71, 108, 126
- transversale   71, 108, 126
Effektive Zustandsdichte
- von Elektronen   128
- von Löchern   144
Effektives magnetisches Moment   225, 226, 266
Eigenleitung   *siehe* Halbleiter
Elektrische Leitfähigkeit   97
- dynamische   165
- Halbleiter   134
- Metalle   75
-- bei tiefer Temperatur   294
- statische   97, 165
- Supraleiter   294
Elektrische Suszeptibilität   *siehe* Suszeptibilität
Elektromagnetische Welle
- gedämpfte   183
- Intensität   165
- komplexe Darstellung   180, 181
Elektronenaffinität   135
Elektronenbahnen im Magnetfeld
- realer Raum   72, 73, 113
- reziproker Raum   73, 113
- Umlaufzeit   70
Elektronengas
- freies   *siehe* Fermigas
- magnetische Suszeptibilität   210, 247
- quasifreies   65, 91–93
- quasigebundenes   65, 68, 93, 99–103
Energiebänder   92
Energielücke   *siehe* Bandlücke
Energieschema   64

- freies Elektronengas 90, 111
-- im Magnetfeld 112
- quasifreies Elektronengas 92
Energieverlustfunktion 194
Entartung
- eines Fermigases 78
- eines Halbleiters 133, 152
Entartungsgrad eines Landau-
    Kreises *siehe* Landau-Niveau
Entelektrisierungsfaktor 161,
    170
Entelektrisierungsfeld 161, 176
Enthalpie 304, 308
Entmagnetisierungsfaktor 213,
    256–259, 282
Entmagnetisierungsfeld 213
Extinktionskoeffizient *siehe*
    Absorptionsindex
Extremalbahnen 69, 71, 105,
    106, 113
- Gold 70, 105
- Rotationsellipsoid 108
Extremalfläche *siehe* Extremal-
    bahnen

fcc-Gitter 2, 14, 18, 22, 35
Feld eines Dipols
- magnetischer Dipol 211, 250
Fermi-Dirac-Verteilungsfunktion
    141, 143
Fermi-Integral 126
- Näherungen 144, 153
- Tabelle 127
Fermidruck 61, 83, 84, 88
Fermienergie 59
- relativistische 87
- von Atomkernen 63, 86
- von Halbleitern 130, 132, 151,
    153
- von Metallen 78
Fermifläche 92
- von Gold 70, 106
- von Kalium 110

Fermigas
- chemisches Potential 82
- innere Energie 60, 82
- Kompressibilität 84
- mittlere Energie 82
Fermigas-Kernmodell 63, 87
Fermikugel 82, 105, 111
- im Magnetfeld 112
Fermitemperatur 59, 78
Fermiwellenzahl 59, 115
Flußquant 74, 285
Flußschlauch 285
Fouriersches Gesetz 76
Freie Energie 304, 308
Freie Enthalpie 304, 308

g-Faktor *siehe* Landéscher
    g-Faktor
Gammafunktion 126
Gauß *siehe* cgs-System
Gemischter Zustand *siehe*
    Supraleiter
Gibbssche freie Enthalpie *siehe*
    Freie Enthalpie
Grammsuszeptibilität 206, 236
Grenzflächenenergie *siehe*
    Supraleiter
Gruppengeschwindigkeit 46, 51

Hagen-Rubens-Gesetz 189
Halbleiter
- entartete 133, 152
- intrinsische 129, 146
- nichtentartete 129
Hall-Koeffizient 134, 155
Halsbahn 106
hcp-Gitter 2, 6, 14, 21, 23, 28
Heteroübergang 135
high-spin-Komplex 246
Hochtemperatursupraleiter 7,
    104
Homoübergang 135
Hundsche Regeln 203

Hystereseschleife 259

Ideales Bosegas 86
Ideales Fermigas *siehe* Fermigas
Ideales klassisches Gas
- kalorische Zustandsgleichung 86
- Kompressibilität 84
- mittlere Energie 85
- Zustandsgleichung 62
Induktivität 292
Innere Energie 303, 308
- Fermigas *siehe* Fermigas
Interbandübergänge 197
Intrinsische Halbleiter *siehe* Halbleiter
Ionenkristalle
- Bindungsenergie 12, 43
- Coulombenergie 12, 40
- Polarisierbarkeit 172
Ionenradien 10

Kästchenschema 227
Kalorische Zustandsgleichung 62, 85
Koerzitivfeldstärke 259
Kompressibilität 61
- Fermigas 84
- ideales klassisches Gas 84
Kompressionsmodul 84
Kontinuitätsgleichung 77, 120
Kristallfeldaufspaltung 208
- oktaedrische Ligandenanordnung 241
- quadratisch planare Ligandenanordnung 243
- tetraedrische Ligandenanordnung 244
- würfelförmige Ligandenanordnung 242
Kritische Magnetfeldstärke *siehe* Supraleiter

Kritische Stromdichte *siehe* Supraleiter
Kugelflächenfunktionen 207, 238
Kugelkoordinaten 237
Kugelpackung
- hexagonal dichteste *siehe* hcp-Gitter
- kubisch dichteste *siehe* ccp-Gitter

Ladungsträgerdichte *siehe* Ladungsträgerkonzentration
Ladungsträgerkonzentration
- in Halbleitern 141, 143, 145, 146
- in Metallen 78
Landau-Diamagnetismus *siehe* Diamagnetismus
Landau-Niveau 73, 111
- Entartungsgrad eines Landau-Kreises 74, 117
- Radius 112
Landau-Röhre *siehe* Landau-Niveau
Landéscher g-Faktor 230
Langevin-Diamagnetismus *siehe* Diamagnetismus
Langevin-Paramagnetismus *siehe* Paramagnetismus
Legendre-Transformation 304, 308
Leitfähigkeit
- elektrische *siehe* Elektrische Leitfähigkeit
- thermische *siehe* Wärmeleitfähigkeit
Leuchtdiode 137
Lineare Kette
- Dispersionsrelation 50, 52
- Zustandsdichte der Phononen 57
Löcher

– leichte und schwere   125
– Verteilungsfunktion   143
– Zustandsdichtefunktion   125
Lokales elektrisches Feld   176
Londonsche Eindringtiefe   *siehe*
   Supraleiter
Lorentz-Feld   177
Lorenz-Zahl   75, 118
low-spin-Komplex   246
LS-Kopplung   *siehe* Russel-
   Saunders-Kopplung
Lumineszenz   137, 159

Madelungkonstante   12, 40–42
Magnetfeld
– effektives   215
– Größenordnungen   118
– makroskopisches   213,
   256–259
Magnetische Suszeptibilität
   siehe Suszeptibilität
Magnetisierung   224
– spontane   251, 261–264
Magnetisierungskurve
– Ferromagnet   259
– Supraleiter erster Art   258,
   279, 283
– Supraleiter zweiter Art   286
Makroskopisches elektrisches
   Feld   162, 171, 176
Makroskopisches magnetisches
   Feld   *siehe* Magnetfeld
Martensitumwandlung   20
Maxwell-Relationen   304, 306
Maxwellsche Gleichungen   164
Meissner-Ochsenfeld-Effekt
   269, 280
Meissnerphase   284
Millersche Indizes   7, 31
Molekularfeld   215, 262
Molekularfeldkonstante   215,
   262

Molekularfeldnäherung   214,
   260–265
Molsuszeptibilität   206, 236
Multiplett-Aufspaltung   230

Néel-Temperatur   254
– paramagnetische   253
Netzebenenabstand   31, 32, 35
Neumann-Koppsche Regel   154
Neutronenstern   64, 88
Neutronenzerfall   64

Oersted   *siehe* cgs-System
Optische effektive Masse   169,
   196
Ordnung
– eines Phasenübergangs   300
– magnetische   252

Paramagnetismus
– eines Elektronengases   247
– Langevinscher   202, 225
– Paulischer   247
– van Vleckscher   231, 234
Pauli-Paramagnetismus   *siehe*
   Paramagnetismus
Perovskit, kubischer   4, 24, 178
Phasenübergang
– Ordnung   300
– struktureller   20
– zur Supraleitung   299
Phasengeschwindigkeit   47, 50
– mittlere   54
Phononenzweige
– akustische   54
– Anzahl   53
– optische   54
Photonengas   86
Physikalische Konstanten
   311–312
Plasmafrequenz   184, 191, 194
Plasmaschwingung   191, 194,
   195

– Bedingung für Auftreten   194
Plasmonenenergie   169, 191
Polarisation, elektrische   172,
   176
Polarisierbarkeit   172, 175
Pseudotetragonales Gitter   2, 16
Pulsar   89

Quadratsumme   9, 36
Quantisierung von Zuständen im
   k-Raum   74, 115
Quasifreies Elektronengas   siehe
   Elektronengas
Quasigebundenes Elektronengas
   siehe Elektronengas

Radienquotient   10
– Oktaeder   38
– Tetraeder   38
– verzerrter Oktaeder   19
– verzerrter Tetraeder   19
– Würfel   38
Radienquotientenregel   38
Raumerfüllung
– Diamantgitter   17
– dichteste Kugelpackungen   14
– kubische Bravais-Gitter   14
Raumladungszone   136
Reflexionsvermögen   165, 187
– Metalle
– – Frequenzabhängigkeit   185
– – im Infrarot   siehe Hagen-
   Rubens-Gesetz
Rekombination   137, 159
Relativistische Gesamtenergie
   63
Relaxationszeit   166, 194
Remanente Magnetisierung   259
Restwiderstandsverhältnis   294
Reziprokes Gitter   6, 27
– des ebenen quadratischen
   Gitters   26
– des fcc-Gitters   30

– des hexagonalen Gitters   27
RL-Serienschaltung   292
Röntgendichte   7, 30
Roter Riese   63
RRR   siehe Restwiderstands-
   verhältnis
Russel-Saunders-Kopplung   229

Sättigungsmagnetisierung   201,
   216, 260
Sättigungsmoment   226, 266
Scherung von Magnetisierungs-
   kurven   259
Shubnikov-Phase   285
Silizium
– Bandstruktur   124
– Fermienergie   147
– Ladungsträgerkonzentration
   146
– Zustandsdichtemasse   139,
   140
Skineffekt
– anormaler   184
– normaler   110, 184
Skintiefe   110, 183, 184
Sommerfeldparameter   298
Spektroskopische Notation
   siehe Termbezeichnungen
Spinmagnetismus   233
Spinpaarungsenergie   246
Spontane Magnetisierung   siehe
   Magnetisierung
Störstellenerschöpfung   132, 151
Störstellenreserve   132
Strukturfaktor   8, 33, 36
Superaustausch   252
Supraleiter
– dünner Film   280, 282
– Energielücke   298
– erster Art   285
– gemischter Zustand   271, 285
– kritische Magnetfeldstärke
   276, 282, 297

– kritische Stromdichte   282
– – eines Drahtes   289
– Londonsche Eindringtiefe
   269, 272, 289
– zweiter Art   285
– Zwischenzustand   271, 284,
   286, 290
Suszeptibilität
– elektrische   162, 175
– magnetische   225, 257

Termbezeichnungen   204
Thermische Leitfähigkeit   *siehe*
   Wärmeleitfähigkeit
Thermodynamik
– Merkhilfe   *siehe* Thermody-
   namisches Quadrat
– supraleitender Phasenüber-
   gang   274, 295–302
Thermodynamische Potentiale
   303, 308
Thermodynamisches kritisches
   Magnetfeld   286
Thermodynamisches Quadrat
   305, 308
tight binding-Modell   65, 68, 93,
   99–103

Umwandlungsenthalpie   300

van der Waals-Zustandsgleichung
   255
van Hove-Singularität   103
van Vleck-Paramagnetismus
   siehe Paramagnetismus
Verbotene Zone   *siehe*
   Bandlücke
Volumen-Plasmaschwingung
   siehe Plasmaschwingung
Volumensuszeptibilität   206,
   236, 249

Wärmekapazität   297

– Elektronengas   298
– Halbleiter   128, 142
– Kristallgitter   154, 298
– Supraleiter   297, 298
Wärmeleitfähigkeit   76
– Diamant   76
– Isolatoren   120
– Metalle   76, 118, 119
Wärmeleitungsgleichung   *siehe*
   Fouriersches Gesetz
Weißer Zwerg   63, 88
Wellengleichung   164, 179
Wiedemann-Franz-Gesetz   75,
   118, 119

Zonenschema   64
– freies Elektronengas   91
– quasifreies Elektronengas   92
Zustandsdichte $D(E)$
– Berechnung
– – dreidimensional   66, 67
– – zweidimensional   98
– – eindimensional   98
– freies Elektronengas
– – dreidimensional   80
– – zweidimensional   81
– – eindimensional   81
– Halbleiter
– – Elektronen   126
– – Löcher   125
– quasigebundenes Elektronengas
– – dreidimensional   104
– – zweidimensional   68, 99–103
Zustandsdichte $D(\omega)$
– Debeyesche Kontinuumsnäherung
– – dreidimensional   53
– – zweidimensional   55
– – eindimensional   56
– lineare Kette   57
Zustandsdichtemasse   97, 126
Zweizustandssystem   201, 220

Zwischengitterplätze
- bcc-Gitter   18
- ccp-Gitter   21
- fcc-Gitter   18
- hcp-Gitter   21
- Radienquotient   *siehe*
  Radienquotient

Zwischenzustand   *siehe*
  Supraleiter

Zyklotronfrequenz   108

Zyklotronmasse   108

Zyklotronresonanz   71, 109

H. Ibach, H. Lüth

Festkörperphysik

Einführung in die Grundlagen

3. Aufl. 1990. XII, 344 S. 230 Abb. 16 Tab. (Springer-Lehrbuch)
Brosch. DM 59,-; öS 460.20; sFr 59.00 ISBN 3-540-52193-3

Die dritte Auflage dieses mittlerweile gut eingeführten Buches ist gegenüber der zweiten Auflage korrigiert und an wenigen Stellen überarbeitet worden. Das Buch behandelt gleichrangig theoretische wie experimentelle Aspekte der Festkörperphysik, wobei besonders die neuartige Darstellung wichtiger Experimente und aktueller Forschungsgebiete in Form von Experimenttafeln hervorzuheben ist. Neben einer knappen Darstellung der Grundlagen der Festkörperphysik werden die Themen *Supraleitung*, *Magnetismus* und *Halbleiter* ausführlich behandelt.

Das Buch wendet sich an Studierende der Physik im Hauptstudium, an Studenten der Materialwissenschaften sowie der Elektrotechnik mit dem Spezialgebiet der Halbleiterphysik/Halbleiterbauelemente.

Tm.BA93.002

Springer-Verlag und Umwelt

Als internationaler wissenschaftlicher Verlag sind wir uns unserer besonderen Verpflichtung der Umwelt gegenüber bewußt und beziehen umweltorientierte Grundsätze in Unternehmensentscheidungen mit ein.

Von unseren Geschäftspartnern (Druckereien, Papierfabriken, Verpackungsherstellern usw.) verlangen wir, daß sie sowohl beim Herstellungsprozeß selbst als auch beim Einsatz der zur Verwendung kommenden Materialien ökologische Gesichtspunkte berücksichtigen.

Das für dieses Buch verwendete Papier ist aus chlorfrei bzw. chlorarm hergestelltem Zellstoff gefertigt und im pH-Wert neutral.